Age of Information:
A New Metric for Information Freshness

无线网络信息年龄

[美] 孙引(Yin Sun)
伊戈尔·卡多塔(Igor Kadota)
拉贾特·塔拉克(Rajat Talak)
埃坦·莫迪亚诺(Eytan Modiano) 著
张 周 胡向晖 王一竹 译

国防工业出版社
·北京·

著作权合同登记　图字:01－2022－4925号

内容简介

本书围绕无线网络信息新鲜度,从理论分析和实际应用两个侧面阐释了信息年龄概念的定义和内涵,对概念、理论模型和调度方法等进行了阐述,并以无线信号采样与还原问题为背景,将理论方法引入实际应用问题,同时将最新的信息论研究成果有机融入实际应用。本书提出的无线网络信息年龄理论突出了网络传输信息实时性和重要性等前沿性主题,建立了相应的度量模型、网络模型和最优方法,为面向信息新鲜度的网络协议设计与优化提出一套理论分析方法和重要结论。此外,本书还明确了信息年龄与信息论、信号处理和控制理论之间的关联性,启发行业人员后续深入研究。

本书概念新颖、模型完备,理论与方法具有很强的创新性,适合行业内研究生进行相关专业知识学习和理论方法研究。本书还提供了多种类型无线网络设计模型与方法,经过数值分析验证,可为工程技术人员提供技术参考。

图书在版编目(CIP)数据

无线网络信息年龄/(美)孙引(Yin Sun)著;张周等译.—北京:国防工业出版社,2023.2

书名原文:Age of Information: A New Metric for Information Freshness

ISBN 978－7－118－12784－3

Ⅰ.①无…　Ⅱ.①孙…　②张…　Ⅲ.①移动无线通信－研究　Ⅳ.①TN924

中国国家版本馆CIP数据核字(2023)第026522号

※

国防工業出版社出版发行

(北京市海淀区紫竹院南路23号　邮政编码100048)

北京龙世杰印刷有限公司印刷

新华书店经售

*

开本 710×1000　1/16　**印张** 12　**字数** 213千字

2023年4月第1版第1次印刷　**印数** 1—1500册　**定价** 88.00元

(本书如有印装错误,我社负责调换)

国防书店:(010)88540777　　书店传真:(010)88540776

发行业务:(010)88540717　　发行传真:(010)88540762

译者序

当前，随着传感器、无人系统和人工智能技术的快速发展，不同系统之间和系统内部信息交互的多样性与效率需求不断攀升，在频谱资源受限条件下无线网络优化设计面临挑战。传统设计理念及信息论方法存在技术瓶颈，亟须针对任务特征开展网络设计，建立面向信息传输效率的网络设计模型及方法体系。信息新鲜度表征及高效传输方法是其中亟须突破的关键技术难题，且在很大程度上影响无线网络中信息质量。信息年龄的概念及扩展提出的一系列信息新鲜度量化方法，可为任务信息系统等高实时性无线网络设计提供可行途径。有关信息年龄的最新研究进展表明，重新审视传统数据网络中设计原则，有望提高实时应用中的信息新鲜度。

本书针对无线网络信息新鲜度需求和基本特性，阐述了基于信息年龄的新鲜度度量概念，建立了面向不同类型无线网络的信息年龄信息论模型与方法，提出了成体系的网络资源调度优化方法，开展了面向信号采样与还原的应用研究，形成了相对完备的信息论理论体系。本书是知名学者美国奥本大学孙引教授和麻省理工学院埃坦·莫迪亚诺教授课题组合作出版的著作，将信息年龄这一信息新鲜度概念引入无线通信网络设计，与无线网络传输调度方法结合，建立基于信息年龄的网络信息论模型，提出高效传输调度方法，实现面向信息新质度量的无线网络设计，提升网络服务任务能力。该书建立了信息年龄信息理论与方法，填补了信息新鲜度表征及传输方法的空白，具有较强的研究特色。

本书结构清晰，内容科学，观点具有创新性，理论与方法具有原创性，颇具学术价值，涵盖了相关领域最新研究成果，是目前其他任何一本书籍都未涉及的本领域世界科技前沿专业著作。围绕无线网络信息新鲜度指标，从基本概念、理论方法和应用三条主线进行内容规划，按照排队网络、无线广播网络、通用无线网络的信息年龄和信息年龄与采样四个方面进行详细描述。

由于译者水平有限，难免存在对原著的理解有些偏差和纰漏之处，望读者谅解，并批评指正。最后，衷心感谢对无线网络信息年龄主题的关注。

序

近年来，无线网络信息年龄研究的文献数量呈指数级增长。因为无法对整个研究进行全面详细讨论，故本书对信息年龄研究进展进行综述。书中第 2 章考虑到排队网络中信息年龄最小化问题，设计了信息年龄最优传输调度策略。第 3 章和第 4 章分别考虑了无线广播网络和干扰约束下通用无线网络中信息年龄最小化问题。第 5 章考虑了信息年龄与采样的相互关系，提出最优采样策略，实现信息年龄和估计误差最小化。

排队网络信息年龄：第 2 章研究了排队网络中信息年龄最小化问题，提出了一种样本路径方法，理论证明在多服务台、多跳或多源节点排队网络中，后生成先服务（last - generated first - served，LGFS）传输调度策略及其变体可达到或接近最优性能。如果服务时间服从指数随机分布，在所有因果调度策略中，非抢占式后生成先服务调度策略在随机排序意义上具有信息年龄最优性。如果服务时间服从新优于旧随机分布，非抢占式后生成先服务调度策略的信息年龄性能在最佳性能的恒定范围内。信息年龄最优分析结果具有普适性：一是结果适用于不同数据包生成和到达时间，包括无序到达；二是结果不仅适用于最小化时间平均信息年龄，还适用于最小化信息年龄随机过程和信息年龄随机过程的任一非递减泛函；三是结果适用于多种类型排队网络。在单跳排队网络中，如果数据包按照生成时间相同顺序到达发送队列，后生成先服务传输调度策略可等价为后到达先服务（last - come first - served，LCFS）策略。此时后到达先服务策略的信息年龄最优性仍然成立。

无线广播网络信息年龄：第 3 章重点研究无线网络，以解决无线广播网络中信息年龄最小化问题。一个单跳无线网络中包含一个基站和许多节点，通过不可靠无线链路共享时敏信息。研究建立了离散时间决策优化问题模型，提出最小化网络信息年龄的传输调度策略，通过理论分析和数值仿真对所提策略及其性能进行评估。首先考虑网络中源节点可按需产生带有新鲜信息的数据包。在此种情况下，通过无线链路调度与数据生成排队问题分离，可以得到更有价值的研究结论。随后考虑网络中源节点随机生成数据包并排队等待传输及不同节点存在最小吞吐量约束两种情况。在上述情况下,基于随机优化框架,提出可保证网络性能的多种调度策略,包括惠特尔索引策略及可根据目的地节点实时信息年龄进行调度传输的策略,如最大权值策略。

通用无线网络信息年龄:第4章设计了传输调度策略,实现通用干扰链路和时变链路条件下无线网络信息年龄最小化。网络中包含一组无线链路连接的源–目的地节点对,每个源节点生成信息后将信息发送到目的地节点。本书首先考虑实时信道状态未知情况,提出一种可简易实现的随机链路激活策略,具有峰值信息年龄最优性。在此种策略下,无线网络的时间平均信息年龄在最低值的2倍之内。随后提出一种各链路以一定概率进行信息传输的分布式调度策略。针对信道实时状态已知情况,分析证明利用信道实时状态信息可显著提升网络信息年龄性能。

信息年龄与采样:第5章考虑了源节点采样问题,以提高远程接收端接收样本的信息新鲜度。使用信息年龄的非线性年龄函数度量新鲜度,综述非线性年龄函数及其应用。在存在和不存在约束条件下,研究了采样器设计问题,实现网络信息新鲜度最优化。将采样问题建模为一个具有可数或不可数状态空间的马尔可夫决策过程,研究提出马尔可夫决策过程最优解的完整表示方法。最优采样策略为确定性结构或随机阈值结构,其中阈值和随机概率取决于马尔可夫决策过程的最优目标值和采样率的约束条件。信号感知采样器的最优设计采用基于瞬时估计误差的阈值策略,不感知信号的采样器最优设计采用基于估计误差期望的阈值策略。上述两种情况均可推导出最优阈值。此外,本章还讨论了信息年龄概念与信息论、信号处理和控制理论之间的关系,以及下一步有待研究的问题。

本书读者对象包括:①通信与信息工程专业的研究生,②从事通信网络设计与信息论研究的科研人员,③数据链系统和专用通信网络科研人员,④对无线网络信息论与设计有浓厚兴趣的读者。

目录

第1章 概 述

未来物联网应用将更加依赖时延敏感信息的交互以实现监控和控制。自动驾驶、指挥控制系统、工业控制、虚拟现实和传感器网络等领域应用都非常依赖时间敏感信息的分发。随着半自动或无人驾驶汽车的出现及其规模的不断增加,自动驾驶汽车与邻近其他车辆之间关键安全信息的交换需求与日俱增。相似地,无人机通过交互位置、速度和其他控制信息等可确保避障机制生效,指挥和控制系统通过交换关键任务信息以维持态势感知能力。传感器网络中,需要将具有时间敏感性的传感器测量值发送到控制中心以确保系统安全运行。上述应用中,由于过时信息将失去价值,保持信息新鲜度至关重要。

现有文献中用于描述时间敏感信息的性能指标包括包时延和传输间隔时间。包时延表示数据包从产生到成功传输至接收端所经历的时间,传输间隔时间表示两次连续包传输之间的时间间隔。但是,仅考虑上述指标不能充分度量到达接收端信息的新鲜度。比如,将发送端到接收端的一条单向链路建模为M/M/1队列,对于低到达率队列,由于队列经常为空,队列中传输数据包的时延较低。另外,由于缺少新生成的数据包,接收端接收的信息可能是过时的。相似地,高达到率队列中的高排队时延同样可能导致接收端接收到已经过时的信息。

信息年龄是评估目的地节点接收信息新鲜度的性能指标。使用 $U(t)$ 表示 t 时刻接收端接收的最新数据包在发送端产生的时间。信息年龄,简称年龄,是时间 t 的函数,定义为 $\Delta(t)=t-U(t)$,表示当前时刻接收端接收的最新数据包自其在发送端产生后所经过的时间。信息年龄从目的地节点角度刻画信息的新鲜度。具体地,较小的信息年龄值表示接收端处的包较为新鲜。如图 1.1 所示,信息年龄值随时间线性增加,在数据包到达接收端时取值为该数据包的包时延。

从图 1.1 中可以看出,信息年龄受包时延和传输间隔时间两个参数的影响。通常情况下,仅控制其中一个指标不足以获得良好的信息年龄性能。表 1.1 给出了 M/M/1 队列在服务率 $\mu=1$ 固定的情况下,数据包到达率 λ 变化对应的信息年龄取值情况。其中,第一行和第三行分别描述了由于传输间隔时间期望较大和包时延期望较大导致平均信息年龄较大的情况。表中第二行表示平均信息年龄处于全局最优点的情况[1]。从上述案例可以看出,当按规律发送低时延数据包时,系统可以获得良好的信息年龄性能。

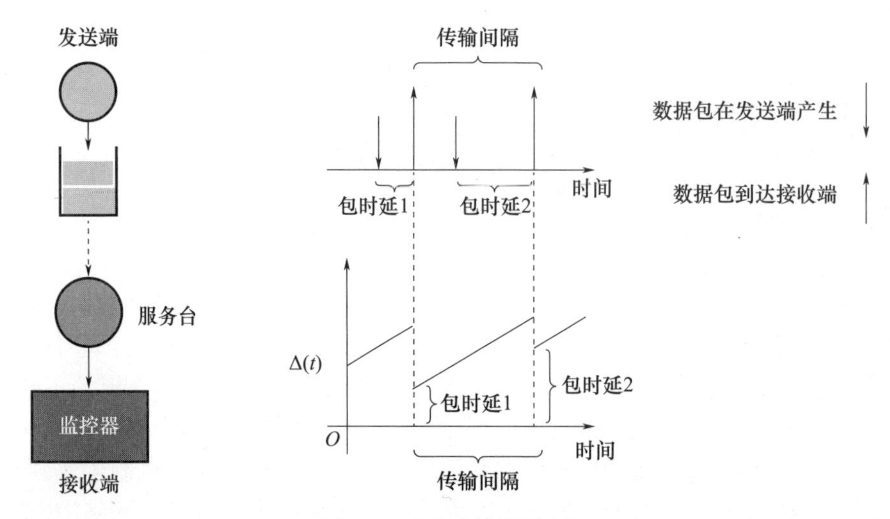

图 1.1　信息年龄演化图

新数据包到达接收端前,信息年龄持续增加;数据包到达接收端时,信息年龄减少至新数据包自产生后到达接收端所经过的时间。因此,信息年龄受包时延和传输间隔时间两个因素影响。

表 1.1　给定服务率 $\mu=1$ 情况下,数据包到达率 λ 变化时 M/M/1 队列的时延期望、包到达间隔期望和平均信息年龄

λ/(包/s)	$\mathbb{E}$[时延]/s	$\mathbb{E}$(包到达间隔)/s	平均信息年龄/s
0.01	1.01	100	101.00
0.53	2.13	1.89	3.48
0.99	100.00	1.01	100.02

1.1 背 景

作为信息新鲜度指标,年龄概念在 20 世纪 90 年代就被应用于评估实时数据库中数据的时间一致性[2-5]。近年来,随着移动无线业务的爆炸式增长,在诸如社交网络[6]和车联网[7,8]等实时网络中,及时的信息传输变得越发重要,年龄概念重新引起人们关注。“信息年龄”一词最早出现在文献[7]中。

文献[1]首次提出一种排队论理论方法,对 M/M/1、M/D/1 和 D/M/1 队列系统的平均信息年龄进行分析。随后,大量文献对不同队列系统的信息年龄开

展研究,实现系统信息年龄最小化[1,9-21]。时间平均年龄和平均峰值年龄是针对信息年龄的两个常用时间平均度量标准。文献[13,14,18,29-31]对M/G/1、G/M/1和G/G/1队列的信息年龄性能开展研究,文献[10,15]研究了数据包无序传输对系统信息年龄性能的影响。文献[9,12,14,22]分析了不同包到达和服务时间分布下的后到达先服务传输与包管理策略的信息年龄性能。减小包缓存区大小[7,16]和引入包截止期限[16,17,19]使数据包到期后自动销毁,是先到达先服务队列系统的两种信息年龄优化方法。后生成先服务策略的最优性,或者更普适的后生成先服务策略的最优性在文献[15]中首次得到证明。文献[23-26]总结了几种类型排队系统的年龄最优或近似最优结果。文献[11,12,27]证明了并行服务台在提高系统信息年龄方面的性能优势。文献[28]分析了包错误和丢失对信息年龄性能的影响。文献[57]提出了更新生成和服务时间分布的确定性可能不会使信息年龄最小化,文献[58]证明了重尾分布可实现后到达先服务策略和G/G/∞队列对应信息年龄的最小化。文献[59,60]建立了信息年龄度量与传输时延之间的折中关系。文献[32-35]分析了不同优先级信源系统中的信息年龄性能,其中两个著名的信息年龄分析方法为图形区域分解法[1]和随机混合系统法[20,21]。

许多应用通过无线网络传输实时信息,其中,干扰是影响时间敏感信息传输性能的主要因素。文献[36]研究了信息新鲜度对无人机网络避障策略的影响。文献[38,39]等证明在物理干扰约束下,调度有限数量更新数据包的最小化系统信息年龄调度问题为非确定性多项式难问题。文献[40-42]研究了任意时间仅单链路激活情况下广播网络年龄优化问题,提出索引策略。还有研究证明了阈值结构策略的最优性,如文献[43,44]等。文献[45,46,54,61]研究了基于时隙ALOHA和载波侦听随机接入协议的信息年龄优化设计方法,文献[47]提出无线广播网络信息年龄最小化的调度策略。文献[48,49]研究了最低吞吐量需求约束下的年龄最小化问题。文献[50-52]考虑了随机到达过程,文献[51,52]考虑了一般性干扰约束下的无线网络信息年龄优化问题,证明分离设计原则的策略对随机到达过程具有近似最优性。文献[26,62]研究了多信道多信源调度问题,文献[53,63]针对多信源多跳无线网络开展研究。文献[54]提出了一种分布式策略,可实现系统年龄最小化。文献[55,56]提出了基于年龄和虚拟队列的年龄最小化策略。文献[37,56]研究证明,使用最新信道状态信息可明显提升网络信息年龄性能。

信息年龄的非线性函数已广泛应用于多种实时应用场景[6,26,64-79]。具体地,文献[80]指出,在一定条件下,时间自相关函数、实时信号估计误差和实时信号值相关互信息均为信息年龄的单调函数。文献[74]考虑在接收更新数据包时非递减年龄函数值减小。信息年龄过程的单调泛函也可以作为信息新鲜度的度量指标,如文献[15,23-26]。

在两个在线信号采样的特定问题中[76,81],如果采样时间独立于观测信号,则实时信号值的估计误差可证明为信息年龄的严格递增函数。但是,如果利用信号值的历史知识选择采样时间,可获得更小的估计误差,在这种情况下,估计误差不再是信息年龄的函数。上述结果给出了使用信号估计误差和信息年龄衡量信息新鲜度的潜在优势,近期研究包括文献[82-85]等。

近期文献[77,78,86,87]分析了信息年龄对控制系统的影响。文献[86]中描述了高斯线性控制系统因果率失真函数的界限,证明信息老化会导致失真加剧。文献[87]中考虑了信息年龄和控制性能之间的折中。如果用于生成控制系统状态测量值的采样时间与状态过程无关,则系统状态的估计误差为信息年龄的非递减函数[77,78]。

文献[43,88-93]使用信源编码与信道编码方案降低系统的信息年龄,文献[94-99]研究了信息年龄的博弈论和经济学问题。文献[100-105]分析了网络信道状态信息的新鲜度对系统信息年龄的影响,文献[106-109]研究了缓存区中信息新鲜度。文献[79,110-120]考虑了能量收集通信系统的信息年龄,文献[121-123]研究了大规模网络中信息年龄的比例换算定律。文献[43,124-127]应用机器学习算法降低系统信息年龄,文献[128-131]对信息年龄进行了仿真测量。此外,文献[132]研究了基于年龄的传输协议,文献[133]调研了关于信息年龄的早期研究工作,讨论了未来研究方向。文献[134]中提供了信息年龄相关论文库。

1.2 综 述

近年来,关于无线网络信息年龄研究的文献数量呈指数级增长。由于无法对整个研究情况进行全面详细讨论,本书针对信息年龄的研究进展进行综述。第2章针对排队网络中信息年龄的最小化问题,提出了信息年龄最优传输调度策略。第3章和第4章分别研究无线广播网络和干扰约束下无线网络的信息年龄最小化问题。第5章针对信息年龄与采样的相互关系提出最优采样策略,实现信息年龄和估计误差的最小化。

排队网络信息年龄:第2章研究排队网络中信息年龄最小化问题,提出一种样本路径方法。理论证明,在多服务台、多跳或多源节点等多类排队网络中,后生成先服务传输调度策略及其变体可达到或近似最优性能。具体地,当服务时间服从指数随机分布,在所有因果调度策略中,非抢占式后生成先服务调度策略在随机排序意义上具有信息年龄最优性。当服务时间服从新优于旧随机分布，非抢占式后生成先服务调度策略的信息年龄保持在最优性能的恒定范围内。此外，信息年龄最优性的分析结果具有普适性，包括以下三方面：一是分析结果适用于不同数据包生成和到达时间，包括无序到达；二是分析结果不仅适用于时间平均信息年龄的最小化问题，还适用于信息年龄随机过程以及信息年龄随机过程的任一非递减泛函；三是分析结果适用于多种类型排队网络。单跳排队网络中，当数据包按照生成时间相同的顺序到达发送队列，后生成先服务传输调度策略等价为后到达先服务策略。此时后到达先服务策略的信息年龄最优性仍然成立。

无线广播网络信息年龄：第3章针对无线网络开展研究，解决无线广播网络中信息年龄最小化问题。考虑一个单跳无线网络，包含一个基站和多个节点，通过不可靠无线链路共享时敏信息。通过研究建立离散时间决策优化问题模型，提出最小化网络信息年龄的传输调度策略，通过理论分析和数值仿真对所提策略性能进行评估。首先，考虑网络中源节点可按需产生带有新鲜信息的数据包。此种情况下，通过无线链路调度与数据生成排队问题解耦，得到更有价值的研究结论。其次，考虑网络中源节点随机生成数据包并排队等待传输和不同节点存在最低吞吐量约束两种情况。针对上述两种情况下，提出网络性能可保证的一系列调度策略。调度策略基于随机优化框架设计，包括索引策略和根据目的地节点实时信息年龄进行调度传输的最大权值策略。

通用无线网络信息年龄：第4章提出调度策略，实现通用干扰约束和时变链路下无线网络信息年龄的最小化。网络中包含一组通过无线链路相连接的源-目的地节点对，每个源节点生成信息后将信息发送至目的地节点。首先针对实时信道状态未知情况，提出一种可简易实现的随机链路激活策略，具有峰值信息年龄最优性。此策略下，无线网络的时间平均信息年龄保持在最优值的两倍内。随后还提出一种各无线链路以一定概率传输信息的分布式调度策略。此外，针对信道实时状态已知情况，分析证明利用信道实时状态信息可显著提升网络的信息年龄性能。

信息年龄与采样：第5章研究源节点采样问题，以提升远程接收端接收样本的信息新鲜度。使用信息年龄的非线性函数度量新鲜度，并综述非线性信息年龄函数及其应用。针对存在和不存在约束条件两种情况，研究采样器最优设计问题，实现网络信息新鲜度最优化。通过将采样问题建模为具有可数或不可数状态空间的马尔可夫决策问题，提出马尔可夫决策过程最优解的完整表示方法。设计最优采样策略具有确定性结构或随机阈值结构，阈值和随机概率取决于马尔可夫决策过程最优目标值和采样率约束条件。研究证明，信号感知采样器的最优设计采用基于瞬时估计误差的阈值策略，不感知信号的采样器最优设计采用基于估计误差期望的阈值策略。上述两种情况均可推导出最优阈值。此外，还讨论了信息年龄概念与信息论、信号处理和控制理论之间的关联关系，以及下一步有待研究的问题。

第2章 排队网络信息年龄

2.1 概念与内涵

信息年龄研究领域的一个基础性问题是传输调度策略设计，目的是实现小信息年龄。文献[1,12,22,135-137]分析比较了一些调度策略的时间平均年龄。通过观察可知，与其他一些调度策略相比，如先到达先服务调度策略，后到达先服务调度策略可实现更小信息年龄。但是，使年龄最小化的调度策略以及最优值的可达条件尚不清晰。本章使用样本路径方法证明，对于某些类型排队网络，后生成先服务策略，以及更具普适性的后生成先服务调度策略，具有信息年龄最优性。

2.2 单跳排队网络

2.2.1 符号与定义

首先介绍本章中使用的一些符号和定义。采用 x 和 $\boldsymbol{x}$ 等小写字母分别表示确定性标量和向量，使用下标对向量元素进行索引，如x_i。使用$x_{[i]}$表示向量 $\boldsymbol{x}$ 中第 i 个元素。如果对所有向量 $\boldsymbol{x}$，函数满足 $f(\boldsymbol{x})=f(x_{[1]},x_{[2]},\cdots,x_{[n]})$，则函数 $f:\mathbb{R}^n\rightarrow\mathbb{R}$对称。如果存在函数$f_1,f_2,\cdots,f_n$满足 $f(x)=\sum_{i=1}^{n}f_i(x_i)$，则称函数 $f:\mathbb{R}^n\rightarrow\mathbb{R}$可分离。函数 f 和函数 g 的复合函数表示为 $f\circ g(\boldsymbol{x})=f(g(\boldsymbol{x}))$。对于任意 n 维向量 $\boldsymbol{x}$ 和 $\boldsymbol{y}$，对应各元素满足$x_i\leqslant y_i,i=1,2,\cdots,n$ 关系，定义 $\boldsymbol{x}\leqslant\boldsymbol{y}$。定义事件集合 $\mathcal{A}$ 与 $\mathcal{U}$。对于所有随机变量 X 和事件 $\mathcal{A}$，定义$[X\mid\mathcal{A}]$为服从给定事件 $\mathcal{A}$ 情况下随机变量 X 的条件概率分布。

定义 2.1 随机变量的随机序：当

$$\mathbb{P}[X>t]\leqslant\mathbb{P}[Y>t](\forall t\in\mathbb{R}) \tag{2.1}$$

随机变量 X 在随机序意义上小于随机变量 Y，记为 $X \leqslant_{\text{st}} Y$。

定义 2.2 随机向量的随机序：当对于任意 $\boldsymbol{x} \in \mathcal{U}$，如果 $\boldsymbol{y} \geqslant \boldsymbol{x}$，则有 $\boldsymbol{y} \in \mathcal{U}$，集合 $\mathcal{U} \subseteq \mathbb{R}^n$ 称为向上集合。定义 $\boldsymbol{X}$ 和 $\boldsymbol{Y}$ 为两个 n 维随机向量，当

$$\mathbb{P}[\boldsymbol{X} \in \mathcal{U}] \leqslant \mathbb{P}[\boldsymbol{Y} \in \mathcal{U}]，对于所有的向上集合 \mathcal{U} \in \mathbb{R}^n \tag{2.2}$$

$\boldsymbol{X}$ 在随机序意义上小于 $\boldsymbol{Y}$，记为 $\boldsymbol{X} \geqslant_{\text{st}} \boldsymbol{Y}$。

定义 2.3 随机过程的随机序：定义两个随机过程 $\{X(t), t \in [0, \infty)\}$ 和 $\{Y(t), t \in [0, \infty)\}$。若对于所有整数 n 和 $0 \leqslant t_1 < t_2 < \cdots < t_n$，满足

$$(X(t_1), X(t_2), \cdots, X(t_n)) \leqslant_{\text{st}} (Y(t_1), Y(t_2), \cdots, Y(t_n)) \tag{2.3}$$

随机过程 $\{X(t), t \in [0, \infty)\}$ 在随机序意义上小于 $\{Y(t), t \in [0, \infty)\}$，记为 $\{X(t), t \in [0, \infty)\} \leqslant_{\text{st}} \{Y(t), t \in [0, \infty)\}$。

定义 $\mathbb{V}$ 为 $[0, \infty)$ 上的勒贝格可测函数集，即

$$\mathbb{V} = \{p: [0, \infty) \mapsto \mathbb{R} 勒贝格可测\} \tag{2.4}$$

从 $\mathbb{V}$ 中函数到实数 $\mathbb{R}$ 的映射 f 称为泛函。

若对于任意函数 $p_1, p_2 \in \mathbb{V}$，当 $p_1(t) \leqslant p_2(t)$ ($\forall t \in [0, \infty)$) 成立时，泛函 $f(p_1) \leqslant f(p_2)$ 成立，则称泛函 $f: \mathbb{V} \mapsto \mathbb{R}$ 是非递减的。$\{X(t), t \in [0, \infty)\} \leqslant_{\text{st}} \{Y(t), t \in [0, \infty)\}$ 成立的充分必要条件为[138]，对所有的非递减泛函 $f: \mathbb{V} \mapsto \mathbb{R}$，下面期望存在且满足

$$\mathbb{E}[f(\{X(t), t \in [0, \infty)\})] \leqslant \mathbb{E}[f(\{Y(t), t \in [0, \infty)\})] \tag{2.5}$$

2.2.2 排队网络模型

考虑一个单跳排队网络，如图 2.1 所示。网络中包含一个队列和 M 个服务台，每个服务台代表一个通信信道。系统从时间 $t=0$ 开始运行，系统外源节点生成序列的状态更新数据包进入队列，数据包通过服务台发送至目的地节点。第 i 个状态更新数据包于 S_i 时刻在源节点产生，在 C_i 时刻到达队列，并在 D_i 时刻到达目的地节点，满足 $0 \leqslant S_1 \leqslant S_2 \leqslant \cdots$ 且 $S_i \leqslant C_i \leqslant D_i$。时刻序列 $\{S_1, S_2, \cdots\}$ 和 $\{C_1, C_2, \cdots\}$ 任意给定。数据包到达队列的顺序可能与数据包的产生顺序不同，如存在 $S_i < S_{i+1}$ 与 $C_i > C_{i+1}$ 情况。每个更新数据包都带有其生成的时间戳，使调度器知道到达数据包的生成时间。使用 $B > 0$ 表示队列缓存区大小，队列缓存区可以为无限长、有限长度或甚至长度为零。如果队列缓存区大小有限，有新的数据包到达队列时队列已满，则数据包可能丢弃，或取代队列中已有数据包。如果缓存区大小为 0，网络最多可同时保存 M 个正被服务台处理的数据包。当所有数据包均已成功接收或在正在服务台处理时，队列为空。

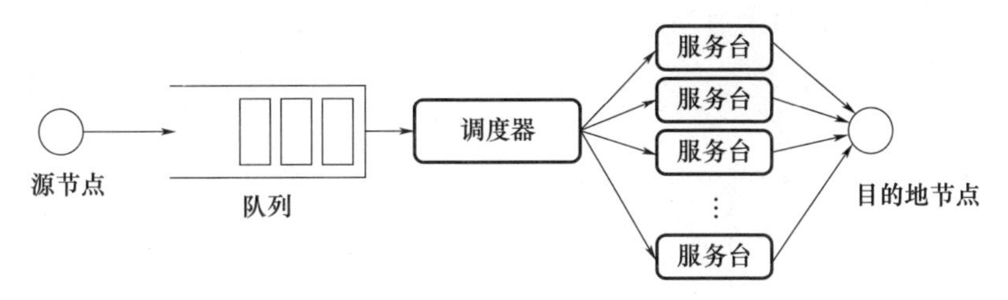

图 2.1　单跳多服务台排队网络状态更新图

定义 π 为调度策略,用于确定不同时刻服务台发送数据包的策略和队列缓存区已满时数据包丢弃或替换的策略。定义 Π 为线上处理的策略集合,也称因果或非预期策略。这些策略中调度决策基于系统的历史和当前状态得到。如果每个服务台可随时被选择和切换,即用于发送另一个数据包,对应策略称为抢占策略。被抢占的数据包存储回队列并等待稍后发送,或者由于队列缓存区已满直接丢弃。如果每个服务台必须在为另一个数据包提供服务之前完成当前数据包的发送,则对应策略称为非抢占式策略。每当队列非空时所有服务台保持忙碌,该策略称为工作保证策略。使用 $\Pi_{\mathrm{np}} \in \Pi$ 表示非抢占式在线策略集合。

定义

$$\mathcal{I} = \{S_i, C_i, i = 1, 2, \cdots\} \tag{2.6}$$

为数据包产生和到达队列时刻。假设数据包生成和到达队列时刻 $\mathcal{I}$ 与数据包服务时间相互独立,不随调度策略动态变化。

2.2.3　信息年龄指标

在时间 t,目的地节点最新接收的数据包在 $U(t) = \max\{S_i : D_i \leqslant t\}$ 时刻生成。信息年龄或简称年龄为时间 t 的函数,定义为

$$\Delta(t) = t - U(t) = t - \max\{S_i : D_i \leqslant t\} \tag{2.7}$$

式(2.7)表示最新接收的数据包生成时刻 $U(t)$ 与时刻 t 的时间差。因此,较小的信息年龄 $\Delta(t)$ 表示目的地节点的状态数据包更新鲜。如图 2.2 所示,年龄 $\Delta(t)$ 随时间变化曲线图呈锯齿状,年龄 $\Delta(t)$ 随时间线性增长,在新的数据包到达后重置为较小值。定义 $\{\Delta(t), t \in [0, \infty)\}$ 为年龄过程,A_k 为从 $t=0$ 起年龄过程的第 k 个峰值,如图 2.2 所示。在后续章节中,A_k 也表示峰值年龄指标。此外,定义 $\Delta(0^-)$ 表示在 0^- 时刻,即系统开始运行前的年龄初始值,假设初始年龄值 $\Delta(0^-)$ 不随调度策略变化。

使用年龄过程 $\{\Delta(t), t \in [0, \infty)\}$ 的非递减函数 $\{f(\{\Delta(t), t \in [0, \infty)\})\}$ 表示在目的地节点对过时信息的不满意程度,对应函数称为年龄惩罚函数。文

献中常用的年龄惩罚函数表述如下。

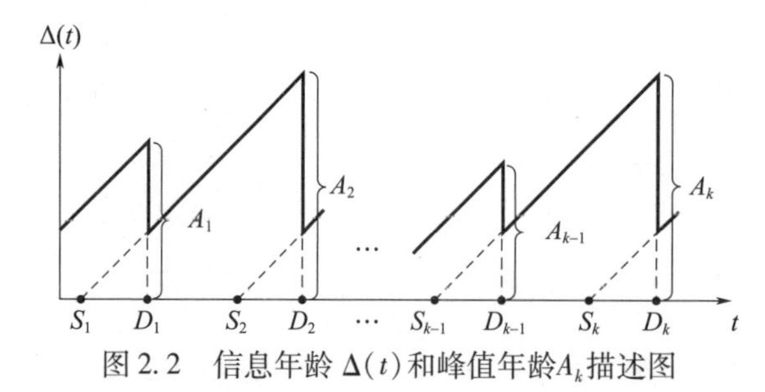

图 2.2 信息年龄 $\Delta(t)$ 和峰值年龄A_k描述图

· 时间平均年龄[1,12,14,20,22,110 - 111,135,137,139 - 140]:定义时间平均年龄函数为

$$f_{\text{avg}}(\{\Delta(t),t\in[0,\infty)\})=\frac{1}{T}\int_0^T\Delta(t)\,\mathrm{d}t \tag{2.8}$$

· 时间平均年龄惩罚函数[73]:定义时间平均年龄惩罚函数为

$$f_{\text{avg-penalty}}(\{\Delta(t),t\in[0,\infty)\})=\frac{1}{T}\int_0^T p(\Delta(t))\,\mathrm{d}t \tag{2.9}$$

其中 $p:[0,\infty)\to[0,\infty)$ 为任意非递减函数。

较常用的年龄惩罚函数为指示函数,即

$$p_{\text{exceed}-d}(\Delta(t))=1_{\{\Delta(t)>d\}}=\begin{cases}1,(\Delta(t)>d)\\0,(\Delta(t)\leqslant d)\end{cases} \tag{2.10}$$

将式(2.10)代入式(2.9)可以得到年龄函数 $\Delta(t)$ 超过阈值时间 d 部分的占比,由式(2.11)给出:

$$\frac{1}{T}\int_0^T p_{\text{exceed}-d}(\Delta(t))\,\mathrm{d}t=\frac{1}{T}\int_0^T 1_{\{\Delta(t)>d\}}\,\mathrm{d}t \tag{2.11}$$

近期研究表明,非线性年龄函数可用于描述许多应用的信息新鲜度。5.2.2 节将对非线性年龄函数及其应用进行详细讨论。

上述信息年龄指标由调度策略 π 决定,使用下标 π 表示。比如,$\Delta_\pi(t)$ 表示调度策略 π 在时刻 t 的信息年龄。

2.2.4 信息年龄最优解

1. 服务时间服从指数随机分布的情况

首先分析网络中各服务台服务时间服从独立同分布的指数随机分布情况下的年龄最优解。具体地,年龄最优策略遵循以下两个定义之一的排队规则。

定义 2.4 后生成先服务策略:该策略下,最后生成的数据包最先被服务,若同时生成多个数据包,选择任意数据包服务。

定义2.5　后到达先服务策略：该策略下，最后到达的数据包最先被服务，若同时生成多个数据包，选择任意数据包服务。

首先考虑抢占式后生成先服务策略。该策略下新到达的数据包会抢占正在服务的旧数据包的服务机会，被抢占服务的数据包可能会被丢弃或被存储回队列。被抢占服务的数据包是丢弃还是回存队列，都不影响抢占式后生成先服务策略的年龄性能。值得注意的是，对于抢占式后生成先服务策略，服务台发送的数据包总是新鲜的。换句话说，如果数据包在时间 t 之前到达，且在时间 t 没有被任何服务台处理，存在两种情况：①数据包不是最新的；②数据包已经在时间 t 传送到目的地。这一事实表明，抢占式后生成先服务策略是使信息年龄最小化的最优策略，如下述定理所述。

定理2.6　当不同时间和服务台的服务时间服从独立同分布的指数随机分布时，对于所有 $M\geqslant 1$、$B\geqslant 0$、$\mathcal{I}$ 和 $\pi\in\Pi$，不等式(2.12)成立：

$$[\{\Delta_{\text{prmp-LGFS}}(t),t\in[0,\infty)\}|\mathcal{I}]\leqslant_{\text{st}}[\{\Delta_{\pi}(t),\ t\in[0,\infty)\}|\mathcal{I}] \tag{2.12}$$

等价地，对于所有 $M\geqslant 1$、$B\geqslant 0$、$\mathcal{I}$ 和非递减泛函 f，式(2.13)中期望存在条件下，等式(3.12)成立：

$$\mathbb{E}[f(\{\Delta_{\text{prmp-LGFS}}(t),\ t\in[0,\infty)\})|\mathcal{I}]=\min_{\pi\in\Pi}\mathbb{E}[f(\{\Delta_{\pi}(t),\ t\in[0,\infty)\})|\mathcal{I}] \tag{2.13}$$

证明：采用样本路径方法进行证明，见附录2.6.1。

定理2.6表明，当服务时间服从独立同分布的指数随机分布时，对于任意给定的数据包产生时刻$(S_1,S_2,\cdots)$、包到达时刻$(C_1,C_2,\cdots)$、缓存区大小 B 和服务台数量 M，在所有在线策略中，抢占式后生成先服务策略可以在随机序意义上实现年龄过程$\Delta_{\pi}(t),t\in[0,\infty)$最小化。此外，式(2.12)和式(2.13)表明，抢占式后生成先服务策略可以最小化年龄过程的任一非递减函数，包括时间平均年龄式(2.8)和时间平均年龄惩罚函数式(2.9)。

考虑允许包复制的情况。一个数据包的多个副本可由多个服务台并行处理，任一副本服务后，认为该数据包已发送。文献[24]表明，在允许包复制的情况下，抢占式后生成先服务策略仍为最优。进一步地，当服务时间呈指数级随机分布，且不同服务台指数随机分布均值不同时，如服务时间对于服务台和时间独立同分布情况下，若更加新鲜数据包分配给服务时间均值更小的服务台，抢占式后生成先服务策略为最优。还需注意，当服务时间不服从指数随机分布时，抢占式后生成先服务策略不一定为最优。

对定理2.6结论松弛处理，考虑 $\mathcal{I}$ 中生成时间与到达时间混合情况，根据不等式(2.12)，不等式(2.14)成立：

$$\{\Delta_{\text{prmp-LGFS}}(t),\ t\geqslant 0\}\leqslant_{\text{st}}\{\Delta_{\pi}(t),\ t\geqslant 0\} \tag{2.14}$$

因此,式(2.12)和式(2.13)的条件 $\mathcal{I}$ 可以移除。相似地,条件 $\mathcal{I}$ 可在本章后续结果中移除。

当数据包按照生成的顺序到达队列,如对于所有 i,存在 $(S_i - S_{i+1})(C_i - C_{i+1})\geqslant 0$,后到达先服务策略与后生成先服务策略相同。下面的推论可以直接由定理 2.6 得到。

推论 2.7 当①数据包按照生成顺序到达队列,且②数据包服务时间服从指数随机分布时,对于服务台与时间独立同分布,对所有 $M\geqslant 1, B\geqslant 0, \mathcal{I}$ 和 $\pi\in\Pi$,不等式(2.15)成立:

$$[\{\Delta_{\text{prmp-LCFS}}(t),\ t\in[0,\infty)\}\mid\mathcal{I}]\leqslant_{\text{st}}[\{\Delta_{\pi}(t), t\in[0,\infty)\}\mid\mathcal{I}] \tag{2.15}$$

等价地,对于所有 $M\geqslant 1$、$B\geqslant 0$、$\mathcal{I}$ 和所有非递减泛函 f,式(2.16)期望存在条件下,等式(2.16)成立:

$$\mathbb{E}[f(\{\Delta_{\text{prmp-LGFS}}(t), t\in[0,\infty)\}\mid\mathcal{I}]=\min_{\pi\in\Pi}\mathbb{E}[f(\{\Delta_{\pi}(t),\ t\in[0,\infty)\}\mid\mathcal{I}] \tag{2.16}$$

因此,在推论 2.7 条件下,抢占式后到达先服务策略具有年龄最优性。

2. 服务时间服从新优于旧随机分布的情况

尽管当服务时间服从指数随机分布时抢占式后生成先服务策略为最优,但对于非指数随机分布的服务时间,该策略不一定使信息年龄最小。本节针对更一般情况下的服务时间分布类型,分析年龄最优或近似最优性结论。

因此,考虑包括指数随机分布特例的新优于旧随机分布类型如下。

定义 2.8 新优于旧随机分布:考虑一个具有互补累积分布函数 $\overline{F}(x)=\mathbb{P}[X>x]$ 的非负随机变量 X。对于所有 $t,\tau\geqslant 0$ 满足:

$$\overline{F}(\tau+t)\leqslant\overline{F}(\tau)\overline{F}(t) \tag{2.17}$$

称随机变量 X 服从新优于旧随机分布。

新优于旧随机分布的例子包括常数分布、指数随机分布、偏移指数随机分布、几何随机分布、伽马随机分布和负二项分布等。

考虑到除指数随机分布的特殊情况外,在服务时间服从新优于旧随机分布情况下很难找到年龄最优调度策略,微调设计目标为寻找与最优年龄性能差距很小的近似最优调度策略。

具体地,证明在已到达的最新数据包缓存区大小至少为 1 的条件下,非抢占式后生成先服务调度策略在所有非抢占式和在线策略中信息年龄近似最优。

为证明非抢占式后生成先服务策略为年龄近似最优,构造信息年龄下限如

图 2.3 所示。其中V_i表示第 i 个数据包分配至服务台的时间，或者说第 i 个数据包的服务开始时间。通过定义可以得到$S_i \leqslant C_i \leqslant V_i \leqslant D_i$。

使用服务信息年龄的度量指标，定义为

$$\Xi(t) = t - \max\{S_i : V_i \leqslant t\} \tag{2.18}$$

服务信息年龄为截至时间 t 开始被服务的最新数据包的生成时间之间和当前时间 t 之间的差值。由信息年龄 $\Delta(t)$ 定义是计算当前时间 t 和截止到时间 t 被服务的最新数据包生成时间之间的时间差，得到$\Xi(t) \leqslant \Delta(t)$，如图 2.4 所示。这里假设 $t = 0^-$ 时刻的初始服务信息年龄$\Xi(0^-)$不随调度策略变化。

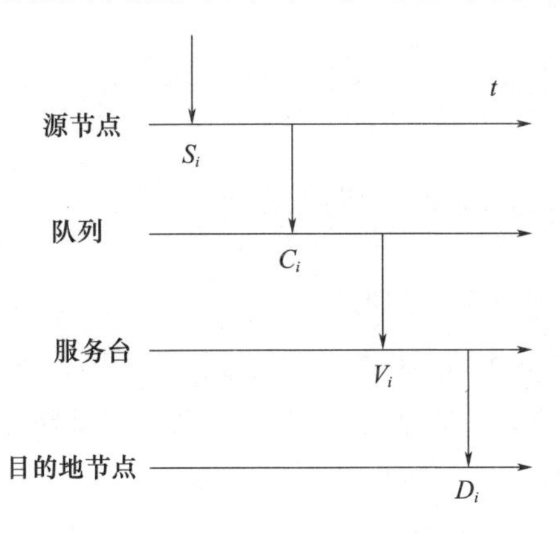

图 2.3　S_i、C_i、V_i和D_i描述图

下面定理表明，非抢占式后生成先服务策略的服务信息年龄是所有非抢占式策略和在线策略的统一年龄下限。

定理 2.9　当数据包的服务时间服从新优于旧随机分布，且对于时间和服务台独立同分布时；当有新的数据包到达且队列缓存区已满，发生数据包丢弃或替换操作时，最新数据包（在进入队列缓存区和已在缓存区中的最新数据包）保留在队列中，对于所有 $M \geqslant 1, B \geqslant 1, \mathcal{I}$ 和 $\pi \in \Pi_{np}$，式(2.19)成立：

$$[\{\Xi_{\text{non-prmp-LGFS}}(t), t \in [0,\infty)\} \mid \mathcal{I}] \leqslant_{st} [\{\Delta_\pi(t), t \in [0,\infty)\} \mid \mathcal{I}] \tag{2.19}$$

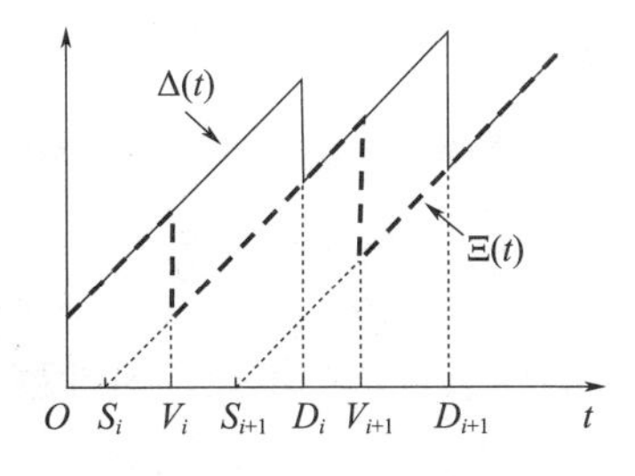

图 2.4　服务信息年龄$\Xi(t)$与信息年龄 $\Delta(t)$下限示意图

等价地，在式(2.20)中均值存在情况下，对于所有 $M \geqslant 1, B \geqslant 1, \mathcal{I}$ 和非递减泛函 f，不等式(2.20)成立：

$$\mathbb{E}[f(\{\Xi_{\text{non-prmp-LGFS}}(t), t \in [0,\infty)\}) \mid \mathcal{I}] \leqslant \min_{\pi \in \Pi_{\text{np}}} \mathbb{E}[f(\{\Delta_\pi(t), t \in [0,\infty)\}) \mid \mathcal{I}] \leqslant \mathbb{E}[f(\{\Delta_{\text{non-prmp-LGFS}}(t), t \in [0,\infty)\}) \mid \mathcal{I}] \tag{2.20}$$

证明：详见附录 2.6.2。

具体地，对于式(2.8)中定义的时间平均年龄，可以得到以下推论。

推论 2.10 定理 2.9 条件下，对所有 $M \geqslant 1$ 和 $\mathcal{I}$ 满足：

$$\min_{\pi \in \Pi_{\text{np}}} \limsup_{T \to \infty} \frac{1}{T} \mathbb{E}\left[\int_0^T \Delta_\pi(t)\,\mathrm{d}t \mid \mathcal{I}\right] \leqslant \limsup_{T \to \infty} \frac{1}{T} \mathbb{E}\left[\int_0^T \Delta_{\text{non-prmp-LGFS}}(t)\,\mathrm{d}t \mid \mathcal{I}\right] \leqslant \min_{\pi \in \Pi_{\text{np}}} \limsup_{T \to \infty} \frac{1}{T} \mathbb{E}\left[\int_0^T \Delta_\pi(t)\,\mathrm{d}t \mid \mathcal{I}\right] + \mathbb{E}[X] \tag{2.21}$$

其中，$\mathbb{E}[X]$ 表示单包服务的时间均值。

文献[24]给出推论 2.10 证明。根据推论 2.10，非抢占式后生成先服务策略的时间平均年龄期望与年龄最优值差距在很小范围内，$\mathbb{E}[X]$ 与数据包生成和到达时间 $\mathcal{I}$、服务台数量 M 和缓存区大小 B 无关。

2.3 多跳排队网络

在一些状态更新非常重要的实时应用中，状态更新数据包通过多跳网络发送至目的地。典型应用包括互联网、云系统和社交网络等，这些系统主要以有线网络为基础，可建模为多跳排队网络。同时，在一些无线网络中，为延长传感器等节点工作寿命(如 10～25 年)，节点通常存在严格的能量约束。这些网络业务负载相对较小，网络中出现干扰和数据包冲突的概率较低。在上述应用模式情况下，多跳网络中的数据更新过程可建模为无干扰的多跳排队系统，网络链路可同时处于活动状态。

2.3.1 排队网络模型

如图 2.5 所示，考虑使用离散图 $\mathcal{G}(\mathcal{V},\mathcal{L})$ 表示多跳网络，其中 $\mathcal{V}$ 表示节点集合，$\mathcal{L}$ 表示链路集合。网络中节点个数为 $|\mathcal{V}| = N$。节点由序号 0 到 $N-1$ 索引，其中节点 0 同时作为网关节点。定义 $(i,j) \in \mathcal{L}$ 为节点 i 与节点 j 之间的链路，节点 i 为源节点，节点 j 为目的地节点。在不失一般性情况下，离散图 $\mathcal{G}(\mathcal{V},\mathcal{L})$ 具有全连通性。

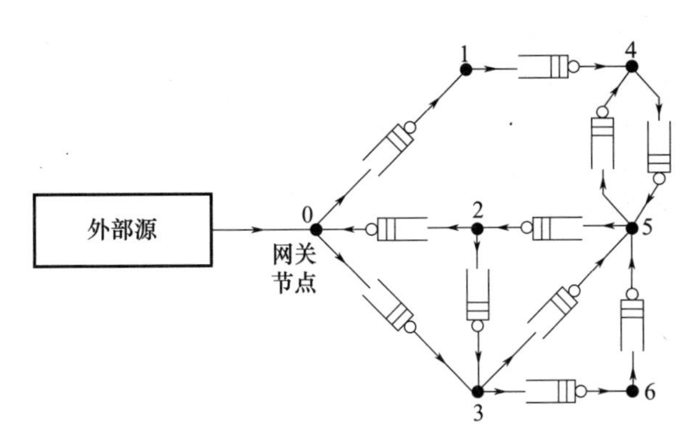

图 2.5　多跳排队网络状态更新图

系统从 $t=0$ 时刻开始运行，如图 2.5 所示，更新数据包由外部源处产生，首先被发送至网关节点 0，再由网关节点分发到整个网络①。S_l时刻产生的第 l 个数据包，于C_0时刻到达节点 0，在时间C_{lj}时刻转发至其他节点 j。对于所有 $j=1,2,\cdots,N-1$，时刻序列满足 $0\leqslant S_1\leqslant S_2\leqslant\cdots$ 和$S_l\leqslant C_{l0}\leqslant C_{lj}$。当同一数据包的多个副本通过多条路由在不同时间到达同一节点时，仅计算第一个到达的数据包。当数据包到达节点 i 时，所有从节点 i 发出的链路状态随即变为可用。每条链路 (i,j) 建模为缓存区大小为$B_{ij}\geqslant 0$ 的单服务台队列。当缓存区占满后，新到达数据包被丢弃，或取代队列中其他数据包。同一链路数据包服务时间相互独立，各链路之间服务时间可服从不同分布。主要考虑三种随机分布的服务时间模型，包括指数随机分布、新优于旧随机分布和任意非负随机分布。

使用 π 表示调度策略，决定随着时间变化的数据包发送策略，和当队列缓存区已满时数据包的丢弃或替换策略。定义 Π 表示在线策略集合，在线策略根据包括系统所有数据包位置、到达时间、生成时间、服务台忙闲状态等历史和当前信息做出调度决策。定义 $\Pi_{\mathrm{np}}\subset\Pi$ 为非抢占式在线策略集合，定义 $\Pi_{\mathrm{npwc}}\subset\Pi_{\mathrm{np}}$ 表示非抢占式和工作保证的在线策略。定义

$$\mathcal{I}=\{S_l,C_{l0},l=1,2,\cdots\} \tag{2.22}$$

为数据包生成时间和数据包到达网关节点 0 的时间。假设 $\mathcal{I}$ 和数据包服务时间统计独立且不受调度策略影响。

位于节点 j 处的信息年龄定义为

$$\Delta_j(t)=t-\max\{S_l:C_{lj}\leqslant t\} \tag{2.23}$$

在 t 时刻，所有网络内节点的年龄向量可表示为

$$\boldsymbol{\Delta}(t)=(\Delta_0(t),\Delta_1(t),\cdots,\Delta_{N-1}(t)) \tag{2.24}$$

① 文献[25]讨论了多网关节点的情况。

网络节点的年龄过程为$\{\boldsymbol{\Delta}_\pi(t), t\in[0,\infty)\}$,年龄过程的函数可以按照2.2.3节方式类似定义。年龄指标的下标π表示策略π对应年龄性能。假设对于所有策略$\pi\in\Pi$,$t=0^-$时刻,初始年龄向量$\boldsymbol{\Delta}_\pi(0^-)$相同。

2.3.2 信息年龄最优解

1. 服务时间服从指数随机分布

利用与定理2.6类似的样本路径方法,可以证明多跳队列网络中抢占式后生成先服务策略是年龄最优。

定理2.11 当数据包服务时间服从独立于链路和时间的指数随机分布[25],对于所有$\mathcal{G}(\mathcal{V},\mathcal{L})$、$B_{ij}\geqslant 0$、$\mathcal{I}$和$\pi\in\Pi$,不等式(2.25)成立:

$$[\{\boldsymbol{\Delta}_{\text{prmp-LGFS}}(t), t\in[0,\infty)\}\mid\mathcal{I}]\leqslant_{\text{st}}[\{\boldsymbol{\Delta}_\pi(t), t\in[0,\infty)\}\mid\mathcal{I}] \tag{2.25}$$

等价地,在式(2.26)中期望存在条件下,对于所有$\mathcal{G}(\mathcal{V},\mathcal{L})$、$B_{ij}\geqslant 0$、$\mathcal{I}$和非递减泛函$f$,等式(2.26)成立:

$$\mathbb{E}[f(\{\boldsymbol{\Delta}_{\text{prmp-LGFS}}(t), t\in[0,\infty)\}\mid\mathcal{I})]=\min_{\pi\in\Pi}\mathbb{E}[f(\{\boldsymbol{\Delta}_\pi(t), t\in[0,\infty))\}\mid\mathcal{I}] \tag{2.26}$$

定理2.11表明,当数据包服务时间服从独立同分布的指数随机分布时,对于任意给定数据包生成时间$\{S_1,S_2,\cdots\}$,节点0处的数据包到达时刻$\{C_{10},C_{20},\cdots\}$、网络拓扑$\mathcal{G}(\mathcal{V},\mathcal{L})$和缓存区大小$\{B_{ij}\geqslant 0,(i,j)\in\mathcal{L}\}$,对于所有在线策略,抢占式后生成先服务调度策略的年龄过程$\{\boldsymbol{\Delta}_\pi(t), t\in[0,\infty)\}$在随机序意义上年龄最小。另外,定理2.11结论同样适用于多网关情况[25]。此外,多跳网络中,即使数据包以生成时间相同顺序到达网关节点,抢占式后生成先服务策略也不同于抢占式后生成先服务策略。因此,抢占式后到达先服务策略在多跳网络中可能不是年龄最优的。

2. 服务时间服从新优于旧随机分布

考虑非抢占且数据包服务时间服从新优于旧随机分布的情况。该情况下,可以证明非抢占式后生成先服务策略对于树状网络为年龄近似最优。树状网络中所有叶子节点都与根节点0连接,且每个叶子节点$j\in\mathcal{V}/\{0\}$至多有一条输入链路,对于任意叶子节点$j\in\mathcal{V}/\{0\}$从节点0到节点j只有一条有向路径。使用$\mathcal{H}_k\subseteq\mathcal{V}$表示距离节点0有$k$跳的节点集,树状网络如图2.6所示。

定理2.12 当$\mathcal{G}(\mathcal{V},\mathcal{L})$是树网络,数据包服务时间服从新优于旧随机分布且在链路和时间上独立同分布,以及一个数据包到达一个已满缓存区时采用包丢弃或替换策略以保证最新数据包(到达数据包和

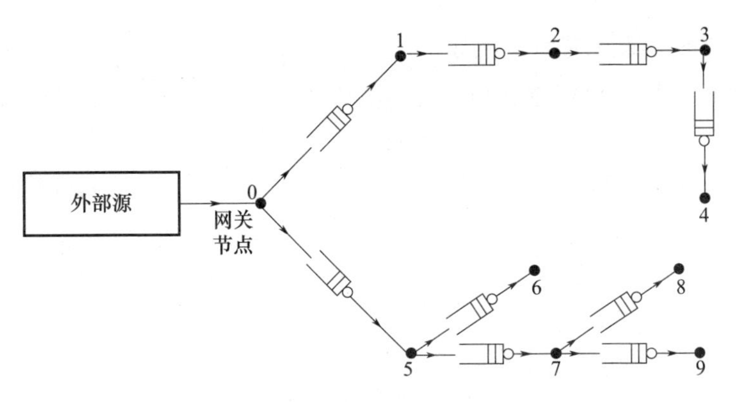

图2.6 树状网络状态更新图

在缓存区中数据包中最新的包)保持在缓存区中[25],对于所有$B_{ij}\geqslant 1$、$\mathcal{I}$和$\pi\in\Pi_{\mathrm{np}}$,不等式(2.27)成立:

$$\min_{\pi\in\Pi_{\mathrm{np}}}[\overline{\Delta}_{j,\pi}|\mathcal{I}]\leqslant[\overline{\Delta}_{j,\mathrm{non-prmp-LGFS}}|\mathcal{I}]\leqslant\min_{\pi\in\Pi_{\mathrm{np}}}[\overline{\Delta}_{j,\pi}|\mathcal{I}]+\mathbb{E}[X_{j1}]+2\sum_{m=2}^{k}\mathbb{E}[X_{jm}](\forall j\in\mathcal{H}_k,\forall k\geqslant 1)\tag{2.27}$$

其中

$$[\overline{\Delta}_{j,\pi}\mid\mathcal{I}]=\limsup_{T\to\infty}\frac{1}{T}\mathbb{E}\left[\int_0^T\Delta_{j,\pi}(t)\mathrm{d}t\mid\mathcal{I}\right]\tag{2.28}$$

式(2.28)表示策略π下节点j处时间平均年龄,X_{jm}表示从网关节点0到节点j的第m跳链路上的数据包服务时间。

节点j处的时间平均年龄下限为

$$[\overline{\Delta}_{j,\pi}\mid\mathcal{I}]\geqslant\sum_{m=1}^{k}\mathbb{E}[X_{jm}]\tag{2.29}$$

由此可得到推论2.13。

推论2.13 定理2.12条件下,对于所有$B_{ij}\geqslant 1$,$\mathcal{I}$和$\pi\in\Pi_{\mathrm{np}}$存在

$$\min_{\pi\in\Pi_{\mathrm{np}}}[\overline{\Delta}_{j,\pi}|\mathcal{I}]\leqslant[\overline{\Delta}_{j,\mathrm{non-prmp-LGFS}}|\mathcal{I}]\leqslant 2\min_{\pi\in\Pi_{\mathrm{np}}}[\overline{\Delta}_{j,\pi}|\mathcal{I}](\forall j\in\mathcal{H}_1)\tag{2.30}$$

$$\min_{\pi\in\Pi_{\mathrm{np}}}[\overline{\Delta}_{j,\pi}|\mathcal{I}]\leqslant[\overline{\Delta}_{j,\mathrm{non-prmp-LGFS}}|\mathcal{I}]\leqslant 3\min_{\pi\in\Pi_{\mathrm{np}}}[\overline{\Delta}_{j,\pi}|\mathcal{I}](\forall j\in\mathcal{H}_k,\forall k\geqslant 2)\tag{2.31}$$

因此,在定理2.12条件下,非抢占式后生成先服务策略的时间平均年龄是所有非抢占式策略中最优的,非抢占式后生成先服务策略的时间平均年龄是最优年龄值的2~3倍。

3. 服务时间服从任意随机分布

研究非抢占式方式、数据包服务时间服从任意随机分布且对于链路和时间独立同分布的情况。该情况下，在所有非抢占式工作保证的在线策略 Π_{npwc} 中，非抢占式后生成先服务策略在随机序意义上为年龄最优。定理具体描述如下。

定理 2.14 如果数据包服务时间对于链路和时间是独立同分布的[25]，则对于所有 $\mathcal{G}(\mathcal{V},\mathcal{L})$、$B_{ij}\geqslant 0$、$\mathcal{I}$ 和 $\pi\in\Pi_{\mathrm{npwc}}$，不等式(2.32)成立：

$$[\{\mathbf{\Delta}_{\mathrm{non-prmp-LCFS}}(t),t\in[0,\infty)\}|\mathcal{I}]\leqslant_{\mathrm{st}}[\{\mathbf{\Delta}_{\pi}(t),t\in[0,\infty)\}|\mathcal{I}] \tag{2.32}$$

等价地，下式期望存在条件下，对于所有 $\mathcal{G}(\mathcal{V},\mathcal{L})$、$B_{ij}\geqslant 0$、$\mathcal{I}$ 和非递减泛函 f，等式(2.33)成立：

$$\mathbb{E}[f(\{\mathbf{\Delta}_{\mathrm{non-prmp-LCFS}}(t),t\in[0,\infty)\})|\mathcal{I}]=\min_{\pi\in\Pi_{\mathrm{npwc}}}\mathbb{E}[f(\{\mathbf{\Delta}_{\pi}(t),t\in[0,\infty)\})|\mathcal{I}] \tag{2.33}$$

在服务时间服从任意分布的条件下，定理 2.14 成立，策略空间 Π_{npwc} 相对有限。当使用更通用的策略空间取代 Π_{npwc} 时，定理 2.14 可能不成立。

2.4 多业务流单跳排队网络

2.4.1 排队网络模型

考虑多业务流网络，网络状态更新过程如图 2.7 所示。其中，N 个更新数据包流通过 M 个服务台的一条队列进行发送。定义 s_n 和 d_n 分别表示第 n 个流中的源节点和目的地节点。不同的流对应的源目的地可能不同。数据包被分配给任意一个服务台，同一时间一个服务台只能服务一个数据包，更新数据包的服务时间对于服务台和时间独立同分布。缓存区队列大小为 B，B 可以为有限值、无限值或 0。

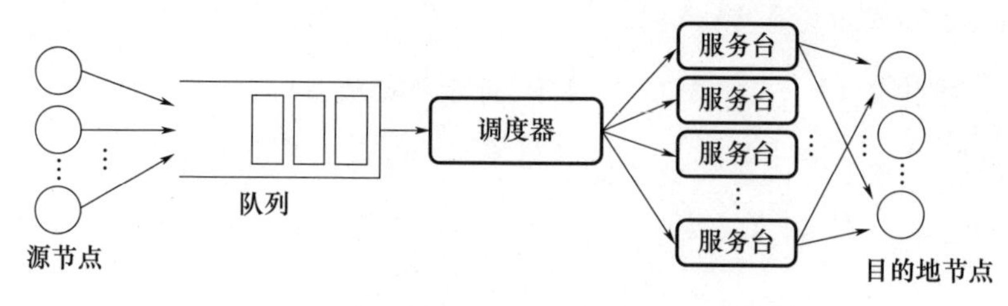

图 2.7 多业务流单跳排队网络状态更新图

系统从 $t=0$ 时刻开始运行。属于业务流 n 的第 i 个更新数据包在 $S_{n,i}$ 时刻由节点 s_n 产生，在 $C_{n,j}$ 时刻到达队列，并在 $D_{n,i}$ 时刻到达目的地节点 d_n，其中

$0 \leqslant S_{n,1} \leqslant S_{n,2} \leqslant \cdots$ 且 $S_{n,i} \leqslant C_{n,i} \leqslant D_{n,i}$。考虑下面一类数据包的同步生成与到达过程。

定义 2.15 同步采样与到达：当存在两个序列 $\{S_1, S_2, \cdots\}$ 和 $\{C_1, C_2, \cdots\}$，且对于所有 $i=1,2,\cdots$ 和 $n=1,2,\cdots$ 时，N 满足：

$$S_{n,i} = S_i, C_{n,i} = C_i \tag{2.34}$$

数据包的生成与到达时间在 N 个业务流之间同步。

实际上，同步数据包生成和到达的情况需要多个源由同一时钟同步，或由单源节点、多目的地节点网络周期性采样得到。

定义调度策略 π 以决定服务台发送数据包的时间，定义 Π 表示决策根据系统历史和当前状态确定的在线策略集合。使用

$$\mathcal{I} = \{S_i, C_i, i=1,2,\cdots\} \tag{2.35}$$

表示多业务流同步数据包的生成和到达时间。假设 $\mathcal{I}$ 和数据包服务时间统计独立，且不随调度策略变化。

2.4.2 信息年龄指标

业务流 n 的年龄定义为当前时刻 t 和目的地节点 d_n 处收到的最新数据包生成时间之间的差值，即

$$\Delta_n(t) = t - \max\{S_{n,i} : D_{n,i} \leqslant t, i=1,2,\cdots\} \tag{2.36}$$

使用 $\boldsymbol{\Delta}(t) = \{\Delta_1(t), \cdots, \Delta_n(t)\}$ 表示 t 时刻 N 个业务流的年龄向量。

引入多业务流年龄惩罚函数 $p(\boldsymbol{\Delta}) = p \circ \boldsymbol{\Delta}$ 表示在 N 个目的地节点对其收到过时信息的不满意程度，其中 $p: \mathbb{R}^N \to \mathbb{R}$ 为任何 N 维年龄向量 $\boldsymbol{\Delta}$ 的非递减函数。以下给出一些常用的年龄惩罚函数例子。

（1）N 条业务流的平均年龄为

$$p_{\text{avg}}(\boldsymbol{\Delta}) = \frac{1}{N} \sum_{n=1}^{N} \Delta_n \tag{2.37}$$

（2）N 条业务流的最大年龄为

$$p_{\max}(\boldsymbol{\Delta}) = \operatorname*{man}_{n=1,2,\cdots,N} \Delta_n \tag{2.38}$$

（3）N 条业务流的均方差年龄为

$$p_{\text{ms}}(\boldsymbol{\Delta}) = \frac{1}{N} \sum_{n=1}^{N} (\Delta_n)^2 \tag{2.39}$$

（4）N 条业务流年龄向量的 l 范数为

$$p_{l\text{-norm}}(\boldsymbol{\Delta}) = \left[\sum_{n=1}^{N} (\Delta_n)^l \right]^{\frac{1}{l}} \quad (l \geqslant 1) \tag{2.40}$$

(5) N 条业务流年龄惩罚集总函数为

$$p_{\text{sun-penalty}}(\boldsymbol{\Delta}) = \sum_{n=1}^{N} p(\Delta_n) \tag{2.41}$$

其中,$p:[0,\infty)\to\mathbb{R}$是各业务流的年龄惩罚函数,年龄惩罚函数为业务流年龄的任意非递减函数。

一类对称非递减的年龄惩罚函数如下:

$$\mathcal{P}_{\text{sym}} = \{p:[0,\infty)^N\to\mathbb{R}\text{是对称非递减的}\}$$

这是一类范围相对较广的年龄惩罚函数,函数 p 为不连续的、非凸或不可分函数。可得

$$\{p_{\text{avg}}, p_{\max}, p_{\text{ms}}, p_{l-\text{norm}}, p_{\text{sum-penalty}}\} \subset \mathcal{P}_{\text{sym}}$$

值得一提的是,年龄向量 $\boldsymbol{\Delta}$ 依赖时间 t 和策略 π,年龄惩罚函数 p 随时间变化。使用$\{p_t \circ \boldsymbol{\Delta}_\pi, t\in[0,\infty)\}$表示由策略 π 和时间相关年龄惩罚函数p_t生成的随机过程。假设时刻 $t=0^-$ 处所有策略 $\pi\in\Pi$ 的初始年龄向量$\boldsymbol{\Delta}_\pi(0^-)$相同。

2.4.3 信息年龄最优解

1. 单服务台且服务时间服从指数随机分布的情况

为解决多业务流调度问题,设计一种最大年龄优先(maximum age first, MAF)原则的业务流选择策略,定义如下。

定义 2.16 最大年龄优先策略:该策略下,服务台优先服务年龄最大的业务流,若多条业务流年龄相同,则随机选择业务流服务。

结合最大年龄优先和后生成先服务规则,定义调度策略如下。

定义 2.17 最大年龄优先-后生成先服务(MAF-LGFS)策略:该策略下,服务台在所有业务流数据包中选择最先处理最大年龄业务流中最后生成的数据包,若多条业务流中最后生成的数据包年龄相同,则服务台随机选择业务流服务。

下面定理证明最大年龄优先-后生成先服务策略的信息年龄最优性。

定理 2.18 当只有一个服务台($M=1$),N 条业务流中数据包生成和到达时间同步,数据包服务时间服从指数随机分布,且不同时间上独立同分布时,对于所有 $B\geqslant 0$、$\mathcal{I}$、$p_t\in\mathcal{P}_{\text{sym}}$和 $\pi\in\Pi$,不等式(2.42)成立[26]:

$$[\{p_t \circ \boldsymbol{\Delta}_{\text{prmp, MAF-LGFS}}(t), t\geqslant 0\}\mid\mathcal{I}] \leqslant_{\text{st}} [\{p_t \circ \boldsymbol{\Delta}_\pi(t), t\geqslant 0\}\mid\mathcal{I}] \tag{2.42}$$

等价地,式(2.43)期望存在条件下,对于所有 $B\geqslant 0$、$\mathcal{I}$、$p_t\in\mathcal{P}_{\text{sym}}$和非递减函数$f$,等式(2.43)成立:

$$\mathbb{E}\left[f\left(\{p_t \circ \boldsymbol{\Delta}_{\mathrm{prmp,MAF-LGFS}}(t), t \in [0, \infty)\}\right) \mid \mathcal{I}\right] = \min_{\pi \in \Pi} \mathbb{E}\left[f(\{p_t \circ \boldsymbol{\Delta}_{\pi}(t), t \geqslant 0\}) \mid \mathcal{I}\right] \tag{2.43}$$

定理2.18的前提条件满足时,对于任一给定集合 $\mathcal{P}_{\mathrm{sym}}$ 的年龄惩罚函数、业务流数量 N 和同步的包生成与到达时刻序列 $\mathcal{I}$,在所有在线策略中,非抢占式最大年龄优先–后生成先服务策略在随机序意义上可实现随机过程 $\{p_t \circ \Delta_\pi, t \in [0, \infty)\}$ 最小化。

2. 多服务台且服务时间服从新优于旧随机分布的情况

进一步考虑多服务台、服务时间服从新优于旧随机分布的更通用排队系统,提出一种最大服务信息年龄优先(maximum age of served information first, MASIF)的业务流选择策略。

定义2.19 最大服务信息年龄优先策略:该策略下,服务台选择具有最大服务信息年龄的业务流服务,若多个业务流服务信息年龄相同,服务台随机选择业务流进行服务,其中服务信息年龄的定义由式(2.18)给出。

结合最大服务信息年龄优先–后生成先服务规则,可定义调度策略如下。

定义2.20 最大服务信息年龄优先–后生成先服务(MASIF–LGFS)策略:该策略下,服务台从所有业务流最新生成的数据包中选择最先服务具有最大服务信息年龄业务流的数据包,若多条业务流最新生成数据包的服务信息年龄相同,则随机选择业务流服务。

当缓存区大小 B 不小于业务流数目 N 时,各业务流最新到达的数据包可以缓存于队列中。这种情况下,抢占式最大服务信息年龄优先–后生成先服务策略为年龄近似最优,具体描述见以下定理。

定理2.21 当 N 条业务流的报文生成和到达时间同步,数据包服务时间服从指数随机分布,并且在不同时间独立同分布,以及 N 条业务流数据包到达占满缓存区时,采用包丢弃或替换策略可以保证每条业务流最新生成数据包(到达数据包和缓存区中数据包中最新鲜的数据包)保持在缓存队列中[26]。对于所有 $M \geqslant 1$、$B \geqslant N$、$\mathcal{I}$、$p_t \in \mathcal{P}_{\mathrm{sym}}$ 和 $\pi \in \Pi_{\mathrm{np}}$,不等式(2.44)成立:

$$\left[\{p_t \circ \boldsymbol{\Xi}_{\mathrm{non-prmp,MASIF-LGFS}}(t), t \geqslant 0\} \mid \mathcal{I}\right] \leqslant_{\mathrm{st}} \left[\{p_t \circ \boldsymbol{\Delta}_{\pi}(t), t \geqslant 0\} \mid \mathcal{I}\right] \tag{2.44}$$

等价地,式(2.45)期望存在条件下,对于所有 $M \geqslant 1$、$B \geqslant N$、$\mathcal{I}$、$p_t \in \mathcal{P}_{\mathrm{sym}}$ 和任意非递减函数 f,不等式(2.45)成立:

$$
\begin{aligned}
&\mathbb{E}[f(\{p_t \circ \boldsymbol{\Xi}_{\text{non-prmp,MASIF-LGFS}}(t), t\in[0,\infty)\})|\mathcal{I}] \leqslant \\
&\min_{\pi\in\Pi_{\text{np}}} \mathbb{E}[f(\{p_t \circ \boldsymbol{\Delta}_{\pi}(t), t\geqslant 0\})|\mathcal{I}] \leqslant \\
&\mathbb{E}[f(\{p_t \circ \boldsymbol{\Delta}_{\text{non-prmp,MASIF-LGFS}}(t), t\in[0,\infty)\})\})|\mathcal{I}]
\end{aligned} \tag{2.45}
$$

实际应用中根据式(2.37)定义的 N 条业务流平均年龄，即 $p_t = p_{\text{avg}}$，得到以下推论。

推论 2.22 在定理 2.21 的条件下[26]，对于所有 $\mathcal{I}$，下面不等式成立：

$$
\min_{\pi\in\Pi_{\text{np}}}[\bar{\Delta}_{\pi}|\mathcal{I}] \leqslant [\bar{\Delta}_{\text{non-prmp,MASIF-LGFS}}|\mathcal{I}] \leqslant \min_{\pi\in\Pi_{\text{np}}}[\bar{\Delta}_{\pi}|\mathcal{I}] + \mathbb{E}[X]
$$

其中

$$
[\bar{\Delta}_{\pi}|\mathcal{I}] = \lim\sup_{T\to\infty}\frac{1}{T}\mathbb{E}\left[\int_0^T p_{\text{avg}} \circ \boldsymbol{\Delta}_{\pi}(t)\,\mathrm{d}t \mid \mathcal{I}\right] \tag{2.46}
$$

式(2.46)表示 N 条业务流平均年龄对于时间平均期望值，$\mathbb{E}[X]$ 为由单服务台对数据包的服务时间期望。

因此，非抢占式最大服务信息年龄优先 - 后生成先服务策略与长期平均年龄最小值之间存在很小差距，差距等于数据包的平均服务时间。

此外，研究者还注意到，在非抢占式最大服务信息年龄优先 - 后生成先服务策略中，当把具有最大服务信息年龄的业务流 n 的数据包分配给服务台时，业务流 n 对应的服务信息年龄大幅下降，下一个服务台会被分配给具有第二大服务信息年龄的业务流。重复上述过程，直至所有服务台分配完成。非抢占式最大服务信息年龄优先 - 后生成先服务调度策略的性能与时隙系统的最大加权匹配调度策略相似[141,142]，该策略中多个服务台被依次分配给权重最高业务流。因此，非抢占式最大服务信息年龄优先 - 后生成先服务调度策略，可视为使用业务流的年龄值作为权重的最大年龄匹配策略的变种。不同之处在于，非抢占式最大服务信息年龄优先 - 后生成先服务策略在连续时间系统中可运行，但最大年龄匹配仅对时隙系统适用。

2.5 小 结

本章讨论了具有不同类型多服务台、多跳和多业务流排队网络的信息年龄最优调度策略。当数据包服务时间服从指数随机分布时，抢占式后生成先服务策略在随机序意义上为年龄最优。当服务时间服从新优于旧随机分布，非抢占式后生成先服务策略与最优年龄之间性能差距恒定。这些年龄最优结果普遍适用于下列情况：①普遍适用于各种数据包生成时间和到达时间模型，包括乱序数据包到达模型;②不仅适用于最小化时间平均年龄和平均峰值年龄,还适用于最小化年龄随机过程和年龄随机过程的非递减函数。在单跳网络中,如果数据包按照生成时间顺序到达,后生成先服务调度策略可等价为后到达先服务调度策略。因此单跳网络中上述结论对于后到达先服务的策略同样适用。但是,在多跳网络中后到达先服务类型的策略可能不具有年龄最优性。

2.6　附　录

2.6.1　定理 2.6 证明

首先对系统状态进行定义。在任意时刻 $t \geqslant S_i$,数据包 i 的年龄为 $t-S_i$。定义$\alpha_{l,\pi}(t)$为根据策略 π 在时刻 t 上由服务台 l 处理的数据包年龄。根据策略 π,服务台 l 在时刻 t 处于空闲状态,满足$\alpha_{l,\pi}(t)=\infty$。无论处于空闲状态,还是非空闲状态,数据包年龄可由$\alpha_{l,\pi}(t)$定义。需要注意的是,当一个年龄无限大的虚拟包到达时,年龄$\Delta_\pi(t)$保持不变。因此,可以认为有时服务台正在处理一些年龄无穷大的虚拟数据包,服务台在时间 $t \in [0,\infty)$ 内可一直处于繁忙状态。使用$\alpha_{[l],\pi}(t)$表示向量$(\alpha_{1,\pi}(t),\alpha_{2,\pi}(t),\cdots,\alpha_{M,\pi}(t))$中第 l 个大元素。

定义向量$\boldsymbol{V}_\pi(t)=(\Delta_\pi(t),\alpha_{1,\pi}(t),\cdots,\alpha_{M,\pi}(t))$为根据策略 π 在时刻 t 处的系统状态,相应定义$\{\boldsymbol{V}_\pi,t\in[0,\infty)\}$表示策略 π 的状态过程。由于服务台在时刻 $t=0^-$ 处为空闲状态,因此对于所有 $l=1,2,\cdots,M$ 和 $\pi\in\Pi$,$\alpha_{l,\pi}(0^-)=\infty$。另外,由于初始年龄$\Delta_\pi(0^-)$与策略无关,因此初始系统状态$\boldsymbol{V}_\pi(0^-)$也与调度策略无关。

为方便表示,后面证明中使用 P 表示抢占式后生成先服务策略。定理 2.6 证明过程的关键在于策略 P 与其他任意工作保证策略 $\pi\in\Pi$ 之间性能对比的引理证明。

引理 2.23　当对于任意的工作保证策略 $\pi\in\Pi$ 时,$\boldsymbol{V}_P(0^-)=\boldsymbol{V}\pi(0^-)$成立,对于所有 $\mathcal{I}$,不等式(2.41)成立:

$$[\{\Delta_P(t),\min\{\Delta_P(t),\alpha_{[1],P}(t)\},\cdots,\min\{\Delta_P(t),\alpha_{[M],P}(t)\},t\in[0,\infty)\}\mid\mathcal{I}]\leqslant_{st}[\{\Delta_\pi(t),\min\{\Delta_\pi(t),\alpha_{[1],\pi}(t)\},\cdots,\min\{\Delta_\pi(t),\alpha_{[M],\pi}(t)\},t\in[0,\infty)\}\mid\mathcal{I}] \tag{2.47}$$

引理 2.23 的直观解释如下。当年龄为$\alpha_{[l],\pi}(t)$的数据包在 t 时刻被传输至目的地时,系统年龄从$\Delta_\pi(t)$下降至 $\min\{\Delta_\pi(t),\alpha_{[l],\pi}(t)\}$。因此,式(2.47)表示在策略 P 下年龄在随机序意义上小于策略 π,数据包到达后在策略 P 下的年龄仍小于数据包到达后策略 π 的年龄。

采用耦合正向归纳法证明引理2.23,利用指数随机分布的无记忆性得到耦合引理。

引理2.24 耦合引理:对于任意给定$\mathcal{I}$,考虑策略P和任意工作保证策略$\pi\in\Pi$,当数据包服务时间服从指数随机分布且不同服务台与时间上独立同分布时,在同一概率空间内存在与策略P和策略$\pi\in\Pi$相同调度规则的策略P_1和策略π_1,且满足以下条件:①策略P_1的状态过程$\{\boldsymbol{V}_{P_1}(t)\},t\in[0,\infty)$与策略$P$的状态过程$\{\boldsymbol{V}_P(t)\},t\in[0,\infty)$具有相同分布;②策略$\pi_1$的状态过程$\{\boldsymbol{V}_{\pi_1}(t)\},t\in[0,\infty)$与策略$\pi$的状态过程$\{\boldsymbol{V}_{\pi}(t)\},t\in[0,\infty)$具有相同分布;③随着$\boldsymbol{V}_{P_1}(t)$在策略$P_1$下信息年龄为$\alpha_{[l],P}(t)$的数据包在时刻$t$处被传输,几乎可以肯定,随着$\boldsymbol{V}_{\pi_1}(t)$的发展,年龄为$\alpha_{[l],\pi_1}(t)$的数据包也在策略$\pi_1$中的$t$时间到达目的地,反之亦然①。

证明:需要注意的是所有策略都有相同的到达过程,服务台一直处于繁忙状态。服务时间是无记忆的,且对于服务台和时间独立同分布。根据文献[138]定理6.B.30的归纳结构,可以在策略P_1和策略π_1中构造数据包传递过程以证明该引理。具体细节不再赘述。

根据引理2.24和文献[138]定理6.B.30,对于所有$t\in[0,\infty)$,满足以下条件:

$$\Delta_{P_1}(t)\leqslant\Delta_{\pi_1}(t) \tag{2.48}$$

不等式(2.49)成立:

$$\min\{\Delta_{P_1}(t),\alpha_{[l],P_1}(t)\}\leqslant\min\{\Delta_{\pi_1}(t),\alpha_{[l],\pi_1}(t)\}\ (l=1,2,\cdots,M) \tag{2.49}$$

引理2.23得证。

下面引理可以辅助证明式(2.48)和式(2.49)的结果。

引理2.25 在引理2.24的条件下,当以下条件满足时,即

$$\Delta_{P_1}(t)\leqslant\Delta_{\pi_1}(t) \tag{2.50}$$

不等式(2.51)成立:

$$\min\{\Delta_{P_1}(t),\alpha_{[l],P_1}(t)\}\leqslant\min\{\Delta_{\pi_1}(t),\alpha_{[l],\pi_1}(t)\}\ (l=1,2,\cdots,M) \tag{2.51}$$

证明:考虑时刻t处到达系统的M个最新鲜的数据包。当到达数据包的数量小于M时,可通过添加若干年龄无限大的虚拟数据包,形成一组包含M个数据包的集合。令$\beta(t)=\{\beta_1(t),\beta_2(t),\cdots,\beta_M(t)\}$表示$M$个包按年龄递减排序

① 这里$\alpha_{[l],P_1}(t)$和$\alpha_{[l],\pi_1}(t)$可以是有限的或无限的。

的年龄，满足$\beta_1(t),\beta_2(t)\geqslant\cdots\geqslant\beta_M(t)$。因为$\mathcal{I}$不随调度策略变化，所示向量$\beta(t)$也不随调度策略变化。进一步地，由于对于任意策略$\pi_1\in\Pi$，这些包都最新鲜，满足

$$\beta_l(t)\leqslant\alpha_{[l],\pi_1}(t)\,(l=1,2,\cdots,M) \tag{2.52}$$

考虑策略P_1遵循与抢占式后生成先服务策略相同的调度规则，在该策略下，M个最新到达的数据包正被服务台处理，或者已经送达目的地。因此考虑策略P_1对应的三种情况。

情况 1：存在整数$k\in\{2,3,\cdots,M\}$满足$\beta_k-1(t)\geqslant\Delta_{P_1}(t)\geqslant\beta_k(t)$，信息年龄为$\{\beta_k(t),\beta_{k+1}(t),\cdots,\beta_M(t)\}$的数据包在$t$时刻未被送达。这表明：

$$\Delta_{P_1}(t)>\beta_l(t)=\alpha_{[l],P_1}(t)\,(l=k,k+1,\cdots,M) \tag{2.53}$$

结合式(2.52)和式(2.53)，可得

$$\min\{\Delta_{P_1}(t),\alpha_{[l],P_1}(t)\}=\alpha_{[l],P_1}(t)=\beta_l(t)\leqslant\alpha_{[l],\pi_1}(t)\,(l=k,k+1,\cdots,M) \tag{2.54}$$

进一步地，基于$\beta_{k-1}(t)\geqslant\Delta_{P_1}(t)$和式(2.52)，推导不等式(2.55)成立：

$$\min\{\Delta_{P_1}(t),\alpha_{[l],P_1}(t)\}\leqslant\Delta_{P_1}(t)\leqslant\beta_{k-1}(t)\leqslant\beta_l(t)\leqslant\alpha_{[l],\pi_1}(t)\,(l=1,2,\cdots,k-1) \tag{2.55}$$

结合式(2.50)可得

$$\min\{\Delta_{P_1}(t),\alpha_{[l],P_1}(t)\}\leqslant\Delta_{P_1}(t)\leqslant\Delta_{\pi_1}\,(l=1,2,\cdots,M) \tag{2.56}$$

接下来，式(2.51)可由式(2.54)和式(2.56)合并获得。

情况 2：$\Delta_{P_1}(t)=\beta_M(t)$。该情况下满足：

$$\min\{\Delta_{P_1}(t),\alpha_{[l],P_1}(t)\}\leqslant\Delta_{P_1}(t)=\beta_M(t)\leqslant\beta_l(t)\leqslant\alpha_{[l],P_1}(t)\,(l=1,2,\cdots,M) \tag{2.57}$$

式(2.51)可通过式(2.56)和式(2.57)相结合得到。

情况 3：$\Delta_{P_1}(t)>\beta_1(t)$。该情况下根据策略$P_1$，年龄$\{\beta_1(t),\beta_2(t),\cdots,\beta_M(t)\}$的数据包均在时刻$t$被服务台处理。根据式(2.53)、式(2.54)和式(2.56)可以证明式(2.51)成立。

结合以上三种情况完成证明。

接着根据引理 2.25 建立归纳引理如下。

引理 2.26　(包到达的影响) 在引理 2.24 条件下，假设在策略P_1和策略π_1下数据包在时间t到达。策略P_1下，在数据包到达前系统状态为$\boldsymbol{V}_{P_1}=(\Delta_{P_1},\alpha_{1,P_1},\cdots,\alpha_{M,P_1})$，数据包到达后变为$\boldsymbol{V}'_{P_1}=(\Delta'_{P_1},\alpha'_{1,P_1},\cdots,\alpha'_{M,P_1})$。策略$\pi_1$下，数据包到达前系统状态为$\boldsymbol{V}_{\pi_1}=(\Delta_{\pi_1},\alpha_{1,\pi_1},\cdots,\alpha_{M,\pi_1})$，数据包到达后变为$\boldsymbol{V}'_{\pi_1}=(\Delta'_{\pi_1},\alpha'_{1,\pi_1},\cdots,\alpha'_{M,\pi_1})$。当

$$\Delta_{P_1} \leqslant \Delta_{\pi_1} \tag{2.58}$$

$$\min\{\Delta_{P_1}, \alpha_{[l],P_1}\} \leqslant \min\{\Delta_{\pi_1}, \alpha_{[l],\pi_1}\} \; (l=1,2,\cdots,M) \tag{2.59}$$

不等式(2.60)成立:

$$\Delta'_{P_1} \leqslant \Delta'_{\pi_1} \tag{2.60}$$

$$\min\{\Delta'_{P_1}, \alpha'_{[l],P_1}\} \leqslant \min\{\Delta'_{\pi_1}, \alpha'_{[l],\pi_1}\} \; (l=1,2,\cdots,M) \tag{2.61}$$

证明由于没有数据包送达,数据包到达后年龄保持不变。因此

$$\Delta'_{P_1} = \Delta_{P_1} \leqslant \Delta_{\pi_1} = \Delta'_{\pi_1} \tag{2.62}$$

通过式(2.62)和引理2.25,得到式(2.61)成立,证毕。

引理2.27 (包送达的影响)在引理2.24条件下,策略P_1和策略π_1下时刻t处都有数据包送达。策略P_1下在数据包到达前系统状态为$\boldsymbol{V}_{P_1} = (\Delta_{P_1}, \alpha_{1,P_1}, \cdots, \alpha_{M,P_1})$,数据包到达后变为$\boldsymbol{V}'_{P_1} = (\Delta'_{P_1}, \alpha'_{1,P_1}, \cdots, \alpha'_{M,P_1})$。策略$\pi_1$下在数据包到达前系统状态为$\boldsymbol{V}_{\pi_1} = (\Delta_{\pi_1}, \alpha_{1,\pi_1}, \cdots, \alpha_{M,\pi_1})$,数据包到达后变为$\boldsymbol{V}'_{\pi_1} = (\Delta'_{\pi_1}, \alpha'_{1,\pi_1}, \cdots, \alpha'_{M,\pi_1})$。当不等式(2.63)满足时,即

$$\Delta_{P_1} \leqslant \Delta_{\pi_1} \tag{2.63}$$

$$\min\{\Delta_{P_1}, \alpha_{[l],P_1}\} \leqslant \min\{\Delta_{\pi_1}, \alpha_{[l],\pi_1}\} \; (l=1,2,\cdots,M) \tag{2.64}$$

不等式(2.65)成立:

$$\Delta'_{P_1} \leqslant \Delta'_{\pi_1} \tag{2.65}$$

$$\min\{\Delta'_{P_1}, \alpha'_{[l],P_1}\} \leqslant \min\{\Delta'_{\pi_1}, \alpha'_{[l],\pi_1}\} \; (l=1,2,\cdots,M) \tag{2.66}$$

证明:假设在策略P_1下,数据包送达时年龄为$\alpha_{[l],P_1}$。根据引理2.24,在策略π_1下,数据包送达的年龄为$\alpha_{[l],\pi_1}$。基于式(2.64)可得

$$\Delta'_{P_1} = \min\{\Delta_{P_1}, \alpha_{[l],P_1}\} \leqslant \min\{\Delta_{\pi_1}, \alpha_{[l],\pi_1}\} = \Delta'_{\pi_1} \tag{2.67}$$

结合式(2.67)和引理2.25,式(2.66)得证。证毕。

由证明结果可以得到,引理2.26和引理2.27中一些条件是不必要的。尽管如此,为便于理解前向归纳技术,上述两个引理以当前方式进行陈述。

下面对引理2.23和定理2.6进行证明。

引理2.23和定理2.6证明考虑任意工作保证策略$\pi \in \Pi$。根据引理2.24,存在策略P_1和策略π_1分别与策略P和策略π具有相同的调度规则。对于策略P_1和策略π_1的给定样本路径,时刻$t=0^-$处系统状态满足$\boldsymbol{V}_{P_1}(0^-) = \boldsymbol{V}_{\pi_1}(0^-)$。当没有数据包送达和到达时,系统状态向量的每个元素以斜率1线性增长。当数据包到达系统时,系统状态根据引理2.26结果变化。当数据包被送至目的地时,系统状态根据引理2.27变化。随着时间推移,式(2.48)和式(2.49)成立。

根据引理2.24,策略P_1的状态过程$\{\boldsymbol{V}_{P_1}(t),t\in[0,\infty)\}$与策略$P$的状态过程$\{\boldsymbol{V}_P(t),t\in[0,\infty)\}$具有相同分布,策略$\pi_1$的状态过程$\{\boldsymbol{V}_{\pi_1}(t),t\in[0,\infty)\}$与策略$\pi$的状态过程$\{\boldsymbol{V}_\pi(t),t\in[0,\infty)\}$具有相同分布。根据文献[138]定理6.B.30,对所有的工作保证策略$\pi\in\Pi$,引理2.23中式(2.47)成立。

对于非工作保证策略π,服务台空闲只会延迟报文的送达时间。可以构造一个耦合关系,以证明对于任何非工作保证策略π,存在工作保证策略π',其年龄在随机序列意义上小于策略π年龄,具体细节不再赘述。因此,对于所有策略$\pi\in\Pi$,式(2.47)和式(2.12)相继成立。最后,由于式(2.47)和式(2.13)等价,因此式(2.5)成立。证毕。

2.6.2 定理2.9证明

使用耦合前向归纳法对定理2.9进行证明。首先定义系统状态,使用$(\Delta_\pi(t),\Xi_\pi(t))$表示在调度策略$\pi$下时刻$t$处的系统状态,$\{(\Delta_\pi(t),\Xi_\pi(t)),t\in[0,\infty)\}$表示策略$\pi$的状态过程。初始状态$(\Delta_\pi(0^-),\Xi_\pi(0^-))$与调度策略无关。

为方便表示,使用策略P表示非抢占式后生成先服务调度策略。下面证明式(2.20)成立。该式比较策略P的服务时间$\Xi_P(t)$与任意非抢占式策略$\pi\in\Pi_{np}$的信息年龄$\Delta_\pi(t)$。为便于比较,设计一种称为弱工作效率排序的样本路径排序方法。

定义2.28 工作效率弱排序[143-144]:对于任意给定$\mathcal{I}$和策略π_1,$\pi_2\in\Pi_{np}$的样本路径,当下列假设成立,称策略π_1在弱排序意义上工作效率优于策略π_2。具体地,对于策略π_2处理的数据包j,如果策略π_2中,数据包j从τ时刻开始处理,即分配给服务台,并于$\nu(\tau\leqslant 0)$时刻送达目的地;且策略π_1中,$[\tau,\nu]$期间队列非空①,则策略π_1中存在数据包j'在$[\tau,\nu]$期间开始被服务。

工作效率弱排序的样本路径描述如图2.8所示。具体地,当在弱排序意义上策略π_1工作效率优于策略π_2,且策略π_2中数据包j的服务时间为$[\tau,\nu]$时,下面两种情况有一种成立:①策略π_1中存在数据包j'于$[\tau,\nu]$开始被服务;②策略π_1在$[\tau,\nu]$队列为空。工作效率弱排序描述了策略π_1中数据包j'开始服务时间与策略π_2中数据包j完成服务时间之间的关系。基于此,可比较策略π_1的信息服务年龄和策略π_2的信息年龄。工作效率弱排序可以看作工作保证性质的一种

---

① 当所有到达数据包被发送到目的地或由服务台处理时,队列为空。

松弛，在调度与排队文献中被广泛使用。可以看到，工作效率弱排序不需要指定服务台数量和服务台处理数据包的调度规则。因此，工作效率弱排序具有一定灵活性，适用于处理各种调度问题及其排队系统模型[26,143-144]。

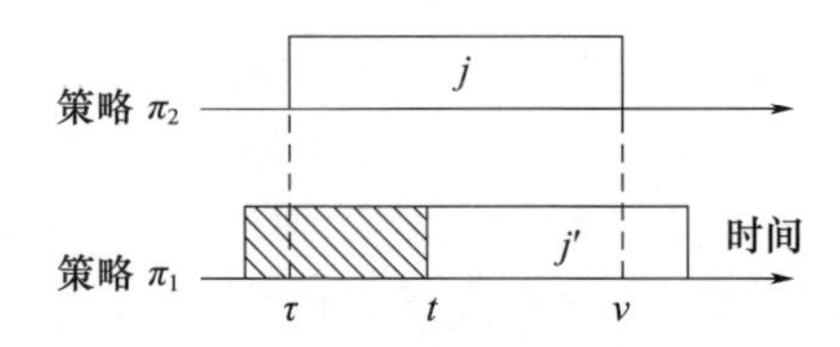

图 2.8　π_1，π_2两个策略之间的弱工作效率排序的样本路径描述图

其中，数据包服务时间间隔用矩形表示。图中不指定服务台数量以及处理数据包的服务台。在策略π_2下数据包j从τ时刻开始处理，并于ν时刻送达目的地，在策略π_1下在$[\tau,\nu]$队列非空。根据工作效率弱排序，策略π_1中存在数据包j'于$[\tau,\nu]$开始被服务。

文献[144]利用新优于旧随机分布的性质和非抢占式后生成先服务策略 P 的工作保证性质，建立了工作效率弱排序的耦合引理，具体描述如下。

引理 2.29　（耦合引理）［文献［144］引理 2］考虑两个策略 P，$\pi\in\Pi_{\text{np}}$，当①策略 P 是工作保证的，且②数据包服务时间服从新优于旧随机分布，以及对于不同服务台和时间独立同分布时，在同一概率空间内存在策略P_1和策略π_1，与策略 P 和策略 π 的调度规则相同，满足：

①策略P_1的状态过程$\{(\Delta_{P_1}(t),\Xi_{P_1}(t)),t\in[0,\infty)\}$与策略 P 的状态过程$\{(\Delta_P(t),\Xi_P(t)),t\in[0,\infty)\}$具有相同分布；

②策略π_1的状态过程$\{(\Delta_{\pi_1}(t),\Xi_{\pi_1}(t)),t\in[0,\infty)\}$与策略 π 的状态过程$\{(\Delta_\pi(t),\Xi_\pi(t)),t\in[0,\infty)\}$具有相同分布；

③策略P_1以概率 1 在弱排序意义上工作效率优于策略π_1。

文献[144]中给出引理 2.29 证明。另外，对于任意非抢占式工作保证的策略 $P\in\Pi_{\text{np}}$，引理 2.29 均成立。基于引理 2.29，将策略P_1与策略π_1耦合，需要用引理 2.30 比较策略P_1下年龄服务信息Ξ_{P_1}与策略π_1下年龄服务信息Δ_{P_1}。

引理 2.30　引理 2.29 条件下，假设数据包在时刻 t 处按策略P_1开始服务，同时策略π_1下数据包完成服务。服务开始后，策略P_1系统状态为$(\Delta_{P_1}(t),\Xi_{P_1}(t))$，服务结束后策略$\pi_1$系统状态为$(\Delta_{\pi_1}(t),\Xi_{\pi_1}(t))$。不等式(2.68)成立：

$$\Xi_{P_1}(t)\leqslant\Delta_{\pi_1}(t) \tag{2.68}$$

证明：使用

$$\alpha(t)=t-\max\{S_i:C_i\leqslant t\} \tag{2.69}$$

表示时刻 t 之前最新鲜到达包的年龄，其中 S_i 是数据包 i 的生成时间，C_i 是数据包 i 的到达时间。$\mathcal{I}$ 与策略无关，与 $\alpha(t)$ 同样无关。通过比较式(2.7)和式(2.69)，可得

$$\alpha(t)\leqslant\Delta_{\pi_1}(t) \tag{2.70}$$

策略 P_1 遵循与非抢占式后生成先服务策略相同的调度原则。因此，在策略 P_1 下，年龄 $\alpha(t)$ 的数据包满足下列两种情况之一：①在时刻 t 处开始服务，②在时刻 t 之前开始服务。上述两种情况均满足 $\Xi_{P_1}(t)=\alpha(t)$。结合式(2.70)，式(2.68)得证。

下面给出定理 2.9 的证明。

证明：考虑任意策略 $\pi\in\Pi_{np}$。通过引理 2.29 可知，存在分别与策略 P 和策略 π 相同调度规则的策略 P_1 和策略 π_1，策略 P_1 在弱排序意义上工作效率以概率 1 优于策略 π_1。

接着构建与策略 P_1 和策略 π_1 在同一概率空间的策略 π'_1。假设策略 π_1 下，数据包 j 于时刻 τ 开始服务，并于时刻 ν 结束服务，即($\tau\leqslant\nu$)，则策略 π'_1 中数据包 j 的服务时间间隔基于以下两种情况构建。

情况 1：如果在策略 P_1 下，时间 $[\tau,\nu]$ 队列非空，因为策略 P_1 的工作效率略高于策略 π_1，因此存在一个策略 P_1 下的相关数据包 j'，于时间 $[\tau,\nu]$ 中启动服务，如图 2.9(a)所示。令 $t_{j'}\in[\tau,\nu]$ 表示策略 P_1 中，数据包 j' 的服务开始时间。然后，在策略 π'_1 中构造数据包 j 的服务时间间隔，使得数据包 j 在时间 τ 开始服务并在时间 $t_{j'}$ 完成服务。

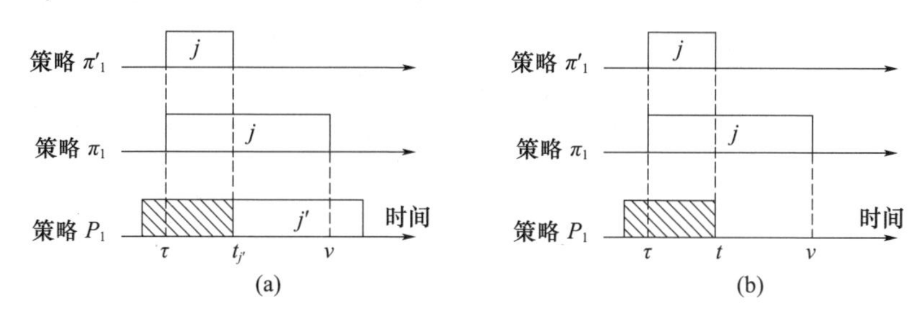

图 2.9 两种情况下策略 π'_1 的数据包服务构建图

(a)策略 P_1 下在 $[\tau,\nu]$ 队列非空；(b)策略 P_1 下在 $[\tau,\nu]$ 特定时间队列为空。

可以看到：①策略 π'_1 和策略 π_1 下数据包 j 同时开始服务；②策略 π'_1 下数据包 j 服务完成时间不晚于策略 π_1 下数据包服务完成时间；③当策略 π'_1 下数据包 j 于时刻 $t_{j'}$ 完成服务时，策略 P_1 下数据包 j' 于时刻 $t_{j'}$ 开始服务，或者策略 P_1 下时刻 $t_{j'}$ 处列队为空。

情况2：如果在策略P_1下，在$[\tau,\nu]$某一时刻队列为空，定义t为在策略P_1下，$[\tau,\nu]$队列为空的开始时间。策略π'_1中构造数据包j的服务时间间隔，使得数据包j在时间τ开始服务并在时间t完成服务，如图2.9(b)所示。

通过重复上述过程构建策略π_1中的所有数据包，策略π'_1由此导出。构建所得策略π'_1满足下面两个性质。

性质1：策略π'_1中数据包均不晚于策略π_1送达。性质1表明：

$$\Delta_{\pi'_1}(t)\leqslant\Delta_{\pi_1}(t)\,(t\in[0,\infty))\tag{2.71}$$

性质2：当策略π'_1下数据包j于时刻$t_{j'}$完成服务时，满足下面两种情况之一：①策略P_1下数据包j'在时刻$t_{j'}$开始服务，②策略P_1中列队在时刻j'处为空。

基于性质2可以证明：

$$\Xi_{P_1}(t)\leqslant\Delta_{\pi'_1}(t)\,(t\in[0,\infty))\tag{2.72}$$

对于策略P_1和策略π'_1的任意样本路径，在时刻$t=0^-$处$\Xi_{P_1}(0^-)\leqslant\Delta_{P_1}(0^-)=\Delta'_{\pi_1}(0^-)$成立。当策略$\pi'_1$下没有数据包送达，策略$\pi'_1$的信息年龄$\Delta'_{\pi_1}(t)$以斜率1增加时，策略$P_1$的信息年龄$\Xi_{P_1}(t)$满足两种情况之一：①按照斜率1增加，②因策略$P_1$中新数据包被服务而下降。当策略$\pi'_1$下有数据包送达，且策略$P_1$的队列非空时，在策略$\pi'_1$下数据包送达时间处，策略$P_1$下数据包开始服务。这种情况下，系统状态按照引理2.30变化。当策略π'_1下有数据包送达，且策略P_1的队列为空，由于策略P_1下每个到达数据包已开始服务（否则队列不为空），式(2.72)在此交付时间自然成立。此时所有数据包不一定都完成服务。运用时间归纳法可以证明式(2.72)。结合式(2.71)和式(2.72)得

$$\Xi_{P_1}(t)\leqslant\Delta_{\pi_1}(t)\,(t\in[0,\infty))\tag{2.73}$$

基于引理2.29，策略P_1的系统状态$\{(\Delta_{P_1}(t),\Xi_{P_1}(t)),t\in[0,\infty)\}$与策略$P$系统状态$\{(\Delta_P(t),\Xi_P(t)),t\in[0,\infty)\}$具有相同分布，策略$\pi_1$的系统状态$\{(\Delta_{\pi_1}(t),\Xi_{\pi_1}(t)),t\in[0,\infty)\}$与策略$\pi$的系统状态$\{(\Delta_\pi(t),\Xi_\pi(t)),t\in[0,\infty)\}$同分布。通过式(2.73)和文献[138]定理6.B.30，对于所有策略$\pi\in\Pi_{np}$式(2.19)成立。最后，通过式(2.5)证明式(2.19)和式(2.20)的等价性。证毕。

第3章 无线广播网络信息年龄

本章主要解决无线广播网络中信息年龄最小化问题。具体地,考虑一个单跳网络包含一个基站和多个节点,通过不可靠无线链路共享时敏信息。研究建立离散时间决策优化问题模型,提出最小化网络信息年龄的传输调度策略,并通过理论分析和数值仿真,对所提策略性能进行评估。本章内容描述如下。

(1) 3.1 节和 3.2 节考虑网络中源节点可按需产生带有新鲜信息的数据包。该假设下,通过无线链路调度与数据生成排队问题解耦,得到更有价值的研究结论。3.4 节中考虑更加实际的场景。

3.1 节建立离散时间决策优化问题模型,证明该问题最优解计算复杂度随网络规模增加。3.2 节考虑对称网络,证明最优解为简单形式的最大年龄优先策略,选择激活当前网络中年龄最高的链路。对于通用网络,讨论了四种低复杂度的调度策略,包括最大年龄优先策略、平稳随机策略、最大权值策略和惠特尔索引策略。作为网络参数的函数,上述策略的性能得到保证。值得注意的是,在任意网络参数下,随机策略和最大权值策略均可保证无线网络时间平均信息年龄保持在最优值 2 倍范围内。数值结果表明,在任意网络参数下,最大权值策略和惠特尔索引策略均优于其他策略,具有近似最优性能。

(2) 3.3 节考虑网络中不同节点存在最低吞吐量约束的信息年龄最小化问题。最低吞吐量约束既可反映为节点属性,也可实现网络资源的公平分配。值得注意的是,最小化信息年龄的链路调度策略不一定公平。

本节提出了两种低复杂度传输调度策略,即平稳随机策略和漂移－惩罚策略,均可在满足①最低吞吐量约束条件下,保证无线网络的时间平均信息年龄控制在最小值 2 倍范围内。

(3) 3.4 节考虑网络中源节点随机生成数据包并排队等待传输的情况。针对三种典型排队规则,开展了无线链路调度问题研究,分别提出了三种排队规则下的平稳随机策略和最大权值策略,实现网络信息年龄最小化。所提方法可以

① 当存在可满足约束要求的可行调度策略时,对应吞吐量约束可行。

评估随机到达、排队规则和调度策略对信息年龄的综合影响。此外,通过理论分析和数值仿真对所提策略性能进行评估,数值结果表明,后到达先服务排队规则下最大权值策略具有近似最优性能。

为表述简单,本章假设极限存在,使用 lim 代替 lim sup 和 lim inf。下面主要阐述构建网络模型,建立离散时间决策优化问题模型,使用动态规划提出传输调度策略,最小化网络加权信息年龄。其中,3.2 节讨论了低复杂度调度策略。

3.1 系统模型

考虑一个单跳网络包含一个基站和 N 个节点,使用不可靠无线链路共享时敏信息,如图 3.1 所示。考虑离散时间系统,系统时隙持续时间归一化为单位时间,由 $t\in\{1,2,\cdots,T\}$ 索引,其中 T 是离散时间系统的时间范围。在广播无线信道上,同一时隙最多传输一个数据包。在时隙 t,基站保持空闲,或在链路 $i\in\{1,2,\cdots,N\}$ 上进行传输。定义 $v_i(t)\in\{0,1\}$ 为指示函数,当基站在时隙 t 选择链路 i 进行传输时 $v_i(t)=1$,否则 $v_i(t)=0$。当 $v_i(t)=1$ 时,对应源节点对信息进行采样,生成新的数据包并通过链路 i 发送。该模型未考虑数据包排队等待传输的情况,考虑排队情况的规则将在 3.4 节中进行讨论。由于在任意给定的时隙 t,基站最多可以选择一条链路,即

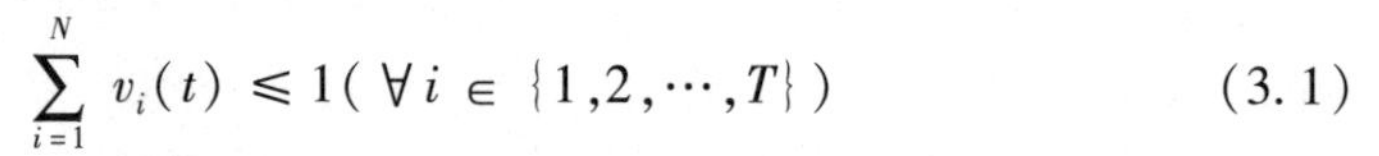

$$\sum_{i=1}^{N} v_i(t) \leqslant 1(\forall i \in \{1,2,\cdots,T\}) \tag{3.1}$$

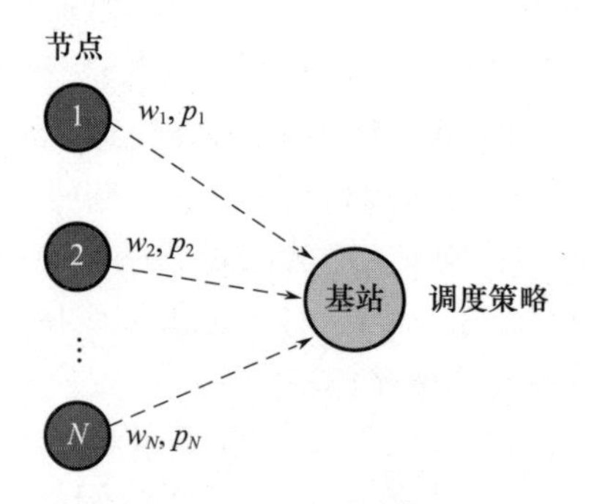

图 3.1 单跳网络

其中,左侧有 N 个节点,中间有 N 条链路,链路对应优先级或权重与成功传输概率分别使用 w_N 和 p_N 表示,右侧为运行某传输调度策略的基站。

传输调度策略控制基站不同时间的决策 $\{v_i(t)_{i=1}^{N}\}$。

使用 $c_i(t)\in\{0,1\}$ 表示时隙 t 期间链路 i 的信道状态。当信道状态好时,$c_i(t)=1$;当信道状态差时,$c_i(t)=0$。假设信道状态在不同时间和链路上统计

独立,即$\mathbb{P}[c_i(t)=1]=p_i(\forall i,t)$。定义$d_i(t)\in\{0,1\}$为指示函数,当时隙$t$在链路$i$上传输成功时,有$d_i(t)=1$,否则$d_i(t)=0$。当被选择信道状态好时,该次传输成功,即$d_i(t)=c_i(t)v_i(t)(\forall i,t)$。此外,由于在做出调度决策之前基站对于信道状态未知,$v_i(t)$与$c_i(t)$相互独立,且满足:

$$\mathbb{E}[d_i(t)]=p_i\mathbb{E}[v_i(t)](\forall i,t) \tag{3.2}$$

本章考虑的调度策略为非预期策略,即在做出调度决策时不使用未来信息。非预期策略也称因果策略,第2章对预期策略进行了定义。使用Π表示非预期策略集合,$\pi\in\Pi$表示任意可行策略。下面研究信息年龄最小化问题,提出调度策略π,实现网络平均信息年龄最小化。

信息年龄从目的地节点角度描述了信息的新鲜度。使用$\Delta_i(t)$表示在时隙t开始处与链路i相关联的信息年龄。当时隙t期间与链路i连接的目的地节点未收到数据包时,因为目的地节点处的信息在该时隙内老化,所以有$\Delta_i(t+1)=\Delta_i(t)+1$。相反,当时隙$t$期间目的地节点收到了数据包时,因为收到的数据包是在时隙t的开始生成的,所以有$\Delta_i(t+1)=1$。$\Delta_i(t)$的变化总结如下:

$$\Delta_i(t+1)=\begin{cases}1, & d_i(t)=1\\ \Delta_i(t)+1, & \text{其他情况}\end{cases} \tag{3.3}$$

前T个时隙中,链路i的时间平均信息年龄为$\mathbb{E}\left[\sum_{t=1}^{T}\Delta_i(t)\right]/T$,其中期望是关于信道的随机性$c_i(t)$和调度决策$v_i(t)$的期望。为获得应用调度策略$\pi\in\Pi$的网络中信息的新鲜度,定义加权期望信息年龄为

$$\mathbb{E}[J_T^{\pi}]=\frac{1}{TN}\mathbb{E}\left[\sum_{t=1}^{T}\sum_{i=1}^{N}w_i\,\Delta_i^{\pi}(t)\mid\boldsymbol{\Delta}(1)\right] \tag{3.4}$$

其中,$\boldsymbol{\Delta}(1)=[\Delta_1(1),\Delta_2(1),\cdots,\Delta_N(1)]^{\mathrm{T}}$是初始信息年龄向量,正实数$w_i$表示链路$i$的优先级或权重。为表示简便,之后省略$\boldsymbol{\Delta}(1)$。

使用策略$\pi^*\in\Pi$表示信息年龄最优策略,实现加权期望信息年龄最小,即

$$\mathbb{E}[J_T^*]=\min_{\pi\in\Pi}\left\{\frac{1}{TN}\sum_{t=1}^{T}\sum_{i=1}^{N}w_i\,\mathbb{E}[\Delta_i^{\pi}(t)]\right\} \tag{3.5a}$$

$$\text{s.t.}\quad\sum_{i=1}^{N}v_i(t)\leqslant 1,\forall t \tag{3.5b}$$

本章对式(3.5a)和式(3.5b)中有限时间优化问题以及相关的无限时间优化问题进行分析:

$$\mathbb{E}[J^*] = \underset{\pi \in \Pi}{\mathrm{Min}}\left\{\lim_{T\to\infty}\frac{1}{TN}\sum_{t=1}^{T}\sum_{i=1}^{N} w_i\,\mathbb{E}[\Delta_i^\pi(t)]\right\} \tag{3.6a}$$

$$\text{s.t.} \quad \sum_{i=1}^{N} v_i(t) \leqslant 1, \forall t \tag{3.6b}$$

下面使用动态规划算法求解信息年龄优化问题,评估最优解的计算复杂度。

本节中使用动态规划方法对式(3.5a)和式(3.5b)描述的有限时间信息年龄优化问题进行求解。式(3.5a)中目标函数离散时间演进特点及其成本,适用于动态规划方法设计。动态规划算法由网络状态、控制变量、状态转移和成本函数四部分组成,描述如下。

1)网络状态

向量 $\mathbf{\Delta}(t)$ 表示时隙 t 开始处的网络状态。

2)控制变量

集合 $\{v_i(t)\}_{i=1}^N$ 表示时隙 t 内的控制变量。

3)状态转移

$\Delta_i(t)$ 的动态演进分为两种情况:

(1)当调度策略在时隙 t 选择链路 i,即 $v_i(t)=1$,时隙 $t+1$ 时的状态转移由信道条件决定。

当信道状态差时,$\mathbb{P}[\Delta_i(t+1)=\Delta_i(t)+1 \mid v_i(t)=1,\Delta_i(t)]=1-p_i$ (3.7)

当信道状态好时,$\mathbb{P}[\Delta_i(t+1)=1 \mid v_i(t)=1,\Delta_i(t)]=p_i$ (3.8)

(2)当调度策略在时隙 t 不选择链路 i 时,即 $v_i(t)=0$,网络状态转移为

$$\mathbb{P}[\Delta_i(t+1)=\Delta_i(t)+1 \mid v_i(t)=0,\Delta_i(t)]=1 \tag{3.9}$$

4)成本函数

从时隙 t 到时隙 $t+1$ 的成本由式(3.10)给出:

$$g_t(\mathbf{\Delta}(t)) = \sum_{i=1}^{N} w_i\,\Delta_i^\pi(t) \tag{3.10}$$

基于动态规划算法的上述组成部分,下面描述代价函数。将成本函数 $g_t(\mathbf{\Delta}(t))$ 代入目标函数,即式(3.5a)可得

$$\mathbb{E}[J_T^*] = \frac{1}{TN}\underset{\pi \in \Pi}{\mathrm{Min}}\left\{\sum_{t=1}^{T}\mathbb{E}[g_t(\mathbf{\Delta}(t))]\right\} \tag{3.11}$$

对于给定 w,优化问题式(3.11)可使用代价函数 $\mathcal{J}_t(\mathbf{\Delta}(t))$ 后向迭代求解。对于向量 $\mathbf{\Delta}(T+1)$,设置代价函数初始值为 $\mathcal{J}_{T+1}(\mathbf{\Delta}(T+1))=0$。对于时隙 $t\in\{1,2,\cdots,T\}$,代价函数的递归关系为

$$\begin{aligned}\mathcal{J}_t(\mathbf{\Delta}(t)) &= \min_{v_i(t)}\mathbb{E}[g_t(\mathbf{\Delta}(t))+\mathcal{J}_{t+1}(\mathbf{\Delta}(t+1))] \\ &= g_t(\mathbf{\Delta}(t))+\min_{v_i(t)}\mathbb{E}[\mathcal{J}_{t+1}(\mathbf{\Delta}(t+1))]\end{aligned} \tag{3.12}$$

对于任意时隙 t 和状态 $\mathbf{\Delta}(t)$，在 $\sum_{i=1}^{N} v_i(t) \leq 1$ 条件下通过确定控制向量 $\{v_i(t)\}_{i=1}^{N}$，得到函数 $\mathcal{J}_t(\mathbf{\Delta}(t))$ 的最小值，实现式(3.12)右侧的最小化。这种递归方法称为数值迭代[145]。通过跟踪每个二元组 $(t,\mathbf{\Delta}(t))$ 对应的 $\{v_i(t)\}_{i=1}^{N}$ 可选值，得到信息年龄最优策略。对于所有初始向量 $\mathbf{\Delta}(1)$，递归式(3.12)在 $t=1$ 的输出是优化问题式(3.5a)信息年龄优化目标函数最优值 $\mathbb{E}[J_T^*]$。

该方法的缺点是，每个二元组 $(t,\mathbf{\Delta}(t))$ 最优调度策略 $\{v_i(t)\}_{i=1}^{N}$ 的计算量很大，尤其是对于大规模节点网络。参数 $\Delta_i(t)$ 至少有 t 种不同取值，即 $\Delta_i(t) \in \{1,2,\cdots,\Delta_i(1)+t-1\}$。因此向量 $\mathbf{\Delta}(t)$ 的取值有 t^N 种不同的可能。对于每个二元组 $(t,\mathbf{\Delta}(t))$，动态规划算法需比较 $N+1$ 个可能集合 $\{v_i(t)\}_{i=1}^{N}$。对于 T 个时隙时长，计算复杂度为 $\mathcal{O}(NT^N)$，且计算复杂度随网络中节点数 N 呈指数级增长。因此，为克服上述维度灾难问题，更深入地了解信息年龄优化增益，3.2节重点讨论低复杂度的调度策略，并对策略性能进行评估。

3.2 调度算法

本节考虑四种低复杂度的调度策略，包括最大年龄优先策略、平稳随机策略、最大权值策略和惠特尔索引策略，推导各策略性能与网络参数之间的函数关系。除特别说明外，本节考虑式(3.6a)和式(3.6b)中 $T\to\infty$ 对应的无限时间问题。考虑系统长期行为，得到更简单且有价值的研究结论，可更有效保证系统性能。

T 趋于无穷大条件下，任一可行策略 $\eta\in\Pi$ 的性能由式(3.4)中 $\mathbb{E}[J^\eta]=\lim_{T\to\infty}\mathbb{E}[J_T^\eta]$ 给出，最优性能满足 $\mathbb{E}[J^*]=\operatorname{Min}_{\eta\in\Pi}\mathbb{E}[J^\eta]$，如式(3.6a)所示。理想情况下，当式 $\mathbb{E}[J^*]$ 和式 $\mathbb{E}[J^\eta]$ 均可得时，定义最优性能比①为 $\frac{\mathbb{E}[J^\eta]}{\mathbb{E}[J^*]}$。相应地，策略 η 称为因子 $\frac{\mathbb{E}[J^\eta]}{\mathbb{E}[J^*]}$ 最优，从信息年龄看，最优性能比越接近1的策略 η 性能越好。

当无法得到 $\mathbb{E}[J^*]$ 和 $\mathbb{E}[J^\eta]$ 时，定义比例为

$$p^\eta := \frac{U_{\mathrm{B}}^\eta}{L_{\mathrm{B}}} \tag{3.13}$$

式中：L_{B} 为信息年龄最优性能下界；U_{B}^η 为策略 η 的性能上界，满足：

$$L_{\mathrm{B}} \leqslant \mathbb{E}[J^*] \leqslant \mathbb{E}[J^\eta] \leqslant U_{\mathrm{B}}^\eta \tag{3.14}$$

① 最优性能比也称近似比。

根据式(3.14)可知，$\frac{\mathbb{E}[J^{\eta}]}{\mathbb{E}[J^{*}]}\leqslant\rho^{\eta}$，称策略 η 为因子ρ^{η}最优。因此，当策略 η 为因子 2 最优时，该策略可保证无线网络对应时间平均年龄保持在最优值的 2 倍以内，即$\mathbb{E}[J^{*}]\leqslant\mathbb{E}[J^{\eta}]\leqslant 2\,\mathbb{E}[J^{*}]$。

作为网络参数(N,p_i,w_i)的函数，给出信息年龄最优性能的下界 L_{B}。此外，分析四种调度策略，推导其性能上界 U_{B}^{η} 的解析表达式及其性能保证因子ρ^{η}。表 3.1列出了主要数学符号。

表 3.1　主要符号描述

N	节点数量，对应链路索引 $i\in\{1,2,\cdots,N\}$
T	时隙数量，时隙索引为 $t\in\{1,2,\cdots,T\}$
p_i	链路 i 成功传输概率
π	可行的非预期调度策略
$\Delta_i(t)$	时隙 t 开始处链路 i 的信息年龄
w_i	链路 i 权重，表示链路 i 的相对重要性
$\mathbb{E}[J_T^{\pi}]$	策略 π 的加权期望信息年龄性能
L_{B}	任意可行策略 π 的信息年龄下界
U_{B}^{π}	任意策略 π 的信息年龄上界
p^{π}	任意策略 π 的性能保证因子
$D_i(T)$	时隙 T 之前通过链路 i 送达的数据包数量
$\gamma_i(T)$	时隙 T 之前链路 i 传输的数据包数量
$I_i[m]$	链路 i 两次连续数据包到达的时间间隔
R_i	链路 i 最后一次数据包到达后剩余时隙数
$\overline{\mathbb{M}}[\cdot]$	计算一组值对应样本均值的运算符
$\overline{\mathbb{V}}[\cdot]$	计算一组值对应样本方差的运算符

3.2.1　通用下界

本节给出任意一个可行策略 $\pi\in\Pi$ 可达的信息年龄性能下界 L_{B}，其表达式取决于统计值集合$\{w_i\}_{i=1}^{N}$和$\{\sqrt{w_i/p_i}\}_{i=1}^{N}$。使用运算符$\overline{\mathbb{M}}[\boldsymbol{x}]$和$\overline{\mathbb{V}}[\boldsymbol{x}]$分别表示一组样本 $\boldsymbol{x}$ 的均值和方差。$\{w_i\}_{i=1}^{N}$的样本均值和方差可表示为

$$\overline{\mathbb{M}}[w_i]=\frac{1}{N}\sum_{j=1}^{N}w_j,\ \overline{\mathbb{V}}[w_i]=\frac{1}{N}\sum_{j=1}^{N}(w_j-\overline{\mathbb{M}}[w_i])^2 \tag{3.15}$$

$\{\sqrt{w_i/p_i}\}_{i=1}^{N}$对应的样本均值和方差可由类似计算得到。

定理 3.1　下界。对于参数为(N,p_i,w_i)的广播网络及其无限范围

时间问题,有 $L_B \leqslant \lim\limits_{T\to\infty} \mathbb{E}[J_T^\pi]\ (\forall \pi \in \Pi)$,满足:

$$L_B = \frac{N}{2}\left(\overline{\mathbb{M}}\left[\sqrt{\frac{w_i}{p_i}}\right]\right)^2 + \frac{1}{2}\overline{\mathbb{M}}[w_i] \tag{3.16}$$

证明:首先使用样本路径方式描述年龄 $\boldsymbol{\Delta}(t)$ 随时间变化。随后给出一个无限时间优化问题的目标函数表达式,即 $\lim\limits_{T\to\infty} J_T^\pi$。根据该式获得式(3.16)可得到 L_B 表达式。基于法图引理得到定理 3.1 结论。

考虑与策略 $\pi \in \Pi$ 和无限时间范围 T 对应的样本路径 $\omega \in \Omega$。对于该样本路径,定义 $D_i(T)$ 为时隙 T 内通过链路 i 到达的数据包的数量,$I_i[m]$ 为通过链路 i 送达的第 m 个和第 $(m-1)$ 个数据包之间的时隙间隔,即链路 i 的到达间隔。定义 R_i 为链路 i 最后一个数据包到达后剩余的时隙数。基于这些定义,时间范围可写为

$$T = \sum_{m=1}^{D_i(T)} I_i[m] + R_i\ (\forall i \in \{1,2,\cdots,N\}) \tag{3.17}$$

如图 3.2 所示,$\Delta_i(t)$ 的变化过程可由时间间隔 $I_i[m]$ 和 R_i 表示。在与时间间隔 $I_i[m]$ 相关时隙中,参数 $\Delta_i(t)$ 取值依次为 $1,2,\cdots,I_i[m]$。在与时间间隔 R_i 相关的时隙内,参数 $\Delta_i(t)$ 取值依次为 $1,2,\cdots,R_i$。因此,式(3.5a)的目标函数可改写为

$$\begin{aligned} J_T^\pi &= \frac{1}{TN}\sum_{t=1}^{T}\sum_{i=1}^{N} w_i\,\Delta_i(t) = \frac{1}{N}\sum_{i=1}^{N}\frac{w_i}{T}\left[\sum_{t=1}^{T}\Delta_i(t)\right] \\ &= \frac{1}{N}\sum_{i=1}^{N}\frac{w_i}{T}\left[\sum_{m=1}^{D_i(T)}\frac{(I_i[m]+1)\,I_i[m]}{2} + \frac{(R_i+1)\,R_i}{2}\right] \end{aligned} \tag{3.18}$$

为得到 $T\to\infty$ 时 J_T^π 的极限表达式,使用式(3.17)、样本均值运算 $\overline{\mathbb{M}}[I_i]$ 和 $\overline{\mathbb{M}}[I_i^2]$,并取极限 $R_i^2/T\to 0$、$D_i(T)\to\infty$ 和 $R_i/D_i(T)\to 0$。各步骤具体推导见文献[47]第四章第 A 节。无限时间范围信息年龄问题的目标函数可表示为

$$\lim_{T\to\infty} J_T^\pi = \frac{1}{2N}\sum_{i=1}^{N} w_i\left[\frac{\overline{\mathbb{M}}[I_i^2]}{\overline{\mathbb{M}}[I_i^2]} + 1\right](\text{w. p. 1}) \tag{3.19}$$

式中:w. p. 1 为以概率 1 收敛。

上述表达式描绘了信息年龄与到达时间间隔 $I_i[m]$ 矩之间的关系。

使用 $\gamma_i(T) = \sum\limits_{t=1}^{T} v_i(t)$ 表示时隙 T 之前通过链路 i 传输的数据包总数。由于任意给定时隙中最多可选择一条链路传输,且满足 $\sum\limits_{i=1}^{N} v_i(t) \leqslant 1\ (\forall t)$。因此有

$$\sum_{i=1}^{N}\gamma_i(T) = \sum_{t=1}^{T}\sum_{i=1}^{N} v_i(t) \leqslant T(\text{w. p. 1}) \tag{3.20}$$

此外,根据强大数定理,当 $T\to\infty$ 时,送达数据包的数量与发送数据包的数量的比值计算式为

$$\lim_{T\to\infty}\frac{D_i(T)}{\gamma_i(T)}=p_i(\text{w. p. }1) \tag{3.21}$$

根据$\gamma_i(T)$和样本方差$\overline{\mathbb{V}}[I_i]$的定义,可以通过推导式(3.19)中无限时间范围信息年龄问题的目标函数,得到 L_B 表达式:

$$\begin{aligned}
\lim_{T\to\infty}J_T^\pi &= \frac{1}{2N}\sum_{i=1}^N w_i\left[\frac{\overline{\mathbb{V}}[I_i]}{\overline{\mathbb{M}}[I_i]}+\overline{\mathbb{M}}[I_i]+1\right]\\
&\overset{(a)}{\geqslant}\frac{1}{2N}\sum_{i=1}^N w_i\,\overline{\mathbb{M}}[I_i]+\frac{1}{2N}\sum_{i=1}^N w_i\overset{(b)}{=}\lim_{T\to\infty}\frac{1}{2N}\sum_{i=1}^N w_i\frac{T}{D_i(T)}+\frac{1}{2N}\sum_{i=1}^N w_i\\
&\overset{(c)}{\geqslant}\lim_{T\to\infty}\frac{1}{2N}\left(\sum_{j=1}^N\gamma_j(T)\right)\left(\sum_{i=1}^N\frac{w_i}{D_i(T)}\right)+\frac{1}{2N}\sum_{i=1}^N w_i\\
&\overset{(d)}{\geqslant}\lim_{T\to\infty}\frac{1}{2N}\left(\sum_{i=1}^N\sqrt{\frac{w_i\gamma_i(T)}{D_i(T)}}\right)^2+\frac{1}{2N}\sum_{i=1}^N w_i\\
&\overset{(e)}{=}\frac{1}{2N}\left(\sum_{i=1}^N\sqrt{\frac{w_i}{p_i}}\right)^2+\frac{1}{2N}\sum_{i=1}^N w_i(\text{w. p. }1)
\end{aligned}\tag{3.22}$$

其中,不等式(a)基于不等式$\overline{\mathbb{V}}\geqslant 0$得到,等式(b)基于式(3.17)得到,不等式(c)基于不等式(3.20)得到,不等式(d)通过柯西-施瓦兹不等式得到,等式(e)基于等式(3.21)得到。值得注意,对于所有 $\pi\in\Pi$,式(3.22)成立,L_B 表达式如式(3.16)所示。

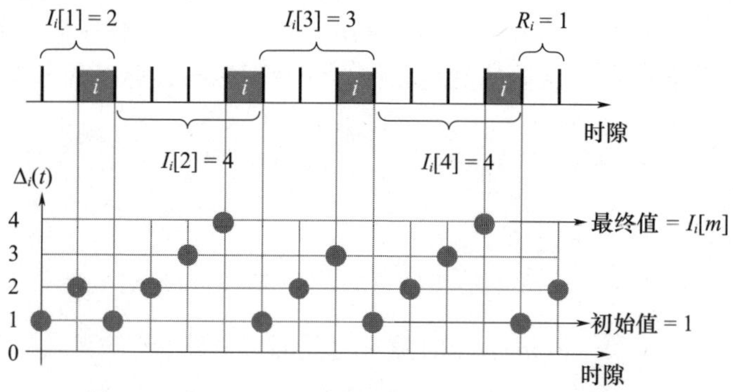

图 3.2　在 $T=14$ 个时隙中链路 i 年龄$\Delta_i(t)$变化图

其中,上半部分方块表示链路 i 上成功的数据包传输。需要注意,共$D_i(T)=4$个数据包送达,$T=I_i[1]+I_i[2]+I_i[3]+I_i[4]+R_i$。图中下半部分描述基于式(3.3)的$\Delta_i(t)$变化图。需要注意,在任一时间间隔$I_i[m]$中,信息年龄总是由 1 增加至$I_i[m]$。

最后,对于所有 $\pi \in \Pi$ 和 T,式(3.18)中 J_T^π 均为正值。基于法图引理,对于 $\forall \pi \in \Pi$,不等式 $\lim_{T\to\infty} \mathbb{E}[J_T^\pi] \geq \mathbb{E}[\lim_{T\to\infty} J_T^\pi] \geq L_B$ 成立。

由于式(3.22)中不等式序列满足条件 $\lim_{T\to\infty} \mathbb{E}[J_T^\pi] \geq L_B$,可以得到较宽松下界。3.2.2 节使用 L_B 对最大年龄优先策略的性能保证因子 ρ^{MAF} 进行推导,证明对于对称且 N 较大的网络,$\rho^{\text{MAF}} \to 1$ 满足,L_B 为紧界。此外,3.2.6 节中数值仿真结果证明,对于多种类型网络,该下界都是紧界。下面章节将推导最大年龄优先策略、平稳随机策略、最大权值策略和惠特尔索引策略的性能保证因子。

3.2.2 最大年龄优先策略

本节对最大年龄优先策略进行研究,证明在某些条件下,该策略对于无时延网络是信息年龄最优的。本节还给出一般网络条件下作为 (N, w_i, p_i) 的函数性能保证因子 ρ^{MAF} 的闭式表达式。最大年龄优先策略为在 2.4 节和文献[40]中均讨论过的贪婪策略。

定义 3.2 最大年龄优先策略。最大年龄优先策略在每个时隙 t 选择年龄 $\Delta_i(t)$ 最大的链路进行传输①。

下面,讨论最大年龄优先策略的性质,基于性质得到定理 3.7 结论。

备注 3.3 最大年龄优先策略仅在一次成功地传输之后才会改变调度决策。

在时隙 t,最大年龄优先策略选择链路 $j = \underset{i}{\text{argmax}}\{\Delta_i(t)\}$ 进行传输。假设本次传输失败,在下一个时隙等式 $\underset{i}{\text{argmax}}\{\Delta_i(t+1)\} = \underset{i}{\text{argmax}}\{\Delta_i(t)+1\}$ 成立,因此最大年龄优先策略仍会选择链路 j 进行传输。容易看出,最大年龄优先策略会不断选择相同的链路 j 进行传输,直至对应数据包传输成功。

备注 3.4 轮询调度。为不失一般性,将向量 $\boldsymbol{\Delta}(1)$ 按索引 i 降序排序,链路 1 的年龄 $\Delta_1(1)$ 最高,链路 N 的年龄 $\Delta_N(1)$ 最低。最大年龄优先策略根据顺序 $(1,2,\cdots,N,1,2,\cdots)$ 进行数据包传输,直至时间范围 T 结束,即最大年龄优先策略遵循轮询调度模式。

备注 3.4 完整描述了最大年龄优先策略的行为,可直接由备注 3.3 得到。

备注 3.5 采用最大年龄优先策略的无差错信道网络稳态。考虑无差错的广播信道,成功传输概率 $p_i = 1(\forall i)$。最大年龄优先策略下网络

① 除另有说明外,若多条链路年龄相同,则选择序号最小的链路传输。

可以达到稳态,其中,网络信息年龄 $\boldsymbol{\Delta}(t)$ 中各元素和为常数,满足:

$$\sum_{i=1}^{N} \Delta_i(t) = 1 + 2 + \cdots N = \frac{N(N+1)}{2} (\forall t \geqslant N+1) \tag{3.23}$$

备注3.5可直接由备注3.4得到。图3.3给出了一个采用最大年龄优先策略的网络中链路年龄的变化规律。容易看出,在时隙 $N+1$ 过后,网络达到稳态。式(3.23)中信息年龄的和与初始信息年龄向量 $\boldsymbol{\Delta}(1)$ 无关。

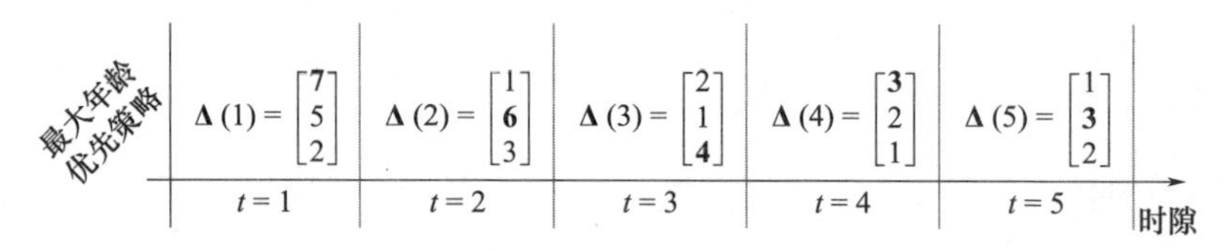

图3.3 最大年龄优先策略下网络的信息年龄 $\boldsymbol{\Delta}(t)$ 变化图

网络中信道为无差错信道,即 $p_i = 1 (\forall i)$,节点数 $N = 3$,初始信息年龄 $\boldsymbol{\Delta}(1) = [7,5,2]^{\mathrm{T}}$。每个时隙中,最大年龄优先策略选择 $\Delta_i(t)$ 最大的链路进行传输,图中被选择的链路用粗体标记。向量 $\boldsymbol{\Delta}(t)$ 中元素根据式(3.3)变化:图中粗体元素被更新为1,其他元素增加1。本图证明了该策略的轮询调度模式。

定理3.7证明最大年龄优先策略对于同构无时延网络具有信息年龄最优性。其中,对称网络为所有链路成功传输概率 $p_i = p \in (0,1]$,权重 $w_i = w \geqslant 0$ 的网络。在给出主要结果之前,引理3.6证明了最大年龄优先策略对于无差错信道中的对称网络具有信息年龄最优性。

引理3.6 无差错信道中最大年龄优先策略最优性。考虑无差错信道下的同构广播网络,$p_i = 1, w_i = w > 0, \forall i$。在可行策略 Π 中,最大年龄优先策略在任意给定的时间范围 T 内可以实现网络加权期望信息年龄最小,即

$$J_T^{\mathrm{MAF}} < J_T^{\pi} = \frac{w}{TN} \sum_{t=1}^{N} \sum_{i=1}^{N} \Delta_i^{\pi}(t) (\forall \pi \in \Pi, \forall T \geqslant 1) \tag{3.24}$$

文献[47]附录B给出引理3.6的完整证明。直观上看,最大年龄优先策略通过在每个时隙将年龄向量 $\boldsymbol{\Delta}(t)$ 中最大的元素置1最小化 $\sum_{i=1}^{N} \Delta_i(t)$。根据引理3.6和备注3.5可知,最大年龄优先策略可令无差错信道下的网络达到信息年龄最优的稳态。下面,根据引理3.6,证明对于任意对称网络,最大年龄优先策略都具有信息年龄最优性。

定理3.7 最大年龄优先策略的最优性。考虑同构广播网络中各

链路成功传输概率$p_i = p \in (0,1]$，权重$w_i = w > 0(\forall i)$。在可行策略集 Π 中，最大年龄优先策略在任意给定的时间范围 T 内可以实现加权期望信息年龄最小，即

$$\mathbb{E}[J_T^{\mathrm{MAF}}] \leqslant \mathbb{E}[J_T^{\pi}] = \frac{w}{TN}\sum_{t=1}^{N}\sum_{i=1}^{N}\mathbb{E}[\Delta_i^{\pi}(t)](\forall \pi \in \Pi, \forall T \geqslant 1) \tag{3.25}$$

证明：为了证明最大年龄优先策略在任意同构无线广播网络下的加权期望信息年龄最优性，利用文献[146]中的随机序将引理 3.6 推广到一般情况。该随机序比较了使用最大年龄优先策略和任意策略 π 下的 $\boldsymbol{\Delta}(t)$ 变化。为简单起见且不失最优性，证明中假设策略 π 是工作保证策略。因为对于每个非工作保证策略，至少有一个工作保证策略在性能上优于该非工作保证策略，所以该假设不会带来性能损失。

定义随机变量 $SH_t^{\pi} = \sum_{i=1}^{N}\Delta_i^{\pi}(t)$ 表示使用策略 π 时年龄向量 $\boldsymbol{\Delta}(t)$ 中元素的和。根据该随机变量和定理 3.7 中的网络对称性假设，式(3.5a) 中有限时间范围 T 的信息年龄优化问题可以写为

$$\mathbb{E}[J_T^{*}] = \frac{1}{TN}\min_{\pi \in \Pi}\mathbb{E}\left[\sum_{t=1}^{T}\sum_{i=1}^{N} w\,\Delta_i^{\pi}(t)\right] = \frac{w}{TN}\min_{\pi \in \Pi}\mathbb{E}\left[\sum_{t=1}^{T} SH_t^{\pi}\right] \tag{3.26}$$

下面讨论随机序的概念(在第 2 章中对随机序进行了介绍)。定义 SH^{π} 为序列$\{SH_t^{\pi}\}_{t=1}^{T}$对应的随机过程，随机过程的样本路径为 sh^{π}。定义$\mathbb{D}$为所有样本路径 sh^{π} 的空间。定义 $\mathcal{F}$ 为可测函数 $f: \mathbb{D} \to \mathbb{R}^{+}$ 集合，对于所有满足 $sh_t^{\mathrm{MAF}} \leqslant sh_t^{\pi}$ $(\forall t)$ 的样本路径 $sh^{\mathrm{MAF}}, sh^{\pi} \in \mathbb{D}$，不等式 $f(sh^{\mathrm{MAF}}) \leqslant f(sh^{\pi})$ 成立。

定义 3.8　随机序：若不等式$\mathbb{P}[f(SH^{\mathrm{MAF}}) > z] \leqslant \mathbb{E}[f(SH^{\pi}) > z]$ $(\forall z \leqslant \mathbb{E}, \forall f \in \mathcal{F})$ 成立，则称 SH^{MAF} 随机小于 SH^{π}，记作 $SH^{\mathrm{MAF}} \leqslant_{\mathrm{st}} SH^{\pi}$。

因为 $f(SH^{\pi})$ 为正值，$SH^{\mathrm{MAF}} \leqslant_{\mathrm{st}} SH^{\pi}$ 成立说明[①]$\mathbb{E}[f(SH^{\mathrm{MAF}})] \leqslant \mathbb{E}[f(SH^{\pi})]$ $(\forall f \in \mathcal{F})$ 成立。函数 $f(SH^{\pi}) = \sum_{t=1}^{T} SH_t^{\pi}$ 属于集合 $\mathcal{F}$。若 $SH^{\mathrm{MAF}} \leqslant_{\mathrm{st}} SH^{\pi}(\forall \pi \in \Pi)$ 成立，则不等式 $\mathbb{E}\left[\sum_{t=1}^{T} SH_t^{\mathrm{MAF}}\right] \leqslant \mathbb{E}\left[\sum_{t=1}^{T} SH_t^{\pi}\right], (\forall \pi \in \Pi)$ 成立，等价于式(3.26)中的加权期望信息年龄最小化。因此，证明最大年龄优先策略的最优性，等价于证明 SH^{MAF} 随机小于 $SH^{\pi}(\forall \pi \in \Pi)$。

① 对于任意正数 X，满足$\mathbb{E}[X] = \int_{x=0}^{\infty}(1 - \mathbb{E}[X \leqslant x])\mathrm{d}x = \int_{x=0}^{\infty}\mathbb{E}[X > x]\mathrm{d}x$

直接通过定义证明随机序通常十分复杂,其中还涉及比较 SH^{MAF} 和 SH^{π} 的概率分布。相反,根据文献[146]中结论:对于两个随机过程 $\widetilde{SH}^{\mathrm{MAF}}$ 和 $\widetilde{SH}^{\pi}$,下面是 $SH^{\mathrm{MAF}} \leqslant_{\mathrm{st}} SH^{\pi}$ 的充分条件。

(1)随机过程 SH^{π} 和 $\widetilde{SH}^{\pi}$ 具有相同概率分布;

(2)随机过程 $\widetilde{SH}^{\mathrm{MAF}}$ 和 $\widetilde{SH}^{\pi}$ 在同一概率空间中;

(3)随机过程 SH^{MAF} 和 $\widetilde{SH}^{\mathrm{MAF}}$ 具有相同概率分布;

(4)不等式 $\widetilde{SH}_t^{\mathrm{MAF}} \leqslant \widetilde{SH}_t^{\pi}$,$\forall t$ 以概率 1 成立。

文献[147-149]中也使用了该结论。该结论通过适当地设计辅助随机过程 $\widetilde{SH}^{\mathrm{MAF}}$ 和 $\widetilde{SH}^{\pi}$,建立了随机过程 SH^{MAF} 和 SH^{π} 之间的随机序。这种设计是利用随机耦合实现的。

随机耦合是一种通过强加一个共同的潜在概率空间来比较随机过程的方法。通过随机耦合在 SH^{MAF} 和 SH^{π} 的基础上分别构造了 $\widetilde{SH}^{\mathrm{MAF}}$ 和 $\widetilde{SH}^{\pi}$。

定义过程 $\widetilde{SH}^{\pi}$ 与 SH^{π} 相同。它们的(相同的)概率空间由根据策略 π 的调度决策序列 $v_i(t)$ 和信道状态序列 $c_i(t)$ 决定。在与 $\widetilde{SH}^{\pi}$ 相同的概率空间上构造 $\widetilde{SH}^{\mathrm{MAF}}$。为此,通过将最大年龄优先策略下的链路状态动态链接到策略 π 的信道状态,将 $\widetilde{SH}^{\mathrm{MAF}}$ 耦合至 $\widetilde{SH}^{\pi}$,具体方式如下:假设在时隙 t,策略 π 选择链路 j 而最大年龄优先策略选择链路 i 进行传输,在此时隙中,分配 $c_i(t) \leftarrow c_j(t)$。因此,若策略 π 下的传输成功,即 $c_j(t)=1$,则最大年龄优先策略下的传输也是成功的,即 $c_i(t)=1$。这种动态分配导致在每个时隙 $t \in \{1,2,\cdots,T\}$,最大年龄优先策略下的信道状态与策略 π 下的信道状态相同。由于随机变量 $c_j(t)$ 对于不同链路和时隙统计独立同分布,因此上述分配可行。基于同样的原因,随机过程 $\widetilde{SH}^{\mathrm{MAF}}$ 与 SH^{MAF} 具有相同的概率分布。

回到以上四个条件,直接从上述耦合方法可以得出条件(1)、(2)和(3)成立。进一步证明另一个条件成立,即 $\widetilde{SH}_t^{\mathrm{MAF}} \leqslant \widetilde{SH}_t^{\pi}$,$\forall t$ 以概率 1 成立。

$\widetilde{SH}^{\mathrm{MAF}}$ 与 $\widetilde{SH}^{\pi}$ 之间的耦合是证明条件(4)的关键。假设使用策略 π,并考虑跨越整个时间范围的样本路径 $\widetilde{sh}^{\pi}$,根据样本路径变化过程中使用策略 π 选择的链路信道状态序列生成耦合样本路径 $\widetilde{sh}^{\mathrm{MAF}}$,如图 3.4 所示。需要注意的是,若策略选择的信道状态差,则随机过程 $\widetilde{sh}_t^{\mathrm{MAF}}$ 和 $\widetilde{sh}_t^{\pi}$ 之间的大小关系不会改变。因此,可以假设网络中信道为无差错信道。引理 3.6 表明,在无差错信道网络中,对于所有时隙 t 和策略 $\pi \in \Pi$,$\widetilde{sh}_t^{\mathrm{MAF}} \leqslant \widetilde{sh}_t^{\pi}$ 成立。由于该结论适用于任意样本路径

$\widetilde{sh}^{\pi}$，因此条件(4)和随机序成立。

定理3.7证明在对称网络中，在每个时隙 t 中选择链路 $j=\arg\max_i\{\Delta_i(t)\}$ 传输的最大年龄优先策略具有信息年龄最优性。对于链路成功传输概率p_i与权重w_i不同的一般网络，仅用 $\boldsymbol{\Delta}(t)$ 进行决策的调度策略可能不具有信息年龄最优性。下面给出了最大年龄优先策略性能保证因子 ρ^{MAF} 的闭式表达式，ρ^{MAF} 依赖 $\{1/p_i\}_{i=1}^{N}$ 的统计特性，特别是其相关系数。$\{1/p_i\}_{i=1}^{N}$ 的样本均值和样本方差分别计算为

$$\overline{\mathbb{M}}\left[\frac{1}{p_i}\right]=\frac{1}{N}\sum_{j=1}^{N}\frac{1}{p_i},\overline{\mathbb{V}}\left[\frac{1}{p_i}\right]=\frac{1}{N}\sum_{j=1}^{N}\left(\frac{1}{p_i}-\overline{\mathbb{M}}\left[\frac{1}{p_i}\right]\right)^2 \tag{3.27}$$

相关系数计算为

$$C_V=\frac{\sqrt{\overline{\mathbb{V}}\left[\frac{1}{p_i}\right]}}{\overline{\mathbb{M}}\left[\frac{1}{p_i}\right]} \tag{3.28}$$

相关系数的值衡量了 $1/p_i$的分散程度。当 $\{1/p_i\}_{i=1}^{N}$ 取值分散时，C_V 值较大。当且仅当所有链路满足$p_i=p$ 时，$C_V=0$。

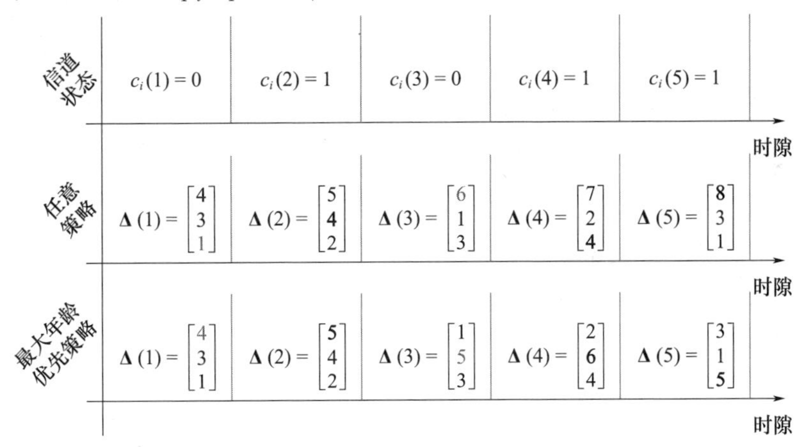

图3.4 在网络节点数 $N=3$，时隙 $T=5$，初始信息年龄 $\boldsymbol{\Delta}(1)=[4,3,1]^{\mathrm{T}}$，信道为不可靠信道的网络中，随机变量$\widetilde{sh}^{\pi}$和$\widetilde{sh}^{\mathrm{MAF}}$的变化情况图

当$c_i(t)=1$ 时，信道状态好时当$c_i(t)=0$ 时信道状态差。此外，图中黑体表示传输成功，灰色表示传输失败。图中上方给出了不同时隙下任意策略 π 调度决策序列所选信道的信道状态。注意，由于耦合，最大年龄优先策略下所选择链路的信道状态与策略 π 下信道状态相同。图中中间部分为采用策略 π 时年龄向量 $\boldsymbol{\Delta}(t)$ 的变化。图中下方是使用最大年龄优先策略时年龄向量 $\boldsymbol{\Delta}(t)$ 的变化情况。比较不同时间两种策略下年龄向量 $\boldsymbol{\Delta}(t)$ 的和，存在$\widetilde{sh}^{\pi}=\{8;11;10;13;12\}$，$\widetilde{sh}^{\mathrm{MAF}}=\{8;11;9;12;9\}$，可以看到$\widetilde{sh}_t^{\mathrm{MAF}}\leqslant\widetilde{sh}_t^{\pi}(\forall t)$成立。

定理 3.9 最大年龄优先策略性能。考虑参数为(N,p_i,w_i)的无线时间范围广播网络。最大年龄优先策略是因子ρ^{MAF}最优,其中

$$\rho^{\mathrm{MAF}}=\frac{\left(\frac{N+1+C_V^2}{2}\right)\overline{\mathbb{M}}\left[\frac{1}{p_i}\right]\overline{\mathbb{M}}[w_i]}{\frac{N}{2}\left(\overline{\mathbb{M}}\left[\sqrt{\frac{w_i}{p_i}}\right]\right)^2+\frac{1}{2}\overline{\mathbb{M}}[w_i]} \tag{3.29}$$

证明:最大年龄优先策略的性能保证因子由$\rho^{\mathrm{MAF}}=\mathbb{E}[J^{\mathrm{MAF}}]/L_{\mathrm{B}}$给出,其中分母是式(3.16)中的全局下界,分子由后续推导的无线时间范围下的$\mathbb{E}[J^{\mathrm{MAF}}]=\lim_{T\to\infty}\mathbb{E}[J_T^{\mathrm{MAF}}]$给出。

为分析最大年龄优先策略下$\Delta_i(t)$的变化趋势,为不失一般性,基于备注3.4中网络中链路按照年龄降序排列的假设,即链路1的信息年龄$\boldsymbol{\Delta}_1(1)$最高,链路N的信息年龄$\boldsymbol{\Delta}_N(1)$最低。根据备注3.3和备注3.4可以得到下面两个性质:①最大年龄优先策略仅在一次成功地传输之后才会改变调度决策;②最大年龄优先策略根据顺序$(1,2,\cdots,N,1,2,\cdots)$进行数据包传输直至时间范围$T$结束。

基于性质①,定义$X_i[m]$表示在第m个数据包成功传送前链路i对应连续传输尝试次数,假设$X_i[0]=0(\forall i)$。对于给定链路i,随机变量$X_i[m]$服从独立同分布的几何随机分布。此外,由于不同链路的传输相互独立,下面三个等式成立

$$\mathbb{E}[X_i[m]]=\frac{1}{p_i},\mathbb{E}[X_i[m]X_j[m-1]]=\frac{1}{p_ip_j},\mathbb{E}[X_i^2[m]]=\frac{2-p_i}{p_i^2} \tag{3.30}$$

根据性质②,数据包基于轮询调度模式传输。因此,如图3.5所示,当使用最大年龄优先策略时,链路i上第$(m-1)$个数据包和第m个数据包之间的间隔时隙数可表示为

$$I_i[m]=\sum_{j=i+1}^{N}X_j[m-1]+\sum_{j=1}^{i}X_j[m] \tag{3.31}$$

根据式(3.30),$I_i[m]$的一阶矩和二阶矩可以表示为

$$\mathbb{E}[I_i[m]]=\sum_{i=1}^{N}\frac{1}{p_i} \tag{3.32}$$

$$\mathbb{E}[I_i^2[m]]=\sum_{j=1}^{N}\frac{2-p_j}{p_j^2}+2\sum_{j=1}^{N}\sum_{k=j+1}^{N}\frac{1}{p_j\,p_k} \tag{3.33}$$

显然,当使用最大年龄优先策略时,通过链路i传输的数据包为更新过程,且数据包到达间隔$I_i[m]$独立同分布。因此,根据文献[150]5.7节,将基本更新定理的推广用于更新奖励过程,可得

$$\lim_{T\to\infty}\frac{1}{T}\sum_{t=1}^{T}\mathbb{E}[\Delta_i^{\mathrm{MAF}}(t)]=\frac{\mathbb{E}[\text{奖励}]}{\mathbb{E}[\text{间隔}]}=\frac{\mathbb{E}[1+2+\cdots+I_i[m]]}{\mathbb{E}[I_i[m]]}$$
$$=\frac{\mathbb{E}[I_i[m]^2]}{2\,\mathbb{E}[I_i[m]]}+\frac{1}{2}\tag{3.34}$$

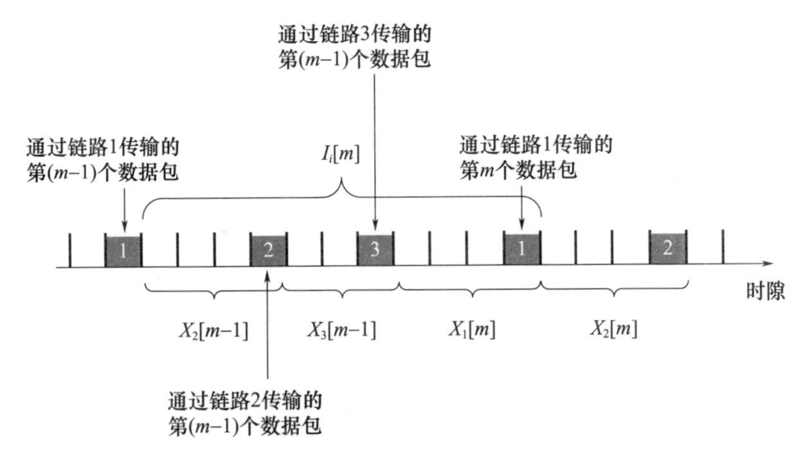

图 3.5　在 $N=3$ 个节点的网络中采用最大年龄优先策略，通过链路 i 传输的第$(m-1)$个和第 m 个数据包之间的到达时间间隔图

带有索引 j 的框表示链路 j 上的传输数据包到达。在备注 3.4 中对轮询调度模式进行了描述。

将式(3.32)和式(3.33)代入式(3.34)，可得

$$\lim_{T\to\infty}\frac{1}{T}\sum_{t=1}^{T}\mathbb{E}[\Delta_i^{\mathrm{MAF}}(t)]=\frac{N\left(\frac{1}{N}\sum_{j=1}^{N}\frac{1}{p_j}\right)^2+\frac{1}{N}\sum_{j=1}^{N}\frac{1}{p_j^2}}{\frac{2}{N}\sum_{j=1}^{N}\frac{1}{p_j}}\tag{3.35}$$

然后根据式(3.27)和式(3.28)可得

$$\lim_{T\to\infty}\frac{1}{T}\sum_{t=1}^{T}\mathbb{E}[\Delta_i^{\mathrm{MAF}}(t)]=\frac{1}{2}\overline{\mathbb{M}}\left[\frac{1}{p_j}\right](N+1+C_V^2)\tag{3.36}$$

将式(3.36)代入式(3.5a)，可得

$$\mathbb{E}[J^{\mathrm{MAF}}]=\frac{1}{N}\sum_{i=1}^{N}w_i\lim_{T\to\infty}\frac{1}{T}\sum_{t=1}^{T}\mathbb{E}[\Delta_i^{\mathrm{MAF}}(t)]=\left(\frac{N+1+C_V^2}{2}\right)\overline{\mathbb{M}}\left[\frac{1}{p_j}\right]\overline{\mathbb{M}}[w_i]\tag{3.37}$$

将式(3.37)除以式(3.16)下界，可以得到式(3.29)中的性能保证因子 ρ^{MAF}。证毕。

下面根据式(3.29)中性能保证因子给出当 $N\to\infty$ 时,最大年龄优先策略信息年龄最优性的充分必要条件。

推论 3.10 当且仅当网络为对称网络时,在极限 $N\to\infty$ 下,最大年龄优先策略的性能保证因子 $\rho^{\mathrm{MAF}}\to 1$。

证明:在极限 $N\to\infty$ 时,最大年龄优先策略的性能保证因子可改写为

$$\rho^{\mathrm{MAF}}=\frac{\left(\dfrac{N+C_V^2}{2}\right)\overline{\mathbb{M}}\left[\dfrac{1}{p_j}\right]\overline{\mathbb{M}}[w_i]}{\dfrac{N}{2}\left(\overline{\mathbb{M}}\left[\sqrt{\dfrac{w_i}{p_i}}\right]\right)^2} \tag{3.38}$$

考虑下面两个不等式。

(1) 柯西-施瓦兹不等式:

$$\left(\overline{\mathbb{M}}\left[\sqrt{\frac{w_i}{p_i}}\right]\right)^2\leqslant\overline{\mathbb{M}}\left[\frac{1}{p_j}\right]\overline{\mathbb{M}}[w_i] \tag{3.39}$$

(2) 相关系数 $C_V\geqslant 0$。

从式(3.38)中可以看出,当且仅当不等式(3.39)(1)和(2)同时成立时,$\rho^{\mathrm{MAF}}=1$ 成立。而不等式(3.39)(1)和(2)仅在对于所有链路$w_i=w,p_i=p$ 时同时成立。

定理 3.7 和定理 3.9 是本节的两个重要结论。定理 3.7 证明最大年龄优先策略对于对称网络是信息年龄最优的。定理 3.9 给出了最大年龄优先策略在一般网络下的性能保证因子。推论 3.10 证明在极限 $N\to\infty$,且网络为对称网络条件下,$\rho^{\mathrm{MAF}}\to 1$ 成立。$\rho^{\mathrm{MAF}}\to 1$ 表示此时$\mathbb{E}[J^{\mathrm{MAF}}]\to L_{\mathrm{B}}$,证明下界$L_B$为紧界。

通过利用年龄$\Delta_i(t)$信息,在忽略网络参数p_i和w_i影响时,最大年龄优先策略对于对称网络具有信息年龄最优性。3.2.3 节中,对利用网络参数p_i和w_i,但未考虑$\Delta_i(t)$的策略进行讨论。

3.2.3 平稳随机策略

考虑根据固定概率 $\beta_i/\sum_{j=1}^{N}\beta_j$ 随机确定调度决策的平稳随机策略,其中 $\{\beta_i\}_{i=1}^{N}$为固定正值。

定义 3.11 随机策略:在每个时隙 t,随机策略以概率 $\beta_i/\sum_{i=1}^{N}\beta_j$ 选择链路 i 进行传输。

定义随机策略为 R，该策略没有使用网络中现在与历史的任何信息进行决策。定理3.12给出该策略网络性能保证因子ρ^R的解析表达式，证明对于任意参数为(N,p_i,w_i)的网络，随机策略为因子2最优。

定理3.12 随机策略的性能。考虑网络参数为(N,p_i,w_i)的无线时间范围广播网络。随机策略在$\{\beta_i\}_{i=1}^N$为正数的条件下因子ρ^R最优，其中，

$$\rho^R = 2\frac{\overline{\mathbb{M}}[\beta_i]\overline{\mathbb{M}}\left[\frac{w_i}{p_i\beta_i}\right]}{\left(\overline{\mathbb{M}}\left[\sqrt{\frac{w_i}{p_i}}\right]\right)^2+\frac{1}{N}\overline{\mathbb{M}}[w_i]} \tag{3.40}$$

证明：随机策略的性能保证因子由$\rho^R=\mathbb{E}[J^R]/L_B$给出，其中分母是式(3.16)中的全局下界，分子由后续推导的无线时间范围下的目标函数$\mathbb{E}[J^R]=\lim\limits_{T\to\infty}\mathbb{E}[J_T^R]$给出。

使用$v_i(t)$表示在时隙 t 时是否选择链路 i 进行传输的指示函数。$d_i(t)=c_i(t)v_i(t)$表示在时隙 t 时链路 i 上的传输是否成功。当使用随机策略时，$\mathbb{E}[v_i(t)]=\beta_i/\sum_{j=1}^N\beta_j,\forall t$ 成立，

$$\mathbb{E}[d_i(t)]=\mathbb{E}[d_i]=\frac{\beta_i}{\sum_{j=1}^N\beta_j}p_i(\forall t) \tag{3.41}$$

显然，通过链路 i 传输的数据包是一个更新过程，数据包到达时间间隔$I_i[m]$服从均值为$(\mathbb{E}[d_i])^{-1}$的几何随机分布。因此，根据文献[150]5.7节，将基本更新定理的推广用于更新奖励过程，可得

$$\lim_{T\to\infty}\frac{1}{T}\sum_{t=1}^T\mathbb{E}[\Delta_i^R(t)]=\frac{\mathbb{E}[I_i[m]^2]}{2\mathbb{E}[I_i[m]]}+\frac{1}{2}=\frac{1}{\mathbb{E}[d_i]} \tag{3.42}$$

然后将式(3.41)和式(3.42)代入式(3.5a)可得

$$\mathbb{E}[J^R]=\frac{1}{N}\sum_{i=1}^N\frac{w_i}{\mathbb{E}[d_i]}=\frac{1}{N}\sum_{j=1}^N\beta_j\sum_{i=1}^N\frac{w_i}{p_i\beta_i}=N\overline{\mathbb{M}}[\beta_i]\overline{\mathbb{M}}\left[\frac{w_i}{p_i\beta_i}\right] \tag{3.43}$$

最后，用式(3.43)除以式(3.16)中的下界，即可得到式(3.40)中的性能保证因子ρ^R，证毕。

推论3.13 对于所有参数为(N,p_i,w_i)的网络，参数为$\beta_i=\sqrt{w_i/p_i},\forall i$的平稳随机策略的性能保证因子$\rho^R<2$。

证明：$\beta_i = \sqrt{w_i/p_i}$（$\forall i \in \{1,2,\cdots,N\}$）是下面柯西－施瓦兹不等式中等式成立的必要条件。

$$\left(\overline{\mathbb{M}}\left[\sqrt{\frac{w_i}{p_i}}\right]\right)^2 \leqslant \overline{\mathbb{M}}[\beta_i]\,\overline{\mathbb{M}}\left[\frac{w_i}{p_i\beta_i}\right] \tag{3.44}$$

将上述条件应用于式(3.40)中，可以得到$\rho^R<2$。需要注意的是，$\beta_i=\sqrt{w_i/p_i}$使式(3.44)右侧和式(3.43)达到最小值。

定理3.12给出了ρ^R的闭式表达，推论3.13表明，通过利用权重w_i和成功传输概率p_i，随机策略对于所有参数为(N,p_i,w_i)的网络具有因子2最优性。下面提出了一种利用w_i、p_i以及$\Delta_i(t)$信息做出决策的最大权值策略。

3.2.4 最大权值策略

本节根据李雅普诺夫优化概念[151]提出最大权值策略。该策略通过最小化每个时隙t时网络状态下李雅普诺夫函数的漂移获得。考虑线性李雅普诺夫函数为

$$L(\boldsymbol{\Delta}(t)) = \frac{1}{N}\sum_{i=1}^{N}\tilde{\alpha}_i\,\boldsymbol{\Delta}_i(t) \tag{3.45}$$

其中，$\tilde{\alpha}_i>0$是用于调整最大权值策略性能的辅助参数。考虑单时隙李雅普诺夫漂移函数为

$$\Phi(\boldsymbol{\Delta}(t)) = \mathbb{E}[L(\boldsymbol{\Delta}(t+1)) - L(\boldsymbol{\Delta}(t)) \mid \boldsymbol{\Delta}(t)] \tag{3.46}$$

李雅普诺夫函数$L(\boldsymbol{\Delta}(t))$描述了时隙$t$时网络信息年龄的大小。李雅普诺夫漂移函数描述了从一个时隙到另一个时隙中$L(\boldsymbol{\Delta}(t))$的增长。直观上看，最大权值策略通过最小化漂移减小了$L(\boldsymbol{\Delta}(t))$的值，从而保证网络信息年龄低。

为了找到可以最小化单时隙漂移$\Phi(\boldsymbol{\Delta}t)$的调度策略，首先分析式(3.46)的右侧部分。考虑在每个时隙t根据$\boldsymbol{\Delta}(t)$和$\tilde{\alpha}_i$进行决策的策略π。$d_i(t)$为表示数据包在时隙t是否通过链路i送达的指示函数。另一种表示式(3.3)中$\Delta_i(t)$变化的方法为

$$\Delta_i(t+1) = d_i(t) + (\Delta_i(t)+1)[1-d_i(t)] \tag{3.47}$$

对$\Delta_i(t+1)$取条件概率可得

$$\mathbb{E}[\Delta_i(t+1) - \Delta_i(t) \mid \boldsymbol{\Delta}(t)] = -\mathbb{E}[d_i(t) \mid \boldsymbol{\Delta}(t)]\Delta_i(t) + 1 \tag{3.48}$$

将式(3.45)代入式(3.46)，结合式(3.48)可以将李雅普诺夫漂移函数写成下面形式：

$$\Phi(\boldsymbol{\Delta}(t)) = -\frac{1}{N}\sum_{i=1}^{N}\mathbb{E}[d_i(t) \mid \boldsymbol{\Delta}(t)]\,\tilde{\alpha}_i\,\Delta_i(t) + \frac{1}{N}\sum_{i=1}^{N}\tilde{\alpha}_i \tag{3.49}$$

因为等式$\mathbb{E}[d_i(t) \mid \boldsymbol{\Delta}(t)] = p_i\mathbb{E}[v_i(t) \mid \boldsymbol{\Delta}(t)]$成立。$v_i(t)$的选择只会影响式(3.49)的右侧第一项。因此，在时隙t，可以最大化$\sum\limits_{i=1}^{N}\mathbb{E}[v_i(t) \mid \boldsymbol{\Delta}(t)]p_i\tilde{\alpha}_i\Delta_i(t)$

的调度策略同时可以最小化 $\Phi(\boldsymbol{\Delta}(t))$。最大权值策略最小化每个时隙 t 的漂移，为简化表述，将最大权值策略简写为 MW。

定义 3.14　最大权值策略：在每个时隙 t，最大权值策略选择权值 $p_i\tilde{\alpha}_i\Delta_i(t)$ 最大的链路 i 进行传输。若同时多条链路权值相同，选择任意链路进行传输。

备注 3.15　最大权值策略对于参数为 $p_i=p, w_i=w, \tilde{\alpha}_i=\tilde{\alpha}, \forall i$ 的对称网络具有信息年龄最优性。

当网络为对称网络时，根据 $p_i\tilde{\alpha}_i\Delta_i(t)$ 确定的优先级等价于根据年龄 $\Delta_i(t)$ 确定的优先级。最大权值策略退化为最大年龄优先策略，此时，根据定理 3.7，最大权值策略具有信息年龄最优性。

定义 3.16　最大权值策略性能。考虑网络参数为 (N,p_i,w_i) 的无线时间范围广播网络。最大权值策略在 $\tilde{\alpha}_i=\sqrt{w_i/p_i}$ 的条件下的性能保证因子在所有的网络参数 (N,p_i,w_i) 下均满足 $\rho^{\mathrm{MW}}<2$。

证明：随机策略的性能保证因子由 $\rho^{\mathrm{MW}}=U_{\mathrm{B}}^{\mathrm{MW}}/L_{\mathrm{B}}$ 给出，其中分母是式(3.16)中的全局下界，分子由通过式(3.49)中的单时隙李雅普诺夫漂移得到的无线时间范围下的目标函数 $U_{\mathrm{B}}^{\mathrm{MW}}\geqslant\lim\limits_{T\to\infty}\mathbb{E}[J_T^{\mathrm{MW}}]$ 给出。

通过选择调度决策 $v_i(t)$ 最小化漂移函数 $\Phi(\boldsymbol{\Delta}(t))$，最大权值策略实现和函数 $\sum\limits_{i=1}^{N}\mathbb{E}[d_i(t)\mid\boldsymbol{\Delta}(t)]\tilde{\alpha}_i\Delta_i(t)$ 最大化。其他策略 $\pi\in\Pi$ 对应和函数小于或等于最大值。考虑 3.2.3 节定义的平稳随机策略，该策略不考虑年龄 $\boldsymbol{\Delta}(t)$ 的取值随机选择 $v_i(t)$，即该情况下 $\mathbb{E}[d_i(t)\mid\boldsymbol{\Delta}(t)]=\mathbb{E}[d_i]$。将 $\mathbb{E}[d_i]$ 代入单时隙李雅普诺夫漂移可得

$$\Phi(\boldsymbol{\Delta}(t))\leqslant-\frac{1}{N}\sum_{i=1}^{N}\mathbb{E}[d_i]\,\tilde{\alpha}_i\,\Delta_i(t)+\frac{1}{N}\sum_{i=1}^{N}\tilde{\alpha}_i \tag{3.50}$$

考虑对 $\boldsymbol{\Delta}(t)$ 的期望可得

$$\mathbb{E}[L(\boldsymbol{\Delta}(t+1))-L(\boldsymbol{\Delta}(t))]\leqslant-\frac{1}{N}\sum_{i=1}^{N}\mathbb{E}[d_i]\,\tilde{\alpha}_i\,\mathbb{E}[\Delta_i(t)]+\frac{1}{N}\sum_{i=1}^{N}\tilde{\alpha}_i \tag{3.51}$$

将式(3.51)两端对 $t\in\{1,2,\cdots,T\}$ 求和，再除以 T，可得

$$\frac{\mathbb{E}[L(\boldsymbol{\Delta}(T+1))]}{T}-\frac{\mathbb{E}[L(\boldsymbol{\Delta}(1))]}{T}\leqslant-\frac{1}{N}\sum_{i=1}^{N}\mathbb{E}[d_i]\,\tilde{\alpha}_i\,\frac{1}{T}\sum_{t=1}^{T}\mathbb{E}[\Delta_i(t)]+\frac{1}{N}\sum_{i=1}^{N}\tilde{\alpha}_i \tag{3.52}$$

由于$L(\boldsymbol{\Delta}(T+1))$恒为正值,因此不等式(3.53)成立:

$$\frac{1}{N}\sum_{i=1}^{N}\mathbb{E}[d_i]\tilde{\alpha}_i\frac{1}{T}\sum_{t=1}^{T}\mathbb{E}[\Delta_i(t)]\leqslant\frac{\mathbb{E}[L(\boldsymbol{\Delta}(1))]}{T}+\frac{1}{N}\sum_{i=1}^{N}\tilde{\alpha}_i \tag{3.53}$$

因为$L(\boldsymbol{\Delta}(1))$有限,设$\tilde{\alpha}_i=w_i/\mathbb{E}[d_i]$,考虑无线时间范围$T\rightarrow\infty$,可得

$$\lim_{T\rightarrow\infty}\frac{1}{TN}\sum_{i=1}^{N}\sum_{t=1}^{T}w_i\,\mathbb{E}[\Delta_i(t)]\leqslant\frac{1}{N}\sum_{i=1}^{N}\frac{w_i}{\mathbb{E}[d_i]} \tag{3.54}$$

式(3.54)左侧为最大权值策略下加权期望信息年龄的定义,右侧为最大权值策略的上界$U_{\mathrm{B}}^{\mathrm{MW}}$。注意式(3.54)右侧与式(3.43)中平稳随机策略下的$\mathbb{E}[J^R]$相同。因此,可以根据推论3.13得到最大权值策略的性能保证因子在$\tilde{\alpha}_i=\sqrt{w_i/p_i}\left(\sum_{j=1}^{N}\sqrt{w_j/p_j}\right)$下满足$\rho^{\mathrm{MW}}<2$。由于$\sum_{j=1}^{N}\sqrt{w_j/p_j}$为定值,因此忽略$\tilde{\alpha}_i$的影响。证毕。

式(3.45)中带有附加参数$\tilde{\alpha}_i$的李雅普诺夫函数具有性能保证因子$\rho^{\mathrm{MW}}<2$。选取不同的李雅普诺夫函数会得到不同的最大权值策略和不同的性能保证因子。文献[151]第3章表明李雅普诺夫函数的标准选择是二次的。文献[47]中4. D节对二次李雅普诺夫函数进行了研究,得到一个具有性能保证因子$\rho^{\mathrm{MW}}<4$的近最大权值策略。

与最大年龄优先策略和平稳随机策略不同,最大权值策略使用所有可获得的信息$\tilde{\alpha}_i=\sqrt{w_i/p_i}$和$\Delta_i(t)$进行决策。3.2.6节中的数值结果表明,在所考虑网络中,最大权值策略的性能优于最大年龄优先策略和平稳随机策略。事实上,最大权值策略的性能接近L_{B}。但是,最大权值策略的性能保证因子ρ^{MW}在上述策略中不是最优的。这是因为最大权值策略的严格上界$U_{\mathrm{B}}^{\mathrm{MW}}$难以推导。与最大年龄优先策略和平稳随机策略相反,最大权值策略无法使用更新过程定理,并且无法利用轮询调度模式或者根据固定概率选择链路的性质进行简化分析。下面从不同的角度考虑信息年龄最小化问题,并提出索引策略[152],也称惠特尔索引策略。该策略与最大重量策略相似,具有很好的性能。

3.2.5 惠特尔索引策略

惠特尔索引策略是多臂老虎机问题的最优解决方法。这种低复杂度的启发式策略已经在文献[149,153,154]中得到广泛使用,并且已知在一系列应用中具有较好性能[155,156]。使用该方法的挑战是,索引策略仅用于可索引的问题,该问题的条件通常难以满足。文献[152,157]中给出了关于松弛多臂老虎机问题的详细介绍。

为确定惠特尔索引,首先将网络中的每个节点上的信息年龄最小化问题看

成一个单独问题，将式(3.5a)和式(3.5b)中描述的信息年龄优化问题转换为松弛多臂老虎机问题。为建立松弛多臂老虎机问题模型，将式(3.5b)中的 T 个干扰约束 $\sum_{i=1}^{N} v_i(t) \leqslant 1, \forall t$ 变成一个时间平均约束：

$$\frac{1}{TN}\sum_{t=1}^{T}\sum_{i=1}^{N}\mathbb{E}[v_i(t)] \leqslant \frac{1}{N} \tag{3.55}$$

将式(3.55)代入目标函数(3.5a)，并结合拉格朗日因子 $C \geqslant 0$，对该时间平均约束进行放松。松弛多臂老虎机问题为

$$\mathbb{E}[\tilde{J}^*] = \min_{\pi\in\Pi}\left\{\lim_{T\to\infty}\frac{1}{TN}\sum_{t=1}^{T}\sum_{i=1}^{N}(w_i\,\mathbb{E}[\Delta_i(t)] + C\,\mathbb{E}[v_i(t)])\right\} - \frac{C}{N} \tag{3.56a}$$

$$\text{s.t.}\quad C \geqslant 0 \tag{3.56b}$$

其次，对松弛多臂老虎机问题进行求解，证明松弛信息年龄优化问题的可索引性，并给出惠特尔索引的闭式表达式。

松弛多臂老虎机问题是可分解的，可通过单独求解每个链路 i 上的问题进而求解整个问题。单链路上的多臂老虎机问题的网络模型遵循3.1节中 $N=1$ 且不考虑附加成本的网络模型。其中，附加成本 $C \geqslant 0$ 是由网络中每次传输，即 $v_i(t)=1$ 产生的固定成本。下面对单链路网络中的传输策略进行描述，该策略仅可在传输和空闲之间进行选择。

命题3.17 阈值策略。考虑单链路下式(3.56a)和式(3.56b)描述的松弛多臂老虎机问题。最优策略为阈值策略，在每个时隙 t，当 $\Delta_i(t) \geqslant H_i$ 时策略选择该链路进行传输，当 $1 \leqslant \Delta_i(t) < H_i$ 时链路空闲。对于固定附加成本 $C>0$，阈值的表达式为

$$H_i = \left\lfloor \frac{3}{2} - \frac{1}{p_i} + \sqrt{\left(\frac{1}{p_i} - \frac{1}{2}\right)^2 + \frac{2C}{p_i w_i}} \right\rfloor \tag{3.57}$$

文献[47]附录G中给出了命题3.17的完整证明。预期在该策略下，当信息年龄 $\Delta_i(t)$ 低时通过保持空闲，节省传输开销 C，当信息年龄 $\Delta_i(t)$ 高时进行传输，以减少网络年龄 $\Delta_i(t)$。对于给定阈值 H，最优决策在 $\Delta_i(t)=H$ 时进行传输。因此，当 $\Delta_i(t)>H$ 时，最优决策进行传输，该策略为阈值策略。文献[47]附录G中的证明思路为：①假设最优策略为阈值未知的阈值策略；②在此假设下，对式(3.56a)相关的贝尔曼方程进行求解[145]；③证明问题的解和假设一致；④通过式(3.57)获得阈值策略中的阈值 H，其中阈值为整数。下面定义了可索引性条件，并证明松弛信息年龄优化是可索引的。

考虑链路 i 的松弛多臂老虎机问题和其对应的纯阈值策略。对于给定的传

输开销 C,定义$\mathcal{I}_i(C)=\{\Delta_i(t)\in\mathbb{N}|\Delta_i t<H_i\}$为对应决策为空闲时年龄状态$\Delta_i(t)$的集合。可索引性定义如下。

定义 3.18 可索引性。若链路 i 对应的多臂老虎机问题的集合$\mathcal{I}_i(C)$随 C 从 0 至 $+\infty$ 增加单调从$\varnothing$增加至$\mathbb{N}$,则称该问题为可索引的。若所有链路 i 对应的松弛多臂老虎机问题均具可索引性,则式(3.5a)中以式(3.55)为松弛干扰约束的信息年龄优化问题也是可索引的。

松弛多臂老虎机问题的可索引性可直接由命题 3.17 得到,且适用于所有链路 i。至此,给出了松弛信息年龄优化问题可索引性的定义。在给定可索引性的条件下,下面给出惠特尔索引的定义。

定义 3.19 索引。考虑链路 i 的松弛多臂老虎机问题具有纯阈值策略。若定义$C_i(\Delta_i(t))$为状态$\Delta_i(t)$的惠特尔索引,则$C_i(\Delta_i(t))$为 C 的下确界,$C_i(\Delta_i(t))$可以使两种决策(传输或保持空闲)在状态$\Delta_i(t)$下均对阈值策略可行。

当常数 C 满足$H_i=\Delta_i(t)+1$时,两种决策出现概率相同。使用式(3.57)求解 C,索引可表示为

$$C_i(\Delta_i(t))=\frac{w_i p_i}{2}\Delta_i(t)\left(\Delta_i(t)+\frac{2}{p_i}-1\right) \tag{3.58}$$

在建立索引性并获得$C_i(\Delta_i(t))$的表达式之后,下面回到 3.1 节描述的链路调度 $i\in\{1,2,\cdots,N\}$ 原问题中,定义组播网络中的惠特尔索引策略。下面将惠特尔索引策略简写为 WI。

定义 3.20 惠特尔索引策略。在每个时隙 t,惠特尔索引策略选择$C_i(\Delta_i(t))$最大的链路 i 传输。若多条链路$C_i(\Delta_i(t))$值相同,则随机选择链路进行传输。

需要注意的是,网络中不会产生任何附加传输成本。索引$C_i(\Delta_i(t))$用来区分链路的优先级。索引$C_i(\Delta_i(t))$表示链路 i 在时隙 t 愿意付出的代价。直观上可知,通过选择$C_i(\Delta_i(t))$最高的链路,惠特尔索引策略做出了最有价值的选择。

惠特尔索引策略和最大权值策略十分相似。惠特尔索引策略和最大权值策略[①]中链路 i 的优先级分别为

$$w_i p_i\Delta_i^2(t)+w_i p_i\left(\frac{2}{p_i}-1\right),w_i p_i\Delta_i^2(t)$$

---

① 根据 $\tilde{\alpha}_i p_i\Delta_i(t)$,最大权值策略中链路 i 的优先级为 $\tilde{\alpha}_i=\sqrt{w_i/p_i}$,等价于 $w_i p_i\Delta_i^2(t)$。

此外，当网络对称时，这两种策略都可简化为最大年龄优先策略，即当$w_i = w$，$p_i = p$时，WI 策略和 MW 策略均具有信息年龄最优性。下面给出了w_i和p_i不同的一般网络中惠特尔索引策略的性能保证因子ρ^{WI}。

定理3.21 惠特尔索引策略性能。考虑参数为(N,p_i,w_i)的无线时间范围广播网络。惠特尔索引策略是ρ^{WI}最优的，其中，

$$\rho^{\mathrm{WI}} = 4\frac{\left(\overline{\mathbb{M}}\left[\sqrt{\frac{w_i}{p_i}}\left(\frac{\sqrt{2}}{p_i}+\frac{1}{\sqrt{2}}\right)\right]\right)^2}{\left(\overline{\mathbb{M}}\left[\sqrt{\frac{w_i}{p_i}}\right]\right)^2+\frac{1}{N}\overline{\mathbb{M}}[w_i]} \tag{3.59}$$

文献[47]附录 H 中给出了定理3.21 的详细证明。性能保证因子根据$\rho^{\mathrm{WI}} = U_{\mathrm{B}}^{\mathrm{WI}}/L_{\mathrm{B}}$ 计算得到，其中分母为式(3.16)中的全局下界，分子由文献[47]附录 H 中目标函数的上界 $U_{\mathrm{B}}^{\mathrm{WI}} \geqslant \lim_{T\to\infty}\mathbb{E}[J_T^{\mathrm{WI}}]$给出，其推导与文献[47]附录 H 中对定理3.16 中 ρ^{WI}的推导类似。下面，使用 MATLAB 仿真来评估本节中讨论的低复杂度调度策略的性能。

3.2.6 仿真结果

本节中，根据式(3.4)中的加权期望信息年龄对调度策略的性能进行了评估。比较了五种调度策略：①最大年龄优先策略；②参数为$\beta_i = \sqrt{w_i/p_i}$的随机策略；③参数为$\tilde{\alpha}_i = \sqrt{w_i/p_i}$的最大权值策略；④惠特尔索引策略；⑤动态规划算法。前四种调度策略对应的数值结果是通过仿真得到的，最后一种调度策略的结果是根据式(3.12)通过递归计算加权期望信息年龄得到的。根据定义，通过动态规划算法得到的性能为最优性能。

图3.6～图3.8 评估了各种网络设置中的调度策略性能。图3.6 考虑了一个双用户对称网络，总时隙数 $T = 500$，两条链路的权重$w_1 = w_2 = 1$，成功传输概率$p_1 = p_2 = p \in \{1/15, 2/15, \cdots, 14/15\}$。图3.7 考虑了一个双用户一般网络，总时隙数同样为 $T = 500$，两条链路成功传输概率相同，$p_1 = p_2 = p \in \{1/15, 2/15\cdots, 14/15\}$，但权重不同，$w_1 = 10$，$w_2 = 1$。图3.8 考虑了大规模网络，由于大规模网络下动态规划算法复杂度很高，因此用式(3.16)中的下界 L_{B} 替代动态规划算法性能。考虑网络中节点数按照 $N \in \{5, 10, \cdots, 45, 50\}$ 进行增加，总时隙数 $T = 1000$，链路成功传输概率$p_i = i/N(\forall i)$，所有链路权重相同为$w_i = 1$。所有仿真中信息年龄向量值初始均为$\boldsymbol{\Delta}_1 = [1, 1, \cdots, 1]^{\mathrm{T}}$。

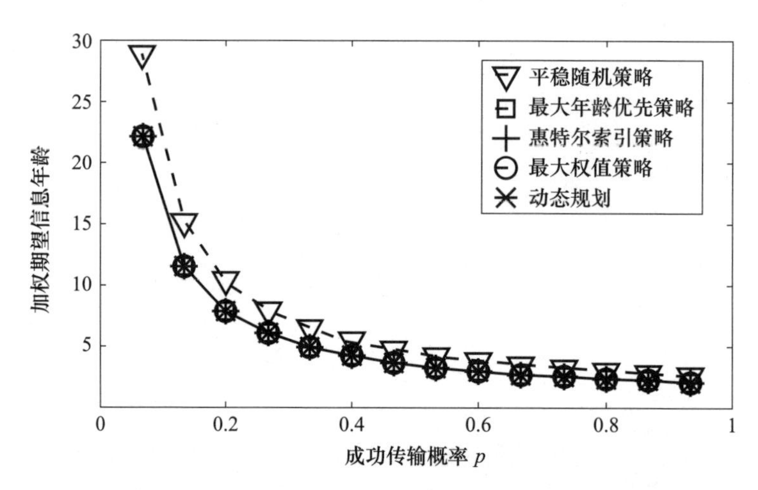

图 3.6 参数为 $T=500, \omega_i=1, p_i=p, \forall i$ 的双用户对称网络

每个策略在各成功传输概率 p 下的仿真结果是 1000 次运行的平均值。

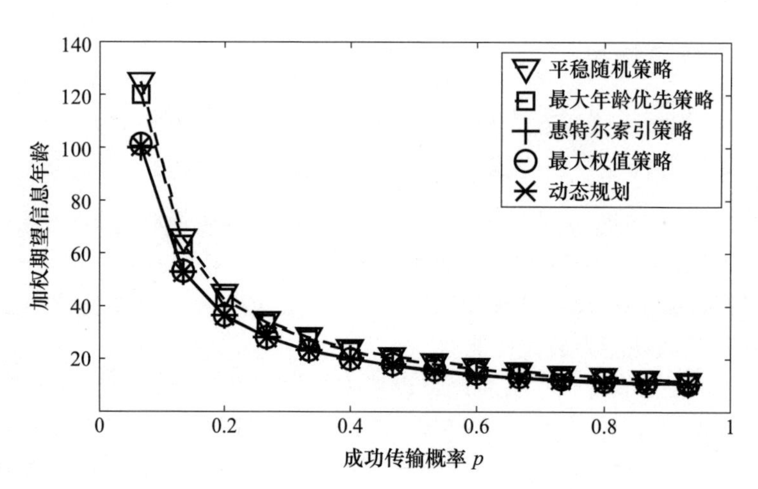

图 3.7 参数为 $T=500, \omega_1=10, \omega_2=1, p_i=p, \forall i$ 的双用户一般网络

每个策略在各成功传输概率 p 下的仿真结果是 1000 次运行的平均值。

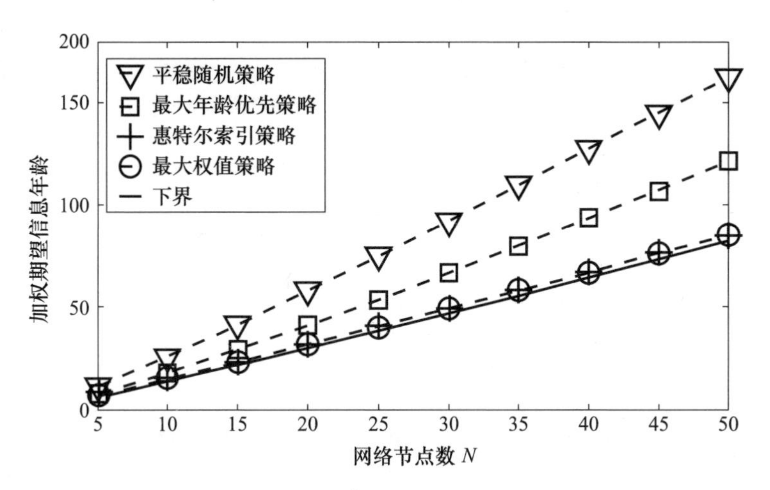

图 3.8　参数为 $T=100000, \omega_i=1, p_i=i/N, \forall i$ 的大规模网络

每个策略在各网络节点数 N 下的仿真结果是 10 次运行的平均值。

图 3.6 ~ 图 3.8 中的结果表明，最大权值策略和惠特尔索引策略在每种网络参数下的性能均与最优性能（动态规划算法）相当。图 3.6 中的结果证明了在对称网络下最大年龄优先策略、最大权值策略和惠特尔索引策略是最优的。图 3.7 和图 3.8 表明在一般网络下，最大权值策略和惠特尔索引策略的性能优于最大年龄优先策略和平稳随机策略。最大年龄优先策略、平稳随机策略、最大权值策略和惠特尔索引策略的一个重要特征是在大规模节点网络中，上述四种算法仍可以保持较低的计算复杂度。

3.2.7　小结

本节考虑一个单跳无线网络中包含一个基站和 N 个节点，通过不可靠链路共享时敏信息。对根据网络的加权期望信息年龄优化传输调度决策问题进行了建模。首先提出了动态规划算法，该方法的计算复杂度随 N 呈指数级增长，因此该算法只适用于有限时间范围的小规模网络。对于大规模网络，提出了四种低复杂度调度算法，并从信息新鲜度角度评估了它们的性能。主要结论如下。

（1）最大年龄优先策略对于所有链路具有相同可靠度 $p_i=p$ 和权重 $w_i=w$ 的对称网络具有信息年龄最优性，式(3.29)给出该策略的性能保证因子。

（2）参数为 $\beta_i=\sqrt{w_i/p_i}$ 的平稳随机策略对于任意网络配置为因子 2 最优。

（3）参数为 $\tilde{\alpha}_i=\sqrt{w_i/p_i}$ 的最大权值策略对于对称网络是最优的，对于任意网络参数为因子 2 最优。

（4）惠特尔索引策略对于对称网络具有信息年龄最优性，式(3.59)给出了该策略的性能保证因子。

仿真结果表明,最大权值策略和惠特尔索引策略在每种网络参数下都优于其他策略,且上述两种策略的性能与最优性能相当。

3.3 吞吐量约束下信息年龄优化

3.2 节讨论的调度算法为网络中的不同链路动态分配资源最小化网络信息年龄。根据网络参数和调度策略,一些链路可能会频繁激活,而另一些被激活次数可能很少。在传感器网络中,信息被传送到目的地的频率十分重要。比如,为了避免碰撞,测量燃料量的传感器比测量障碍物接近度的传感器更新频率需求(吞吐量)低。为了实现该需求,将最低吞吐量约束与网络中各节点关联。因此,除了提供新鲜信息外,调度策略还应该满足单个节点的吞吐量约束。

需要强调的是,高吞吐量并不能保证低信息年龄。低时延和传输的规律性对实现低信息年龄网络也是必要的。本节考虑不同节点存在最低吞吐量约束下的信息年龄最小化问题。首先推导出任意网络可实现信息年龄性能下限。随后提出两种低复杂度的传输调度策略,即平稳随机策略和漂移－惩罚策略,证明这两种策略可在满足吞吐量约束的同时,保证无线网络的时间平均信息年龄保持在最优值的 2 倍以内。

本节其余部分组织如下。3.3.1 节中给出最低吞吐量约束下的信息年龄最小化问题。3.3.2 节中对该问题的信息年龄下限进行推导。3.3.3 节提出解决该优化问题的平稳随机策略。3.3.4 节提出了可以实现信息年龄和吞吐量约束的漂移－惩罚策略。3.3.5 节对本章内容进行总结。

3.3.1 问题规划

与 3.1 节相同,考虑一个单跳无线网络,网络中包含一个基站和 N 个节点,通过不可靠链路共享时敏信息,如图 3.1 所示。传输调度策略 $\pi \in \Pi$ 控制基站不同时间 t 的决策 $\{v_i(t)\}_{i=1}^{N}$。$v_i(t) \in \{0,1\}$,当时隙 t 中基站选择链路 i 进行传输时,$v_i(t)=1$。$c_i(t) \in \{0,1\}$,当时隙 t 链路 i 状态好时,$c_i(t)=1$。$d_i(t) \in \{0,1\}$,当通过链路 i 进行一次成功的数据包传输时,$d_i(t)=1$。干扰约束 $\sum_{i=1}^{N} v_i(t) \leqslant 1$,$(\forall t \in \{1,\cdots,T\})$ 表明,在给定时隙 t,传输调度策略只能选择一条链路进行传输。信道状态过程对于时间和链路独立同分布,即 $\mathbb{P}[c_i(t)=1]=p_i$,$(\forall i,t)$。根据 $d_i(t)=c_i(t)v_i(t)$ 可知等式 $\mathbb{E}[d_i(t)]=p_i\mathbb{E}[v_i(t)]$ 成立。

定义一个严格大于零的实数 q_i 用于表示链路 i 的最低吞吐量约束。根据随机变量 $d_i^{\pi}(t)$,定义使用策略 π 时链路 i 上的长期平均吞吐量为

$$\hat{q}_i^\pi := \lim_{T\to\infty} \frac{1}{T}\sum_{t=1}^{T} \mathbb{E}[d_i^\pi(t)] \tag{3.60}$$

每条链路上的最低吞吐量约束可以表示为$\hat{q}_i^\pi \geqslant q_i(\forall i\in\{1,2,\cdots,N\})$。

假设$\{q_i\}_{i=1}^N$为最低吞吐量约束的可行集,即存在策略$\pi\in\Pi$,同时满足对于所有时间T的N个吞吐量约束。

备注 3.22 不等式

$$\sum_{i=1}^{N} \frac{q_i}{p_i} \leqslant 1 \tag{3.61}$$

是$\{q_i\}_{i=1}^N$为可行集的充分必要条件。

证明:首先证明必要性。将等式$\mathbb{E}[d_i(t)]=p_i\mathbb{E}[v_i(t)]$代入式(3.60)并对索引$i$求和,根据干扰约束可得

$$\sum_{i=1}^{N} \frac{q_i}{p_i} \leqslant \sum_{i=1}^{N} \frac{\hat{q}_i^\pi}{p_i} = \lim_{T\to\infty} \frac{1}{T}\sum_{i=1}^{N}\sum_{t=1}^{T} \mathbb{E}[v_i^\pi(t)] \leqslant 1 \tag{3.62}$$

其次证明充分性,当式(3.61)满足时,通过构建满足吞吐量约束的策略证明充分性,具体示例见3.3.3节。证毕。

本节中假设式(3.61)严格满足不等式。根据3.1节中对信息年龄的定义和3.3.1节中对吞吐量的定义,最低吞吐量约束下的信息年龄最小化问题为

$$\mathbb{E}[J^*] = \underset{\pi\in\Pi}{\mathrm{Min}}\left\{\lim_{T\to\infty} \frac{1}{TN}\sum_{t=1}^{T}\sum_{i=1}^{N} w_i\,\mathbb{E}[\Delta_i(t)]\right\} \tag{3.63a}$$

$$\text{s.t.}\quad \hat{q}_i^\pi \geqslant q_i(\forall i) \tag{3.63b}$$

$$\sum_{i=1}^{N} v_i(t) \leqslant 1(\forall i) \tag{3.63c}$$

根据式(3.63a)~式(3.63c)得到的调度策略具有信息年龄最优性。根据$\rho^\pi=U_B^\pi/\tilde{L}_B$比较不同调度策略的性能,其中$\tilde{L}_B$为优化问题式(3.63a)~式(3.63c)的全局下界,U_B^π为可行策略$\pi\in\Pi$的性能上界。可行策略为满足约束式(3.63b)~式(3.63c)的非预期策略。

3.3.2 全局下界

本节给出了优化问题式(3.63a)~式(3.63c)的全局下界。

定理 3.23 优化问题式(3.64a)~式(3.64c)给出了问题式(3.63a)~式(3.63c)的下界,即对所有参数为(N,p_i,q_i,w_i)的网络,存在$\tilde{L}_B\leqslant\mathbb{E}[J^*]$:

$$\widetilde{L}_{\mathrm{B}} = \operatorname*{Min}_{\pi \in \Pi}\left\{\frac{1}{2M}\sum_{i=1}^{N} w_i\left(\frac{1}{\hat{q}_i^{\pi}}+1\right)\right\} \tag{3.64a}$$

$$\text{s. t.} \quad \hat{q}_i^{\pi} \geqslant q_i(\forall i) \tag{3.64b}$$

$$\sum_{i=1}^{N} v_i(t) \leqslant 1(\forall k) \tag{3.64c}$$

证明:根据定理3.1证明中式(3.22)可知,式(3.63a)右侧可以写为

$$\begin{aligned}\lim_{T\to\infty} J_T^{\pi} &= \lim_{T\to\infty}\frac{1}{TN}\sum_{t=1}^{T}\sum_{i=1}^{N} w_i\,\Delta_i(t)\\ &= \frac{1}{2N}\sum_{i=1}^{N} w_i\left[\frac{\overline{\mathbb{M}}[I_i^2]}{\overline{\mathbb{M}}[I_i]}+1\right] \geqslant \frac{1}{2N}\sum_{i=1}^{N} w_i[\overline{\mathbb{M}}[I_i]+1](\text{w. p. }1)\end{aligned} \tag{3.65}$$

由于数据包到达时间间隔$\overline{\mathbb{M}}[I_i^2]$与吞吐量$\hat{q}_i^{\pi}$成反比,因此可以得到式(3.64a)。详细证明见文献[158]第三节。证毕。

注意式(3.64a)~式(3.64c)中的下界仅与策略$\boldsymbol{\pi}$对应的长期吞吐量有关。吞吐量$\hat{q}_i^{\pi} \in (0,1]$又仅与时间$T$内送达节点$i$处的数据包数量有关。推论3.27和算法3.1给出了该最小化问题的唯一解。下面利用下界证明平稳随机策略的紧最优比$\rho^R < 2$。

3.3.3 平稳随机策略

定义Π_R为平稳随机策略,定义$R \in \Pi_R$为根据概率$\{\mu_i\}_{i=1}^N$决策的一个平稳随机策略,其中$\mu_i = \mathbb{E}[v_i(t)] \in (0,1](\forall i, \forall t)$,$\mu_{\text{idle}} = 1 - \sum_{i=1}^{N}\mu_i$。

定义3.24 随机策略:随机策略下,在每个时隙t中,链路i以概率μ_i进行传输,以概率μ_{idle}保持空闲。

通过观察可知,Π_R中的策略均由调度概率$\{\mu_i\}_{i=1}^N$唯一确定。下面,在$\Pi_R \in \Pi$中确定作为优化问题式(3.63a)~式(3.63c)解的最优平稳随机策略R^*,并确定最优比ρ^R。

备注3.25 考虑一个调度概率为$\{\mu_i\}_{i=1}^N$的策略$R \in \Pi_R$。使用该策略的条件下,链路i的系统长期吞吐量和时间平均信息年龄期望分别为

$$\hat{q}_i^R = p_i\mu_i \tag{3.66}$$

$$\lim_{T\to\infty}\frac{1}{T}\sum_{t=1}^{T}\mathbb{E}[\Delta_i^R(t)]=\frac{1}{p_i\mu_i} \tag{3.67}$$

证明：任意给定时隙 t 内，若策略选择链路 i 进行传输，且传输成功，基站可以成功接收数据包。可以得到$\mathbb{E}[d_i^R(t)]=p_i\mu_i(\forall i,t)$。因此，基于式(3.60)中对吞吐量的定义和式(3.42)中对更新过程的定义，可以分别获得式(3.66)和式(3.67) 。

将备注3.25中的结论代入式(3.63a)～式(3.63c)中，可以得到优化变量可行集为 Π_R 的等价优化问题：

$$\mathbb{E}[J^{R*}]=\underset{R\in\Pi_R}{\text{Min}}\left\{\frac{1}{N}\sum_{i=1}^{N}\frac{w_i}{p_i\mu_i}\right\} \tag{3.68a}$$

$$\text{s. t.}\quad p_i\mu_i\geqslant q_i(\forall i) \tag{3.68b}$$

$$\sum_{i=1}^{N}\mu_i\leqslant 1 \tag{3.68c}$$

注意在平稳随机策略 Π_R 中，条件式(3.68c)与式(3.63c)等价。最优平稳随机策略R^*由作为式(3.68a)～式(3.68c)解的$\{\mu_i^*\}_{i=1}^{N}$唯一确定。

定理3.26 策略R^*的优化比。策略R^*的优化比$\rho^R<2$，即对于任意广播无线网络，最优平稳随机策略可以保证无线网络的时间平均信息年龄保持在最优值的两倍内。

证明：定义$\hat{q}_i^{\mathrm{L}}$ 为求解问题式(3.68a)～式(3.68c)获得的吞吐量下界。考虑策略 $R\in\Pi_R$ 下每条链路 i 上的长期吞吐量为$\hat{q}_i^R=p_i\mu_i=\hat{q}_i^{\mathrm{L}}$。因为$\hat{q}_i^R=\hat{q}_i^{\mathrm{L}}$，策略 R 满足吞吐量限制。比较式(3.64a)中的 $\tilde{L}_{\mathrm{B}}$ 和策略 R 下的目标函数$\mathbb{E}[J^R]$，不等式(3.69)成立

$$\frac{\mathbb{E}[J^R]}{2}<\tilde{L}_{\mathrm{B}}\rightarrow\rho^R=\frac{\mathbb{E}[J^{R*}]}{\mathbb{E}[J^*]}\leqslant\frac{\mathbb{E}[J^R]}{\tilde{L}_{\mathrm{B}}}<2 \tag{3.69}$$

其中，$\mathbb{E}[J^*]$根据式(3.63a)得到，$\mathbb{E}[J^{R*}]$根据式(3.68a)得到。不等式 $\tilde{L}_{\mathrm{B}}\leqslant\mathbb{E}[J^*]\leqslant\mathbb{E}[J^{R*}]\leqslant\mathbb{E}[J^R]$成立。证毕。

推论3.27 最优平稳随机策略R^*是下界问题式(3.64a)～式(3.64c)的解。

证明：根据定理3.26，等式$\hat{q}_i^R=p_i\mu_i=\hat{q}_i^{\mathrm{L}}$ 成立，即最优随机策略问题式(3.68a)～式(3.68c)的解同时也是下界问题式(3.64a)～式(3.64c)的解。

定理 3.28 最优平稳随机策略。通过算法 3.1 获得的调度概率 $\{\mu_i^*\}_{i=1}^N$ 是式(3.68a)~式(3.68c)的唯一解，该调度概率唯一确定了平稳随机策略 R^*。

证明：分析卡罗需－库恩－塔克(Karush－Kuhn－Tucker，KKT)条件以确定优化问题式(3.68a)~式(3.68c)最优解对应的调度概率集合 $\{\mu_i^*\}_{i=1}^N$。定义 $\{\lambda_i\}_{i=1}^N$ 为与式(3.68b)松弛表达式对应的 KKT 乘子，γ 为与式(3.68c)松弛表达式对应的乘子。当满足 $\lambda_i \geqslant 0, \gamma \geqslant 0, \mu_i \in [q_i/p_i, 1] (\forall i)$ 时，定义

$$\mathcal{L}(\mu_i, \lambda_i, \gamma) = \frac{1}{N}\sum_{i=1}^N \frac{w_i}{p_i \mu_i} + \sum_{i=1}^N \lambda_i (q_i - p_i \mu_i) + \gamma\left(\sum_{i=1}^N \mu_i - 1\right) \tag{3.70}$$

其他情况下定义 $\mathcal{L}(\mu_i, \lambda_i, \gamma) = +\infty$。因此，KKT 条件描述如下。

(1) 平稳性：$\nabla_{\mu_i}\mathcal{L}(\mu_i, \lambda_i, \gamma) = 0$；

(2) 乘 γ 互补松弛性：$\gamma\left(\sum_{i=1}^N \mu_i - 1\right) = 0$；

(3) 乘 λ_i 互补松弛性：$\lambda_i(q_i - p_i\mu_i) = 0 (\forall i)$；

(4) 初始可行性：$p_i \mu_i \geqslant q_i (\forall i), \sum_{i=1}^N \mu_i \leqslant 1$；

(5) 对偶可行性：$\lambda_i \geqslant 0, \gamma \geqslant 0$。

由于 q_i 严格大于 0，函数 $\mathcal{L}(\mu_i, \lambda_i, \gamma)$ 在可行区间 $\mu_i \in [q_i/p_i, 1]$ 内为凸函数。因此，满足所有 KKT 条件的向量 $(\{\mu_i^*\}_{i=1}^N, \{\lambda_i^*\}_{i=1}^N, \gamma^*)$ 唯一。因此，使式(3.68a)~式(3.68c)最优的调度策略 $R^* \in \Pi_R$ 唯一由 $\{\mu_i^*\}_{i=1}^N$ 确定。下面确定向量 $(\{\mu_i^*\}_{i=1}^N, \{\lambda_i^*\}_{i=1}^N, \gamma^*)$。

为满足平稳性，等式 $\nabla_{\mu_i}\mathcal{L}(\mu_i, \lambda_i, \gamma) = 0$ 成立，计算函数 $\mathcal{L}(\mu_i, \lambda_i, \gamma)$ 对 μ_i 的偏导数，可以得出：

$$\frac{w_i}{N p_i \mu_i^2} + \lambda_i p_i = \gamma (\forall i) \tag{3.71}$$

根据互补松弛性 $\gamma\left(\sum_{i=1}^N \mu_i - 1\right) = 0$ 可以得到，$\gamma = 0$ 或 $\sum_{i=1}^N \mu_i = 1$ 成立。式(3.71)表明仅当 $\lambda_i = 1$ 且 $\mu_i \to \infty$ 时，$\gamma = 0$ 成立，与 $\mu_i \in [q_i/p_i, 1]$ 矛盾。因此可以得出：

$$\gamma > 0, \quad \sum_{i=1}^N \mu_i = 1 \tag{3.72}$$

注意 $\sum_{i=1}^N \mu_i = 1$ 意味着 $\mu_{\text{idle}} = 0$。

基于对偶可行性 $\lambda_i \geqslant 0$，可将链路 $i \in \{1, 2, \cdots, N\}$ 分为 $\lambda_i > 0$ 和 $\lambda_i = 0$ 两类。

（1）满足$\lambda_i>0$的链路i。根据互补松弛性$\lambda_i(q_i-p_i\mu_i)=0$可知：

$$\mu_i=\frac{q_i}{p_i} \tag{3.73}$$

将μ_i值代入式(3.71)可以得到不等式$\lambda_i p_i=\gamma-\gamma_i>0$，其中定义常数为

$$\gamma_i:=\frac{\omega_i p_i}{N q_i^2} \tag{3.74}$$

（2）满足$\lambda_i=0$的链路i。根据式(3.71)可以得到：

$$\gamma=\gamma_i\left(\frac{q_i}{p_i\mu_i}\right)^2\rightarrow\mu_i=\frac{q_i}{p_i}\sqrt{\frac{\gamma_i}{\gamma}} \tag{3.75}$$

对于任意固定的$\gamma>0$，选择链路i进行传输的概率为

$$\mu_i=\frac{q_i}{p_i}\max\left\{1,\sqrt{\frac{\gamma_i}{\gamma}}\right\} \tag{3.76}$$

随着$\gamma>0$取值递减，概率μ_i保持不变或增加。下面给出确定使得对应的概率集合$\{\mu_i^*\}_{i=1}^N$满足条件$\sum_{i=1}^N\mu_i^*=1$的最优值γ^*的方法。

γ^*求解算法：从$\gamma=\max\gamma_i$开始。根据式(3.76)，各链路的传输概率为$\mu_i=\frac{q_i}{p_i}$。根据式(3.61)的可行性条件，可以得到：

$$\sum_{i=1}^N\mu_i=\sum_{i=1}^N\frac{q_i}{p_i}\leqslant 1 \tag{3.77}$$

然后，逐渐降低γ的取值，并根据式(3.76)调整$\{\mu_i^*\}_{i=1}^N$的取值，可以获得唯一满足等式$\sum_{i=1}^N\mu_{i=1}^*=1$的$\gamma^*$。因为当$\gamma\rightarrow 0$时，$\sum_{i=1}^N\mu_{i=1}^*\rightarrow\infty$，因此$\gamma^*$的解存在。$\gamma^*$的唯一性可根据$\mu$对于$\gamma$的单调性获得。具体步骤描述见算法3.1和图3.9。

算法3.1 满足KKT条件的唯一解

1：$\gamma_i\leftarrow w_i p_i/N q_i^2,\ \forall i\in\{1,2,\cdots,N\}$

2：$\gamma\leftarrow\max_i\{\gamma_i\}$

3：$\mu_i\leftarrow(q_i/p_i)\max\{1,\sqrt{\gamma_i/\gamma}\},\ \forall i$

4：$S\leftarrow\mu_1+\mu_2+\cdots+\mu_M$

5：当$S<1$循环执行

6：逐渐降低γ

7：重复第3步和第4步，更新μ_i和S

8：$\mu_i^*=\mu_i,\ \forall i,\gamma^*=\gamma$

9：输出$(\mu_1^*,\mu_2^*,\cdots,\mu_M^*,\gamma^*)$

算法3.1的输出为调度概率集合$\{\mu_i^*\}_{i=1}^N$和参数γ^*。集合$\{\lambda_i^*\}_{i=1}^N$可以根据式(3.71)获得。至此可确定满足KKT条件的唯一向量($\{\mu_i^*\}_{i=1}^N,\{\lambda_i^*\}_{i=1}^N,\gamma^*$)。证毕。

为了满足式(3.68b)的吞吐量约束,每个可行策略Π_R中链路i的发送概率为$\mu_i \geqslant q_i/p_i$。不同策略Π_R之间不同部分是如何在链路间分配剩余资源$1-\sum_{i=1}^N q_i/p_i$。根据算法3.1,最优随机策略R^*为γ_i值高的链路,即高优先级w_i链路和低q_i/p_i链路提供额外资源,即对应链路$\mu_i^* > q_i/p_i$。如果q_i/p_i低的链路仅可得到最低限度的链路资源,则该链路的传输机会少,对应信息年龄值高;相反,策略R^*仅为低优先级w_i链路和高q_i/p_i链路提供最低限度资源$\mu_i^* = q_i/p_i$。

注意在极限$q_i \to 0(\forall i)$中,算法3.1结果与推论3.13相同。对于任意低q_i值,γ_i值较高,所有链路调度概率为

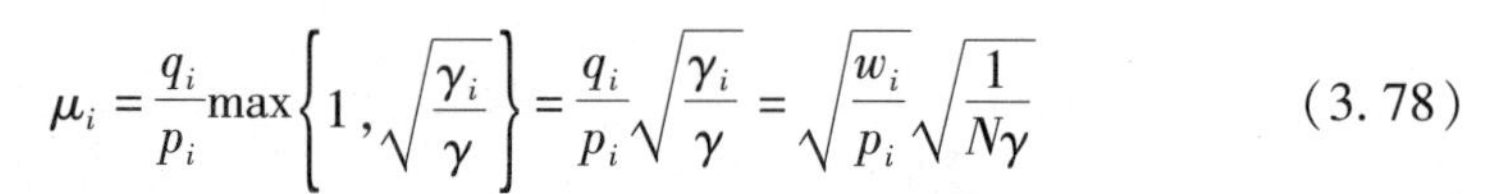

$$\mu_i = \frac{q_i}{p_i}\max\left\{1,\sqrt{\frac{\gamma_i}{\gamma}}\right\} = \frac{q_i}{p_i}\sqrt{\frac{\gamma_i}{\gamma}} = \sqrt{\frac{w_i}{p_i}}\sqrt{\frac{1}{N\gamma}} \tag{3.78}$$

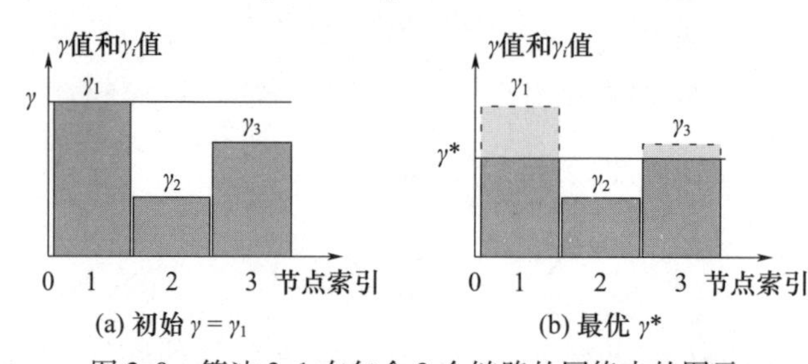

(a) 初始 $\gamma=\gamma_1$　　(b) 最优 γ^*

图3.9　算法3.1在包含3个链路的网络中的图示

(a)图中初始值$\gamma=\max_i\{\gamma_i\}$。(b)图中,最优值$\gamma^*$意味着在策略$R^*$下,链路2将以所需的最小调度概率$\mu_2 = q_2/p_2$运行,而其他两个链路将以大于最小值的调度概率运行。

网络中各个链路调度概率的和仅当等式(3.79)成立时为1,即满足$\sum_{i=1}^N \mu_{i=1}^* = 1$:

$$\mu_i^* = \sqrt{\frac{w_i}{p_i}} \Big/ \sum_{j=1}^N \sqrt{\frac{w_j}{p_j}}\ (\forall i) \tag{3.79}$$

式(3.79)中的调度概率与推论3.13中的调度概率相同。

本节中对平稳随机策略$R \in \Pi_R$进行了讨论。这种策略按照算法3.1中离线计算静态概率$\{\mu_i^*\}_{i=1}^N$随机选择链路进行传输。尽管这种策略十分简单,但R^*满足每个可行集$\{q_i^*\}_{i=1}^N$中的吞吐量约束,且该策略可以在任意网络参数(N,p_i,q_i,w_i)下的信息年龄具有因子2最优性。下节中设计了一种利用$\Delta_i(t)$

信息进行决策的调度策略,以自适应方式选择链路。

3.3.4 漂移－惩罚策略

漂移－惩罚策略与3.2.4节中的最大权值策略原理相似。这两种策略的主要区别在于,漂移－惩罚策略旨在减少李雅普诺夫漂移和惩罚函数的总和,而最大权值策略仅减少李雅普诺夫漂移。这种差异允许漂移－惩罚策略在满足吞吐量要求的同时实现更好的信息年龄性能。在介绍漂移－惩罚政策之前,首先对吞吐量债务、增强网络状态、李雅普诺夫函数和李雅普诺夫漂移概念进行介绍。需要注意的是,本节中的上述概念与3.2.4节中的定义有所不同。

定义$x_i(t)$为时隙t开始时,链路i上的吞吐量债务。

$$x_i(t+1) = tq_i - \sum_{\tau=1}^{t} d_i(\tau) \tag{3.80}$$

式中:tq_i的值为时隙$t+1$时需要通过链路i传输的最小数据包数目;$\sum_{\tau=1}^{t} d_i(\tau)$为时隙$t+1$实际通过链路$i$传输的数据包数目。定义符号$(\cdot)^+ = \max\{(\cdot),0\}$表示标量正值。$x_i^+(t) = \max\{x_i(t),0\}$表示在调度策略$\pi \in \Pi$中,链路$i$在吞吐量方面的落后程度。根据文献[151]中定理2.8,过程$x_i^+(t)$的强稳定性,即

$$\lim_{T\to\infty} \frac{1}{T}\sum_{t=1}^{T} \mathbb{E}[x_i^+(t)] < \infty \tag{3.81}$$

足以建立最低吞吐量约束$\hat{q}_i^{\pi} \geqslant q_i$。

使用$S(t) = (\Delta_i(t), x_i^+(t))_{i=1}^{N}$表示时隙$t$开始处的扩展网络状态,定义惩罚函数为

$$P'(S(t)) := \frac{1}{2}\sum_{i=1}^{N} \tilde{\alpha}_i \, \mathbb{E}[\Delta_i(t+1) \mid S(t)] \tag{3.82}$$

其中,$\tilde{\alpha}_i > 0$为用户调节漂移－惩罚策略的性能辅助参数。当链路信息年龄大时,$P'(S(t))$的值同样大。定义李雅普诺夫函数为

$$L'(S(t)) := \frac{V'}{2}\sum_{i=1}^{N} (x_i^+(t))^2 \tag{3.83}$$

式中:V'为严格大于0的正数,表示吞吐量限制的重要程度。注意与式(3.45)中定义的李雅普诺夫函数不同,式(3.83)中李雅普诺夫函数与$\Delta_i(t)$无关。这是因为惩罚函数中已经考虑了信息年龄因素。与式(3.46)相似,定义单时隙李雅普诺夫漂移为

$$\Phi'(S(t)) := \mathbb{E}[L'(S(t+1)) - L'(S(t)) \mid S(t)] \tag{3.84}$$

漂移－惩罚策略旨在最小化每个时隙t中漂移和惩罚函数和$\Phi'(S(t)) + P'(S(t))$的上界。上界可以根据式(3.82)和式(3.83)得到,表达式为

$$\Phi'(S(t)) + P'(S(t)) \leqslant -\sum_{i=1}^{N} \mathbb{E}[v_i(t) \mid S(t)]W'_i(t) + B'(t) \tag{3.85}$$

其中,$W'(t)$和$B'(t)$表示为

$$W'_i(t) = \frac{\widetilde{\alpha}_i p_i}{2}\Delta_i(t) + V' p_i x_i^+(t) \tag{3.86}$$

$$B'(t) = \sum_{i=1}^{N}\left\{\frac{\widetilde{\alpha}_i}{2}(\Delta_i(t) + 1) + V' x_i^+(t) q_i + \frac{V'}{2}\right\} \tag{3.87}$$

对于任意可行策略,$W'(t)$和$B'(t)$均可通过简单计算得到,因此可以利用$W'(t)$和$B'(t)$制定调度决策。式(3.87)中$B'(t)$的值不会被$v_i(t)$的选择影响。漂移－惩罚策略旨在最小化每个时隙 t 中式(3.85)的上限。后续章节中用 DPP 表示漂移－惩罚策略。

定义 3.29 漂移－惩罚策略。漂移－惩罚策略下,在时隙 t,选择$W'_i(t)$最大的链路 i 进行传输。若存在多条链路$W'_i(t)$相等,选择任意链路进行传输。

定理 3.30 漂移－惩罚策略满足任意可行的最低吞吐量要求$\{q_i\}_{i=1}^{N}$。

定理 3.31 漂移－惩罚策略的最优比。对于任意参数为(N, p_i, q_i, w_i)的无线广播网络,令$\widetilde{\alpha}_i = w_i/\mu_i^* p_i (\forall i)$,漂移－惩罚策略的最优比满足:

$$\rho^{\mathrm{DPP}} \leqslant 2 + \frac{1}{\widetilde{L}_B}\left(V' - \frac{1}{N}\sum_{i=1}^{N} w_i\right) \tag{3.88}$$

此外,当 $V' \leqslant \frac{1}{N}\sum_{i=1}^{N} w_i$,漂移－惩罚策略为因子 2 最优。

文献[158]附录 E 和附录 F 中分别给出了定理 3.30 和定理 3.31 的详细证明。注意,根据式(3.86)中$W'_i(t)$的表达式可知,增加V'值可使吞吐量赤字最小化问题的优先级高于信息年龄最小化问题。上述结论在式(3.88)ρ^{DPP}的表达中有所体现,V'值越大,信息新鲜度的性能保证因子越宽松。

式(3.83)中二次李雅普诺夫函数在证明漂移－惩罚策略满足约束$\{q_i\}_{i=1}^{N}$上有着至关重要的作用。式(3.82)中与$\Delta_i(t)$呈线性关系的惩罚函数证明漂移－惩罚策略为因子 2 最优。3.2.4 节中的最大权值策略与年龄$\Delta_i(t)$呈线性关系,具有因子 2 最优性。比较定理 3.16 和定理 3.31,可以观察到这两个策略的相似性。特别地,当极限$q_i \to 0 (\forall i)$时,吞吐量债务$x_i^+(t) = 0 (\forall i, \forall t)$。所以,漂移－惩罚策略根据$W'_i(t) = \widetilde{\alpha}_i p_i \Delta_i(t)/2$ 选择链路进行传输,与最大权值策略

中根据$W'_i(t) = \sqrt{w_i p_i}\Delta_i(t)$选择链路进行传输相同。此时漂移 – 惩罚策略等价于最大权值策略。

3.3.5　小结

本节考虑一个单跳无线网络中包含一个基站和 N 个节点,通过不可靠无线链路共享时敏信息,考虑网络中不同节点存在最低吞吐量约束的情况。首先,推导出任意网络可实现的信息年龄性能下限。然后,提出了两种低复杂度的传输调度策略,即随机策略和漂移 – 惩罚策略,表明两者均可在满足最低吞吐量约束的情况下,保证无线网络的时间平均信息年龄在最低值的 2 倍以内。

3.4　随机到达网络信息年龄

考虑一个单跳无线网络中包含一个基站和许多节点,通过不可靠无线链路共享时敏信息,如图 3.10 所示。与 3.1 节 ~ 3.3 节的关键不同点是,本节假设新鲜数据包不能按需生成。来自每个流的数据包根据随机过程到达,并在单独流队列中排队。排队规则控制队列内部数据包传输规则。调度策略在每个时间 t 决定将数据包传输至目的地节点的传输队列。本节的目标是制定调度策略,使各个目的地的信息保持新鲜,实现网络信息年龄最优。

3.2.2 节网络为对称网络①,且数据包在可按需生成条件下,最优调度策略选择信息年龄最大,即 $\mathrm{argmax}\{\Delta_i(t)\}$ 的链路进行传输。该调度策略是最优的,因为它在所有队列中最大限度地降低了信息年龄。但是,当数据包随机生成时,队列中可能没有新的数据包用于传输。因此,调度策略必须同时考虑目的地节点处的信息年龄和各队列中可用于传输的数据包时间戳。比如,考虑一个具有两个业务流和两个目的地节点的简单网络。假设在时间 t,每个业务流中都有一个数据包。业务流 1 中的包是 30ms 前产生的,业务流 2 中的包是 10ms 前产生的。假设当前目的地节点处的信息年龄分别为$\Delta_1(t) = 50\text{ms}$,$\Delta_2(t) = 40\text{ms}$。最大年龄优先策略会选择业务流 1 中的包进行传输,并使$\Delta_1(t)$从 50ms 降低 $50 - 30 = 20(\text{ms})$;也会选择业务流 2 进行传输,使$\Delta_2(t)$从 40ms 降低 $40 - 10 = 30(\text{ms})$。因此,为减小长期平均信息年龄,最优策略选择业务流 2 进行传输。上述示例中很容易确定最优调度决策。一般来说,设计合理的传输调度策略来保持信息新鲜是具有挑战性的任务,需要考虑数据包到达过程、排队规则和无线信道的条件。

① 对称网络中所有节点拥有相同的权重 $w_i = w$ 和成功传输概率 $p_i = p$。

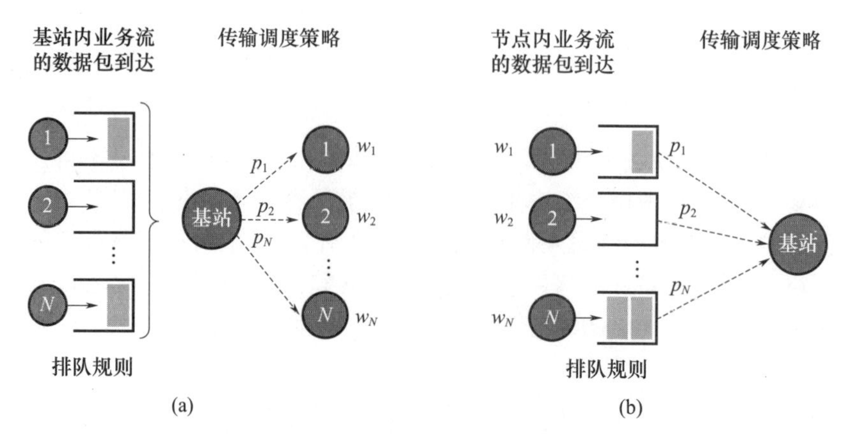

图 3.10 单跳无线网络示意图

(a)图为一个下行链路网络,包含多条业务流的节点为多个目的地节点提供服务;(b)图为一个上行链路网络,其中有多个源节点将不同的业务流中数据传输到基站。本节网络模型包含上述两种情况。

本节解决了在具有随机数据包到达和在三种常见排队规则下运行的不可靠信道的网络中链路调度优化问题,给出了任意给定网络运行方式和任意排队规则下网络可达到的信息年龄性能下界。本节考虑三种常见的排队规则,针对每种规则提出了相应平稳随机策略和最大权值策略,评估随机到达、排队规则和调度策略对信息年龄的综合影响。通过理论分析和数值仿真对所提策略进行评估。数值结果表明,最大权值策略的性能接近性能下界。

本节其余部分组织结构如下。3.4.1 节描述了网络模型。3.4.2 节给出了信息年龄最小化问题性能全局下界。3.4.3 节提出每种排队规则下最优平稳随机策略,并对各种策略下信息年龄性能进行分析。3.4.4 节提出每种排队规则下的最大权值策略,给出了各种策略下的信息年龄性能保证因子。3.4.5 节给出了数值仿真结果。3.4.6 节中进行了小结。

3.4.1 问题构建

考虑一个单跳无线网络中包含一个基站和 N 个节点,通过不可靠无线链路共享时敏信息,如图 3.10 所示。在每个时隙 t 的开始,业务流 $i \in \{1,2,\cdots,N\}$ 中的数据包以概率$\lambda_i \in (0,1]$($\forall i$)到达系统。定义指示函数$a_i(t) \in \{0,1\}$,当时隙 t 有新的数据包到达 i 时$a_i(t)=1$,否则$a_i(t)=0$。该到达过程为关于时间和队列独立同分布的伯努利随机过程,$\mathbb{P}[a_i=1]=\lambda_i(\forall i,t)$。

第 i 个业务流产生的消息被放入队列 i 进行排队。定义队头数据包集合表

示在时隙 t 时,所有队列中可被基站传输的数据包集合。根据排队规则,队列可分为三种。

(1) 先到达先服务队列。该规则下数据包的服务顺序与到达顺序相同,在时隙 t,队头数据包中的数据包为各个队列中最陈旧的数据包。这是一种广泛应用于通信系统中的标准排队规则。

(2) 单包队列。该规则下当新数据包到达时,来自同一个流的旧包从队列中丢弃。该规则下时隙 t 中,队头数据包中的包是每个队列中最新的(最近生成的)数据包。众所周知,这种排队规则可以在各种情况下最小化信息年龄。从信息年龄的角度来看,单包队列相当于后到达先服务队列。

(3) 无队列。数据包只能在它们到达的时隙内传输。时隙 t 中,队头数据包中的数据包根据集合 $\{i | a_i(t)=1\}$ 确定。

定义 $z_i(t)$ 表示在时隙 t 的开始,队列 i 中队头数据包集合中数据包的系统时间。根据定义,$z_i(t):=t-U_i^{\mathrm{A}}(t)$,其中 $U_i^{\mathrm{A}}(t)$ 为队列 i 中队头数据包的到达时间。只有队头数据包变化时,即当前队头数据包被传输或被丢弃并且在同一队列中有其余数据包,或者当队列为空并且新的数据包到达时,$U_i^{\mathrm{A}}(t)$ 才会变化。当队列为空时,$z_i(t)$ 的定义不存在。

定义 $z_i^{\mathrm{F}}(t)$、$z_i^{\mathrm{S}}(t)$ 和 $z_i^{\mathrm{N}}(t)$ 分别表示先到达先服务队列、单包队列和无队列的系统时间。对于三种情况,只要定义存在,系统时间会根据等式 $z_i(t):=t-U_i^{\mathrm{A}}(t)$ 动态变化。根据不同排队规则,$z_i^{\mathrm{S}}(t)$ 的变化规则可总结为

$$z_i^{\mathrm{S}}(t)=\begin{cases}0, & a_i(t)=1\\ z_i^{\mathrm{S}}(t-1)+1, & \text{其他情况}\end{cases} \tag{3.89}$$

$z_i^{\mathrm{N}}(t)$ 的变化规则可以总结为:当有数据包到达时($a_i(t)=1$ 时),$z_i^{\mathrm{N}}(t)=0$;否则 $z_i^{\mathrm{N}}(t)$ 定义不存在。相反地,因为 $z_i^{\mathrm{F}}(t)$ 的变化取决于队列中包的到达时间和服务时间,因此无法将其简化表达。

在各时隙 t,基站选择保持空闲,或者在队头数据包中选择一个业务流对应的数据包并将其发送至目的地。定义 $v_i(t)\in\{0,1\}$ 为指示函数,当 $v_i(t)=1$ 时表示基站在时隙 t 选择业务流 i 进行传输,否则 $v_i(t)=0$①。在每个时隙 t,基站最多可以传输一个数据包,因此不等式(3.90)成立:

$$\sum_{i=1}^{N} v_i(t)\leqslant 1(\forall t) \tag{3.90}$$

传输调度策略控制基站处的决策序列 $\{v_i(t)\}_{i=1}^{N}$。

① 在前面章节中,当基站选择业务流 i 时,会有一个新的数据包产生。但是,当数据包随机生成时,基站选择的流可能没有可传输的数据包。注意只有时隙 t,业务流 i 中数据包成功传输时,才会有 $v_i(t)=1$。

定义$c_i(t)\in\{0,1\}$表示时隙 t 时，基站与目的地节点 i 间的信道状态。当信道状态好时，$c_i(t)=1$；当信道状态差时，$c_i(t)=0$。信道状态对于不同时间和不同目的地节点独立同分布，有$\mathbb{P}[c_i(t)=1]=p_i(\forall i,t)$。

定义$d_i(t)\in\{0,1\}$为指示函数，当在时隙 t 目的地节点 i 成功接收数据包时，$d_i(t)=1$；否则$d_i(t)=0$。目的地节点 i 仅当信道状态好，且在时隙 t，基站选择流 i 的队头数据包进行传输时，可以成功接收数据包。因此$d_i(t)=c_i(t)v_i(t)(\forall i,t)$。此外，因为基站在进行决策时不知道信道状态，因此$v_i(t)$与$c_i(t)$相互独立，等式(3.91)成立：

$$\mathbb{E}[d_i(t)]=p_i\mathbb{E}[v_i(t)](\forall i,t) \tag{3.91}$$

本节中考虑的调度策略是非预期策略，即调度策略不利用未来信息进行调度决策。定义 Π 为非预期策略集合，$\pi\in\Pi$ 为任意可行策略。本节的目标是提出可最小化网络信息年龄的调度策略 π。下面给出信息年龄最小化问题。

定义$\Delta_i(t)$为时隙 t 的开始，目的地节点 i 处的信息年龄。根据定义，$\Delta_i(t):=t-U_i^{\mathrm{D}}(t)$，其中 $U_i^{\mathrm{D}}(t)$为时隙 t 之前，目的地节点 i 处最新到达的数据包到达队列的时间。如果时隙 t 期间，目的地节点 i 收到了系统时间为 $z_i(t)=t-U_i^{\mathrm{A}}(t)$的数据包，其中 $U_i^{\mathrm{A}}(t)>U_i^{\mathrm{D}}(t)$，在下一个时隙，信息年龄更新为$\Delta_i(t+1)=z_i(t)+1$。如果在时隙 t 期间，目的地节点 i 没有接收到更新数据包，则目的地节点处的信息变旧一个时隙，即$\Delta_i(t+1)=\Delta_i(t)+1$。本节中所考虑的 3 个排队规则选择的队头数据包的新鲜度是增加的，即 $U_i^{\mathrm{A}}(t)>U_i^{\mathrm{D}}(t)$对于任意数据包成立①。因此信息年龄变化趋势如下：

$$\Delta_i(t+1)=\begin{cases}z_i(t)+1, & d_i(t)=1\\ \Delta_i(t)+1, & \text{其他情况}\end{cases} \tag{3.92}$$

为不失一般性，假设$\Delta_i(1)=1,z_i(0)=0(\forall i)$。将$z_i^{\mathrm{F}}(t)$、$z_i^{\mathrm{S}}(t)$和$z_i^{\mathrm{N}}(t)$代入式(3.92)中，可以得到先到达先服务、单包队列和无队列三种排队规则下的信息年龄变化情况。图 3.11 对单包队列下$\Delta_i(t)$和$z_i(t)$的变化情况进行了说明。

目的地节点 i 处的时间平均信息年龄可以表示为 $\mathbb{E}\left[\sum_{t=1}^{T}\Delta_i(t)\right]/T$。为衡量采用调度策略 $\pi\in\Pi$ 时，网络信息的新鲜度，定义时间范围趋于无穷时的加权期望信息年龄为

$$\mathbb{E}[J^{\pi}]=\lim_{T\to\infty}\frac{1}{TN}\sum_{t=1}^{T}\sum_{i=1}^{N}w_i\,\mathbb{E}[\Delta_i^{\pi}(t)] \tag{3.93}$$

---

① 后到达先服务排队规则不满足 $U_i^{\mathrm{A}}(t)>U_i^{\mathrm{D}}(t)$。当满足 $U_i^{\mathrm{A}}(t)\leqslant U_i^{\mathrm{D}}(t)$的旧包被送达目的地节点时，对应的信息年龄不会减少，网络相当于没有数据包到达。因此，从信息年龄的角度看，后到达先服务队列排队规则相当于单包队列排队规则。

式中：w_i为正实数，表示业务流 i 的优先级。定义信息年龄最优调度策略$\pi^* \in \Pi$ 可以实现加权期望信息年龄最小，即

$$\mathbb{E}[J^*] = \min_{\pi \in \Pi} \mathbb{E}[J^\pi] \tag{3.94}$$

式中：$\mathbb{E}[\cdot]$是关于网络信道状态$c_i(t)$、调度决策$v_i(t)$和到达过程$a_i(t)$的期望。下面对长期平均吞吐量和先到达先服务队列的稳定性进行介绍。

1）长期平均吞吐量

根据3.3.1节，目的地节点 i 处的长期平均吞吐量定义为

$$\hat{q}_i^\pi := \lim_{T\to\infty} \frac{1}{T}\sum_{t=1}^{T} \mathbb{E}[d_i^\pi(t)] \tag{3.95}$$

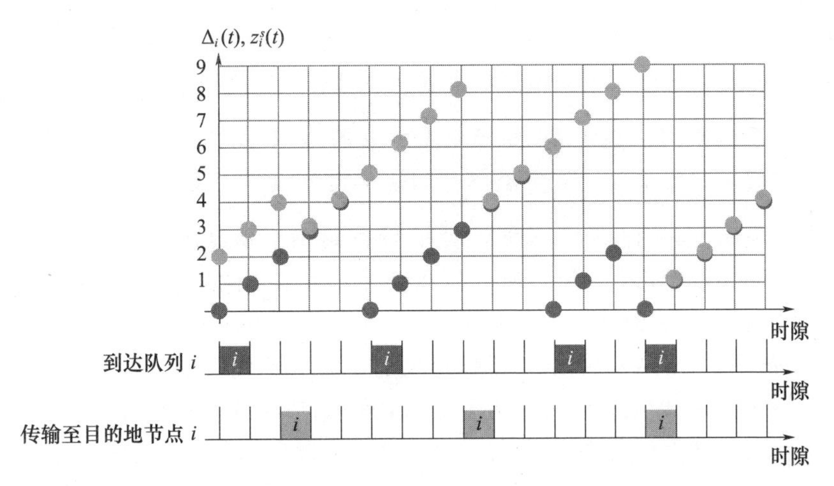

图3.11　单包队列下 $\Delta_i(t)$和 $z_i(t)$的变化情况图中深色和浅色矩形分别表示到达队列 i 的数据包和成功传送到目的地节点 i 的数据包。深色圆圈表示单包队列下 $z_i(t)$的变化情况，浅色圆圈表示与目的地节点 i 处的信息年龄变化情况。

本节中假设长期平均吞吐量大于0，即$\hat{q}_i^\pi > 0(\forall i)$。因为业务流 i 中数据包以速率λ_i产生，因此目的地节点 i 处的长期平均吞吐量不会超过λ_i。长期平均吞吐量满足

$$\hat{q}_i^\pi \leqslant \lambda_i (\forall i) \tag{3.96}$$

共享不可靠链路进一步约束了长期平均吞吐量$\{\hat{q}_i^\pi\}_{i=1}^N$的取值。将式(3.91)和式(3.90)代入式(3.95)中，可得

$$\sum_{i=1}^{N} \frac{\hat{q}_i^\pi}{p_i} \leqslant 1 \tag{3.97}$$

不考虑排队规则，式(3.96)和式(3.97)是任意可行策略 $\pi \in \Pi$ 中长期平均

吞吐量$\{\hat{q}_i^\pi\}_{i=1}^N$的必要条件。需要注意的是，根据3.3节，式(3.96)和式(3.97)不是目的地节点的吞吐量约束条件。这两个不等式仅是根据网络的随机到达和干扰约束自然得出的必要条件。下面对先到达先服务队列的稳定性及其对信息年龄最小化问题的影响进行讨论。

2）队列稳定性

定义$Q_i^\pi(t)$为应用策略π时，在时隙t的开始，队列i中的数据包数目。当不等式(3.98)成立时，称队列i稳定，即

$$\lim_{T\to\infty}\mathbb{E}[Q_i^\pi(T)]<\infty \tag{3.98}$$

若策略π下网络中所有队列稳定，称网络在策略π下稳定。因为对于单包队列和无队列网络，$Q_i^\pi(t)\in\{0,1\}(\forall t)$，因此上述两种排队规则下的网络在任意策略下都是稳定的。下面主要对先到达先服务队列的稳定域进行讨论。

定义3.32 稳定域：对于给定无线网络，如果存在可使所有队列稳定的可行策略$\pi\in\Pi$，则数据包到达率集合$\{\lambda_i\}_{i=1}^N$在稳定域内。

若在策略$\eta\in\Pi$下网络不稳定，那么该网络中至少存在一个队列的期望长度会随时间无限增长。无限的队列积压会导致数据包的系统时间趋于无限大，即$z_i(t)\to\infty$。这会导致式(3.92)中的信息年龄无限，进一步导致加权期望年龄趋于无穷，即$\mathbb{E}[j^\eta]\to\infty$。显然，不稳定性对于先到达先服务队列是不利的。因此，本节对数据包到达率$\{\lambda_i\}_{i=1}^N$在稳定域内可保持网络稳定的调度策略进行研究。在给出调度策略之前，下面首先对信息年龄最小化问题的下界进行推导。

3.4.2 全局下界

本节推导了式(3.93)中信息年龄目标函数J^π关于包时延和到达时间间隔的简化表达式。然后，使用该表达式推导了任意排队规则和给定网络调度规则下，信息年龄最小化问题的全局下界$L_B\leqslant\mathbb{E}[J^*]$。

考虑在时间范围T内使用策略π的网络。定义Ω为网络的样本空间，$\omega\in\Omega$为一条样本路径。对于给定的样本路径ω，令$t_i[m]$表示第m，$\forall m\in\{1,2,\cdots,D_i(T)\}$个被送达目的地节点$i$的数据包（新鲜数据包[①]）的时隙索引，其中$D_i(T)$为前$T$个时隙内送达的数据包总数。定义$I_i[m]:=t_i[m]-t_i[m-1]$为到达间隔时间，其中$I_i[1]=t_i[1]$，$t_i[0]=0$。

被送达目的地节点i的第m个数据包的包时延为$z_i(t_i[m])$。$z_i(t_i[m])$为队头数据包被送达目的地节点时的系统时间，同时也是包时延。为简化表达，使

① 旧数据包$U_i^{\mathrm{A}}(t)\leqslant U_i^{\mathrm{D}}(t)$到达不会改变网络的信息年龄，因此不应考虑此情况。

用$z_i[m]$代替$z_i(t_i[m])$。

从式(3.15)可知,$\overline{\mathbb{M}}[x]$表示计算一组样本 x 均值的运算符。对于给定目的地节点 i,$I_i[m]$的样本均值可表示为

$$\overline{\mathbb{M}}[I_i] = \frac{1}{D_i(T)}\sum_{m=1}^{D_i(T)} I_i[m] \tag{3.99}$$

为简化表达,忽略在样本均值操作中时间范围 T。

命题 3.33　无限时间范围信息年龄目标函数J^π可以写为

$$J^\pi = \lim_{T\to\infty}\sum_{i=1}^{N}\frac{w_i}{2N}\left[\frac{\overline{\mathbb{M}}[I_i^2]}{\overline{\mathbb{M}}[I_i]} + \frac{2\,\overline{\mathbb{M}}[z_iI_i]}{\overline{\mathbb{M}}[I_i]} + 1\right](\text{w. p. }1) \tag{3.100}$$

其中,$I_i[m]$为到达时间间隔,$z_i[m]$为包时延,

$$\overline{\mathbb{M}}[z_i I_i] = \frac{1}{D_i(T)}\sum_{m=1}^{D_i(T)} z_i[m-1]\,I_i[m] \tag{3.101}$$

证明:考虑目的地节点 i 处第 $m-1$ 个数据包与第 m 个数据包间的到达间隔。到达间隔中包含的时隙为 $t\in\{t_i[m-1]+1, t_i[m-1]+2,\cdots,t_i[m-1]+I_i[m]\}$,其中$t_i[m-1]+I_i[m]=t_i[m]$为第 m 个数据包到达目的地节点 i 时的时隙索引。根据式(3.92)中$\Delta_i(t)$的变化,在时隙$t_i[m-1]+1$,等式$\Delta_i(t_i[m-1]+1)=z_i[m-1]+1$ 成立。随后在到达间隔$I_i[m]$内,信息年龄在每个时隙单调递增 1,直到达到$\Delta_i(t_i[m]+1)=z_i[m-1]+I_i[m]$。因此,到达间隔$I_i[m]$内信息年龄和的期望可以表示为

$$\sum_{t=t_i[m-1]+1}^{t_i[m-1]+I_i[m]}\Delta_i(t) = z_i[m-1]\,I_i[m] + \frac{I_i[m](I_i[m]+1)}{2} \tag{3.102}$$

其中,当 $m=1$ 时有$t_i[0]=0$,$z_i[0]=0(\forall i)$,同理可以得到关于区间R_i的等价表达式。

使用与定理 3.1 类似方法,将式(3.102)代入式(3.93),等价得到式(3.102)。详细证明见文献[50]。证毕。

式(3.100)适用于采用任意排队规则和任意调度策略 $\pi\in\Pi$ 的网络。该式为信息年龄最小化提供了重要思路。式(3.100)的右侧第一项,即$\dfrac{\overline{\mathbb{M}}[I_i^2]}{2\,\overline{\mathbb{M}}[I_i]}$,仅与调度策略决定的服务规律性有关。式(3.100)的右侧第二项取决于包时延$z_i[m-1]$和到达间隔$I_i[m]$,

$$\frac{\overline{\mathbb{M}}[z_i I_i]}{\overline{\mathbb{M}}[I_i]} = \sum_{m=1}^{D_i(T)}\frac{I_i[m]}{\sum_{j=1}^{D_i(T)} I_i[j]}z_i[m-1] \tag{3.103}$$

式(3.103)表示包时延的加权平均值。为实现该项最小化，需要排队规则和调度策略选择时延$z_i[m-1]$较小的数据包进行传输。当包时延较高时，需尽快选择下一个数据包进行传输，减小式(3.103)中加权均值中的$I_i[m]$值。

式(3.100)提供了调度策略应通过控制包时延$z_i[m]$和到达间隔$I_i[m]$减小信息年龄的思路。此外，若假设队列中存在新鲜包进行传输，调度策略忽略$z_i[m]$，则无法得到式(3.103)。下面利用式(3.100)推导信息年龄优化问题的下界，3.4.3 节给出了根据$I_i[m]$和$z_i[m]$进行决策的策略。

通过命题3.33中的表达式可以推导出信息年龄下界。对式(3.100)使用詹森不等式$\overline{\mathbb{M}}[I_i^2]\geqslant(\overline{\mathbb{M}}[I_i])^2$，对策略 Π 取最小化，可以获得

$$L_{\mathrm{B}}=\min_{\pi\in\Pi}\left\{\frac{1}{2N}\sum_{i=1}^{N}w_i\left(\frac{1}{\hat{q}_i^{\pi}}+1\right)\right\} \tag{3.104a}$$

$$\text{s.t.}\ \sum_{i=1}^{N}\hat{q}_i^{\pi}/p_i\leqslant 1 \tag{3.104b}$$

$$\hat{q}_i^{\pi}\leqslant\lambda_i(\forall i) \tag{3.104c}$$

其中，式(3.104b)和式(3.104c)分别是式(3.97)和式(3.96)中的长期吞吐量约束。式(3.104a)~式(3.104c)中的优化问题仅与网络长期平均吞吐量$\{\hat{q}_i^{\pi}\}_{i=1}^{N}$相关，约束$\hat{q}_i^{\pi}\leqslant\lambda_i$通过业务流数据包到达速率限制吞吐量。为确定式(3.104a)~式(3.104c)的唯一解，下面对问题相关的 KKT 条件进行分析。

算法 3.2 下界的解

1：$\tilde{\gamma}\leftarrow\left(\sum_{i=1}^{N}\sqrt{w_i/p_i}\right)^2/(2N)$ 且 $\gamma_i\leftarrow w_i p_i/2N\lambda_i^2,\forall i$

2：$\gamma\leftarrow\max\{\tilde{\gamma},\gamma_i\}$

3：$q_i\leftarrow\lambda_i\min\{1,\sqrt{\gamma_i/\gamma}\},\forall i$

4：$S\leftarrow\sum_{i=1}^{N}q_i/p_i$

5：当 $S<1$ 且 $\gamma>0$ 循环执行

6：逐渐降低 γ

7：重复第 4 步和第 5 步，以新 q_i和 S

8：输出 $\gamma^*=\gamma$ 且$\hat{q}_i^{L_{\mathrm{B}}}=q_i,\forall i$

定理 3.34 下界。对于任意给定排队规则和参数为(N,p_i,w_i,λ_i)的无线广播网络，式(3.104a)~式(3.104c)中的优化问题为最小化信息年龄问题提供了下界 $L_{\mathrm{B}}\leqslant\mathbb{E}[J^*]$。优化问题式(3.104a)~式(3.104c)的唯一解为

$$\hat{q}_i^{L_B} = \min\left\{\lambda_i, \sqrt{\frac{w_i p_i}{2N\gamma^*}}\right\}(\forall i) \tag{3.105}$$

其中γ^*可以根据算法3.2获得。下界由式(3.106)给出：

$$L_B = \frac{1}{2N}\sum_{i=1}^{N} w_i\left(\frac{1}{\hat{q}_i^{L_B}} + 1\right) \tag{3.106}$$

证明:使用与定理3.28相似的方法可以得到满足KKT条件的唯一解。详细证明见文献[50]。

下面针对不同队列规则制定最优平稳随机策略,并给出相应信息年龄性能的解析解。

3.4.3 平稳随机策略

定义Π_R为平稳随机策略,定义$R \in \Pi_R$为根据固定概率$\{\mu_i\}_{i=1}^N$随机进行决策的随机策略,其中$\mu_i = \mathbb{E}[v_i(t)] \in (0,1](\forall i,t)$,$\mu_{\text{idle}} = 1 - \sum_{i=1}^N \mu_i$。

定义3.35 随机策略:随机策略在时隙t,以概率μ_i选择链路i进行传输,以概率μ_{idle}保持空闲。

如果业务流i队列非空,且$v_i(t)=1$,则基站将该业务流对应的队头数据包传输至目的地节点i。相反,如果链路i队列为空,或策略R未选择任何业务流,则$v_i(t)=0(\forall i)$,基站保持空闲。对于不同时间,调度概率μ_i固定,满足$\sum_{i=1}^N \mu_i = 1-\mu_{\text{idle}}$。

随机策略$R \in \Pi_R$十分简单。每个策略仅由概率集合$\{\mu_i\}_{i=1}^N$确定。随机策略不考虑$\Delta_i(t)$、$z_i(t)$和队列积压情况$Q_i(t)$随机进行决策。随机策略Π_R不是工作保证策略,因为随机策略允许基站在存在队头数据包的条件下保持空闲。

尽管随机策略十分简单,通过按照网络参数(N,p_i,w_i,λ_i)合理选择调度概率μ_i,随机策略Π_R可以保证无线网络的时间平均信息年龄保持在最优值的4倍以内。另外,可以证明,随机选择调度概率μ_i会导致网络信息年龄性能变差。下面分别考虑单包队列、无队列和先到达先服务队列三种排队规则下的随机调度策略,并对不同队列规则进行比较。

1)单包队列的随机策略

考虑一个在N个业务流上采用单包队列规则的网络,网络中各业务流对应数据包到达率为λ_i,优先级为w_i,成功传输概率为p_i。对于单包队列网络,当有数据包到达时,旧的数据包会被丢弃。基站根据策略调度概率为μ_i的随机策略

$R \in \Pi_R$选择业务流进行传输。

对于业务流 i,一次成功传输后,其队列可能保持为空或有新的数据包到达。队列为空的时隙数期望为$1/\lambda_i - 1$。当一个新的数据包到达队列时,基站以概率μ_i传输该数据包。成功传输一个数据包所需的时隙数期望为$1/p_i\mu_i$。采用单包队列规则的随机策略 $R \in \Pi_R$ 的条件下,数据包传输过程一更新过程。根据元素更新定理[150]:

$$\lim_{T\to\infty} \frac{1}{T}\sum_{t=1}^{T} \mathbb{E}[d_i(t)] = \frac{1}{1/p_i\mu_i + 1/\lambda_i - 1}(\forall i,t) \tag{3.107}$$

对于$\lambda_i = 1$ 的特殊情况,信息年龄过程$\Delta_i(t)$在每个数据包发送后也是随机更新过程,长期平均信息年龄$\mathbb{E}[\Delta_i(t)]$可通过 3.2.3 节中的元素更新定理获得。相反,对于$\lambda_i \in (0,1]$的一般情况,$\Delta_i(t)$的变化由于其与式(3.92)中系统时间$z_i^{\mathrm{S}}(t)$的关系,可能与包到达间隔相关。为了确定长期平均信息年龄 $\mathbb{E}[\Delta_i(t)]$的表达式,将问题规划成一个可数无限状态空间的二维马尔可夫问题$(\Delta_i(t), z_i(t))$,并分析了该问题的平稳分布。下面的命题 3.36 根据平稳分布得出。

命题 3.36 在策略集合 Π_R 中,采用单包队列规则网络可实现的最优加权期望信息年龄为

$$\mathbb{E}[J^{R^{\mathrm{S}}}] = \mathop{\mathrm{Min}}_{R\in\Pi_R}\left\{\frac{1}{N}\sum_{i=1}^{N} w_i\left(\frac{1}{\lambda_i} - 1 + \frac{1}{p_i\mu_i}\right)\right\} \tag{3.108a}$$

$$\text{s.t.} \quad \sum_{i=1}^{N}\mu_i \leqslant 1 \tag{3.108b}$$

式中:R^{S} 为单包队列规则网络对应的最优平稳随机策略。

下面,求解式(3.108a)和式(3.108b),得到最优调度概率$\{\mu_i^{\mathrm{S}}\}_{i=1}^{N}$。

定理 3.37 对于采用单包队列规则,且参数为(N, p_i, w_i, λ_i)的无线广播网络,最优调度概率$\{\mu_i^{\mathrm{S}}\}_{i=1}^{N}$为

$$\mu_i^{\mathrm{S}} = \frac{\sqrt{w_i/p_i}}{\sum_{j=1}^{N}\sqrt{w_j/p_j}}(\forall i) \tag{3.109}$$

最优平稳随机策略 R^{S} 下的性能为

$$\mathbb{E}[J^{R^{\mathrm{S}}}] = \frac{1}{N}\sum_{i=1}^{N} w_i\left(\frac{1}{\lambda_i} - 1\right) + \frac{1}{N}\left(\sum_{i=1}^{N}\sqrt{\frac{w_i}{p_i}}\right)^2 \tag{3.110}$$

满足:

$$\mathbb{E}[J^*] \leqslant \mathbb{E}[J^{R^{\mathrm{S}}}] < 4\,\mathbb{E}[J^*] \tag{3.111}$$

式中：$\mathbb{E}[J^*]=\min_{\pi\in\Pi}\mathbb{E}[J^\pi]$为可行策略集合$\Pi$中可行策略对应的最小网络信息年龄。

证明：最小化式(3.108a)和式(3.108b)的最优解调度概率$\{\mu_i^{\mathrm{S}}\}_{i=1}^N$可实现等价问题最小化，如下：

$$\underset{R\in\Pi_R}{\mathrm{Min}}\left\{\frac{1}{N}\sum_{i=1}^{N}\frac{w_i}{p_i\mu_i}\right\} \tag{3.112}$$

$$\mathrm{s.t.}\quad \sum_{i=1}^{N}\mu_i\leqslant 1$$

考虑柯西－施瓦兹不等式：

$$\left(\sum_{i=1}^{N}\sqrt{\frac{w_i}{p_i}}\right)^2\leqslant\left(\sum_{i=1}^{N}\mu_i\right)\left(\sum_{i=1}^{N}\frac{w_i}{p_i\mu_i}\right) \tag{3.113}$$

式(3.113)左侧为目标函数(3.112)的下界。注意当调度概率$\{\mu_i^{\mathrm{S}}\}_{i=1}^N$满足式(3.109)时，柯西－施瓦兹不等式中等式成立，即式(3.109)同时是式(3.112)、式(3.108a)和式(3.108b)的解。将解①$\{\mu_i^{\mathrm{S}}\}_{i=1}^N$代入目标函数(3.108a)中，即可得到式(3.110)。

为获得不等式(3.111)中的上界，考虑调度概率为$\tilde{\mu}_i=\hat{q}_i^{L_{\mathrm{B}}}/p_i,\forall i$的随机策略$\tilde{R}$。将$\tilde{\mu}_i$代入目标函数(3.108a)中可以得到上界$\mathbb{E}[J^{\tilde{R}}]$。将其与式(3.106)中的下界$L_{\mathrm{B}}$进行比较，根据式(3.105)中$\hat{q}_i^{L_{\mathrm{B}}}\leqslant\lambda_i$可得

$$\mathbb{E}[J^{\tilde{R}}]\leqslant\frac{1}{N}\sum_{i=1}^{N}w_i\left(\frac{2}{p_i\tilde{\mu}_i}-1\right)<4L_{\mathrm{B}} \tag{3.114}$$

根据定义，有

$$L_{\mathrm{B}}\leqslant\mathbb{E}[J^*]\leqslant\mathbb{E}[J^{R^{\mathrm{S}}}]\leqslant\mathbb{E}[J^{\tilde{R}}] \tag{3.115}$$

不等式(3.111)可以直接根据式(3.114)和式(3.115)得到。证毕。

直观来说，最优调度概率$\{\mu_i\}_{i=1}^N$应随数据包到达率$\{\lambda_i\}_{i=1}^N$变化。比如，考虑一个数据包到达率较低，调度概率高的单包队列。由于该队列经常为空，会造成网络资源浪费。因此，最优调度概率μ_i应随数据包到达率λ_i变化。3.4.3 节中考虑了采用无队列和先到达先服务规则的网络。定理 3.37 表明，对于单包队列网络，μ_i^{S}仅与优先级w_i和成功传输概率p_i相关。这个结果对于简化信息年龄最

① 3.2.3 节在所有业务流总是有新鲜的包传输的简化条件下给出式(3.109)的表达式。定理 3.37 证明，对于随机到达，且数据包到达率为$\{\lambda_i\}_{i=1}^N$的网络，式(3.109)是最优的。

优网络系统设计十分重要。

2）无队列的随机策略

考虑采用无队列规则且参数为(N,p_i,w_i,λ_i)的网络，网络中调度策略为概率为μ_i的平稳随机策略$R\in\Pi_R$。因为策略R忽略数据包到达，对于无队列规则，数据包只在其到达系统的时隙有效。所以，当策略R在时隙t选择业务流i进行传输时，当且仅当在时隙t时，业务流i有数据包到达$a_i(t)=1$，且信道状态好时$c_i(t)=1$，传输成功。因此，对于无队列规则，$d_i(t)=a_i(t)v_i(t)c_i(t)(\forall i,t)$等价于信道状态好的概率为$p_i\lambda_i$、信道状态差的概率为$1-p_i\lambda_i$的网络。根据上述等价关系可以得到下面命题。

命题 3.38 在策略集合Π_R中，采用无队列规则可实现的最优加权期望信息年龄为

$$\mathbb{E}[J^{R^N}]=\min_{R\in\Pi_R}\left\{\frac{1}{N}\sum_{i=1}^{N}\frac{w_i}{p_i\mu_i\lambda_i}\right\} \tag{3.116a}$$

$$\text{s.t.}\quad \sum_{i=1}^{N}\mu_i\leqslant 1 \tag{3.116b}$$

式中：R^N为无队列规则网络对应的最优平稳随机策略。

证明：在无队列规则下，所有数据包的系统时间均为$z_i^N(t)=0$，每个数据包到达后，信息年龄过程$\Delta_i(t)$为更新过程。因此，根据更新过程的元素更新定理可知

$$\lim_{T\to\infty}\frac{1}{T}\sum_{t=1}^{T}\mathbb{E}[\Delta_i(t)]=\frac{1}{p_i\mu_i\lambda_i} \tag{3.117}$$

将式(3.117)代入式(3.94)即可得到式(3.116a)。证毕。

定理 3.39 对于采用无队列规则且网络参数为(N,p_i,w_i,λ_i)的无线广播网络，最优调度概率$\{\mu_i^N\}_{i=1}^N$为

$$\mu_i^N=\frac{\sqrt{w_i/p_i\lambda_i}}{\sum_{j=1}^{N}\sqrt{w_j/p_j\lambda_j}}(\forall i) \tag{3.118}$$

最优平稳策略R^N的性能为

$$\mathbb{E}[J^{R^N}]=\frac{1}{N}\left(\sum_{i=1}^{N}\sqrt{\frac{w_i}{p_i\lambda_i}}\right)^2 \tag{3.119}$$

证明：证明与定理3.37中步骤相同。

正如预期，无队列规则和单包队列规则下最优平稳随机策略的相似程度随数据包到达率$\{\lambda_i\}_{i=1}^N$增加而增长。根据式(3.109)和式(3.118)可知，当$\lambda_i=$

$1(\forall i)$时，$\mu_i^{\mathrm{N}}=\mu_i^{\mathrm{S}}(\forall i)$，且上述两种规则下信息年龄性能相同，即$\mathbb{E}[J^{R^{\mathrm{S}}}]=\mathbb{E}[J^{R^{\mathrm{N}}}]$。需要注意的是调度概率 μ_i^{S} 不随数据包到达率λ_i变化。

3）先到达先服务队列的随机策略

考虑采用先到达先服务队列规则且参数为(N,p_i,w_i,λ_i)的网络，网络中采用的调度策略为调度概率μ_i的平稳随机策略 $R\in\Pi_R$。在该网络中，每个先到达先服务队列数据包到达率为λ_i、服务率为$p_i\mu_i$的离散时间 Ber/Ber/1 队列。根据文献[159]8.10 节可知，当$p_i\mu_i>\lambda_i$时队列稳定，稳定队列长度为

$$\lim_{T\to\infty}\mathbb{E}[Q_i(T)]=\frac{\lambda_i(1-p_i\mu_i)}{p_i\mu_i-\lambda_i} \tag{3.120}$$

根据文献[52]定理 5①，稳定先到达先服务队列下信息年龄为

$$\lim_{T\to\infty}\frac{1}{T}\sum_{t=1}^{T}\mathbb{E}[\Delta_i(t)]=\frac{1}{p_i\mu_i}+\frac{1}{\lambda_i}+\left[\frac{\lambda_i}{p_i\mu_i}\right]^2\frac{1-p_i\mu_i}{p_i\mu_i-\lambda_i} \tag{3.121}$$

式(3.121)和式(3.120)中稳定队列长度与式(3.108a)中单包队列的信息年龄之间存在相似之处。小负载情况下，即$\lambda_i\ll p_i\mu_i$时，式(3.121)右侧第三项的值与其他项相比非常小，因此式(3.121)中稳定先到达先服务队列下的信息年龄与式(3.108a)中单包队列的信息年龄相似。大负载情况下，即$\lambda_i\to p_i\mu_i$时，式(3.121)右侧第三项成为影响该式大小的主要因素。稳定先到达先服务队列式(3.121)中信息年龄和式(3.120)中的稳定队列长度快速增长。当队列中数据包积压较多时，队列中数据包在发送前需等待较长时间，导致网络信息年龄增大。单包队列通过保证数据包新鲜度避免了这个问题。

定义 R^{F} 为稳定先到达先服务队列下的最优随机策略，$\{\mu_i^{\mathrm{F}}\}_{i=1}^N$为对应的调度概率。将式(3.121)代入式(3.94)中的加权期望信息年龄中，得到

$$\mathbb{E}[J^{R^{\mathrm{F}}}]=\underset{R\in\Pi_R}{\mathrm{Min}}\left\{\sum_{i=1}^{N}\frac{w_i}{N}\left[\frac{1}{p_i\mu_i}+\frac{1}{\lambda_i}+\left[\frac{\lambda_i}{p_i\mu_i}\right]^2\frac{1-p_i\mu_i}{p_i\mu_i-\lambda_i}\right]\right\} \tag{3.122a}$$

$$\text{s.t.}\quad \sum_{i=1}^{N}\mu_i\leqslant 1 \tag{3.122b}$$

$$p_i\mu_i>\lambda_i(\forall i) \tag{3.122c}$$

其中，式(3.122b)为调度决策约束，式(3.122c)为网络稳定性约束。

备注 3.40　数据包到达率$\{\lambda_i^{\mathrm{F}}\}_{i=1}^N$在稳定域内的充分条件为 $\sum_{i=1}^{N}\lambda_i/p_i<1$。

---

① 文献[52]中通过联合优化调度概率$\{\mu_i^{\mathrm{F}}\}_{i=1}^N$和数据包到达率$\{\lambda_i\}_{i=1}^N$，获得了式(3.122a)的最小值。定理 3.41 通过给出确定数据包到达率$\{\lambda_i\}_{i=1}^N$下的最优调度概率$\{\mu_i^{\mathrm{F}}\}_{i=1}^N$，给出一般性结果。

定理 3.41 先到达先服务队列规则下的最优调度概率 μ_i^{F} 由算法 3.3 在条件 $\delta \to 0$ 下计算得到。

证明:辅助参数 $\delta > 0$ 用于为式(3.122a)~式(3.122c)强加一个封闭可行集。用$p_i\mu_i \geq \lambda_i + \delta(\forall i)$代替式(3.122c),保证在给定任意小 δ 情况下,使用算法 3.3 总能得到式(3.122a)~式(3.122c)中满足 KKT 条件的唯一解。当$p_i\mu_i \approx \lambda_i$时,信息年龄性能差。因此,在大多数情况下,最优调度概率$\{\mu_i^{\mathrm{F}}\}_{i=1}^N$都是在$p_i\mu_i$与$\lambda_i$不相近的情况下获得的。因此,在式(3.122c)中加入 δ 一项不会影响结果。算法 3.3 使用与定理 3.28 中相同方法获得满足 KKT 条件的唯一解。

算法 3.3 先到达先服务队列下的随机策略

1:$\gamma_i \leftarrow (\lambda_i + \delta)/p_i, \forall i \in \{1,2,\cdots,N\}$
2:$\gamma \leftarrow \max\limits_i\{-g_i(\gamma_i)\}$,其中 $g_i(\cdot)$在式(3.123)中给定
3:$\mu_i \leftarrow \max\{\gamma_i, g_i^{-1}(-\gamma)\}$
4:$S \leftarrow \mu_1 + \mu_2 + \cdots + \mu_N$
5:当 $S < 1$ 时循环执行
6:逐渐降低 γ
7:重复第 3 步和第 4 步,更新 μ_i和 S
8:输出 $\mu_i^{\mathrm{F}} = \mu_i, \forall i$

作为算法 3.3 的一部分,用式(3.121)对μ_i的偏导数乘以w_i/N得到:

$$g_i(x) = \frac{w_i}{N}\left\{\frac{\lambda_i}{p_i\mu_i^2}\left[\frac{2}{p_i\mu_i} - 1\right] - \frac{p_i(1-\lambda_i)}{(p_i\mu_i - \lambda_i)^2}\right\}_{x=\mu_i} \tag{3.123}$$

4)不同队列规则比较

下面对所提出的四种不同平稳随机策略的性能进行评估:①单包队列下的随机策略 R^{S};②无队列下的随机策略 R^{N};③先到达先服务队列下的随机策略 R^{F};④先到达先服务队列下的原始策略。前三种策略的加权期望信息年龄分别根据式(3.110)、式(3.119)和式(3.122a)~式(3.122c)计算得到。原始策略根据概率$\mu_i = 1/N(\forall i)$平等共享网络资源。原始策略的加权期望信息年龄根据式(3.122a)中最小值计算得到。

考虑拥有两个业务流的网络,网络中参数$w_1 = w_2 = 1, p_1 = 1/3, p_2 = 1, \lambda_1 = \lambda, \lambda_2 = \lambda/3$ 随数据包达到率 $\lambda \in \{0.01, 0.02, \cdots, 1\}$变化,图 3.12 中给出了四种排队规则下随机策略的性能和网络信息年龄性能的下界 L_{B}。正如所预期的,单包队列网络的性能在各数据包到达率 λ 下均优于其他策略。

无论$\{\lambda_i\}_{i=1}^N$是否在稳定域内,先到达先服务队列的最优策略根据p_i和λ_i信

息试图保持网络稳定。原始策略不考虑队列稳定性，为每个队列分配相同的网络资源。根据备注 3.40 可知，当 $\lambda<3/10$ 时，先到达先服务队列的最优策略可以保持网络稳定。但是从图 3.12 中可以观察到，$\lambda\in(1/6,3/10)$ 时，原始策略下网络已经无法保持稳定。通过比较不同策略的性能可知，稳定性对于先到达先服务队列至关重要。

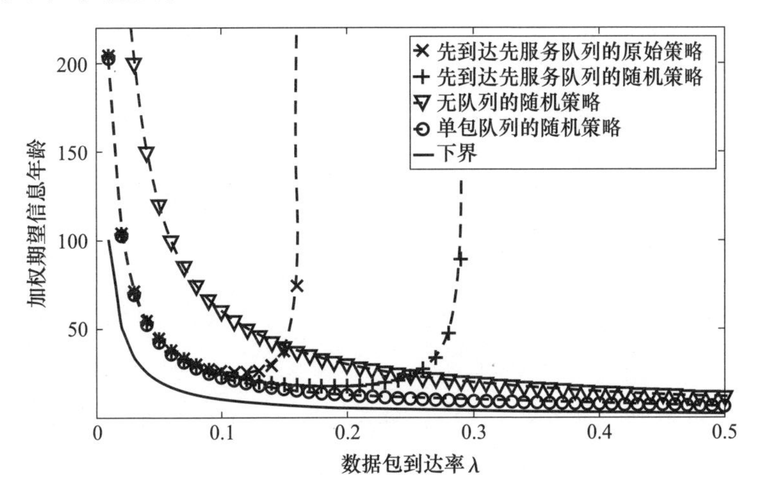

图 3.12 平稳随机策略性能对比

单包队列和无队列规则展现了源端生成新信息的速率 λ 和目的地节点信息年龄之间的自然关系，即高数据包到达率下网络信息年龄通常较低。此外，定理 3.37 表明单包队列规则下调度概率 μ_i 与 λ_i 无关。该结论说明可以单独设计网络中调度概率 μ_i 和数据包到达率 λ_i，为最小化网络加权平均信息年龄，数据包到达率 $\{\lambda_i\}_{i=1}^N$ 越高越好，且调度概率 $\{\mu_i^S\}_{i=1}^N$ 应根据式(3.109)中的比例 $\sqrt{w_i/p_i}$ 设定。数据包到达率和调度概率通常由网络堆栈的不同层定义，这种隔离简化了网络系统设计。需要强调的是，这种隔离只适用于使用单包队列规则下网络。先到达先服务队列规则和无队列规则下网络调度概率 μ_i 随数据包到达率 λ_i 变化。下面提出使用 $\Delta_i(t)$ 和 $z_i(t)$ 信息进行决策的基于年龄的最大权值策略。

3.4.4 最大权值策略

本节使用李雅普诺夫优化[151]给出了每种排队规则下基于年龄的最大权值策略。最大权值策略的目标是减小每个时隙 t 的李雅普诺夫函数漂移，实现信息年龄最优。

本节使用下面的线性李雅普诺夫函数

$$L(\{\Delta_i(t)\}_{i=1}^N)=L(t)=\frac{1}{N}\sum_{i=1}^N\beta_i\Delta_i(t) \tag{3.124}$$

式中:β_i为正值超参数,可根据不同网络参数和排队规则调整最大权值策略。

李雅普诺夫漂移被定义为

$$\Phi(\mathbb{S}(t)) := \mathbb{E}[L(t+1) - L(t) | \mathbb{S}(t)] \tag{3.125}$$

其中,$\mathbb{S}(t) = (\{\Delta_i(t)\}_{i=1}^N, \{z_i(t)\}_{i=1}^N)$是时隙 t 开始时的网络状态。李雅普诺夫函数 $L(t)$随网络信息年龄增加而增加,李雅普诺夫漂移 $\Phi(\mathbb{S}(t))$表示 $L(t)$在一个时隙增加的期望值。因此,最大权值策略希望通过最小化式(3.125)中每个时隙 t 的漂移,保持 $L(t)$和网络信息年龄较低。

为确定最大权值策略,分析式(3.125)中的漂移。将式(3.92)中$\Delta_i(t+1)$代入式(3.125)中,可得

$$\Phi(\mathbb{S}(t)) = \frac{1}{N}\sum_{i=1}^{N} \beta_i - \frac{1}{N}\sum_{i=1}^{N} \beta_i p_i(\Delta_i(t) - z_i(t)) \mathbb{E}[v_i(t) | \mathbb{S}(t)] \tag{3.126}$$

时隙 t 处的调度策略仅与式(3.126)中右侧第二项有关。最大权值策略在每个时隙 t 最小化 $\Phi(\mathbb{S}(t))$。

定义 3.42 最大权值策略。最大权值策略在每个时隙 t 选择权值 $\beta_i p_i(\Delta_i(t) - z_i(t))$最大的业务流 i 中的队头数据包进行传输。若多条业务流均满足上述条件,则任意选择业务流中的队头数据包进行传输。

最大权值策略是工作保证策略,因为当所有队列均为空时,策略选择空闲。将 $z_i^{\mathrm{S}}(t)$、$z_i^{\mathrm{N}}(t)$和 $z_i^{\mathrm{F}}(t)$代入$\beta_i p_i(\Delta_i(t) - z_i(t))$可分别得到单包队列、无队列和先到达先服务队列规则网络下的最大权值策略 MW^{S}、MW^{N} 和 MW^{F}。不同$\Delta_i(t) - z_i(t)$代表了不同队列有数据包成功送达时信息年龄减小的量。因此,最大权值策略选择权值$\Delta_i(t) - z_i(t)$最大的队列进行传输。

定理 3.43 策略 MW^{S} 的性能保证因子。对于采用单包队列规则和参数为(N, p_i, w_i, λ_i)的无线广播网络,参数为 $\beta_i = p_i\mu_i^{\mathrm{S}}(\forall i)$的最大权值策略的性能为

$$\mathbb{E}[J^{\mathrm{MW^S}}] \leqslant \mathbb{E}[J^{R^{\mathrm{S}}}] \tag{3.127}$$

其中,μ_i^{S} 和$\mathbb{E}[J^{R^{\mathrm{S}}}]$分别为单包排队规则下的调度概率和单包排队规则下使用策略 R^{S} 得到的加权期望信息年龄。

定理 3.44 策略 MW^{N} 的性能保证因子对于采用无队列规则和参数为(N, p_i, w_i, λ_i)的无线广播网络,参数为 $\beta_i = p_i\mu_i^{\mathrm{N}}(\forall i)$的最大权值策略的性能为

$$\mathbb{E}[J^{\mathrm{MW^N}}] \leqslant \mathbb{E}[J^{R^{\mathrm{N}}}] \tag{3.128}$$

其中,μ_i^{N} 和$\mathbb{E}[J^{R^{\mathrm{N}}}]$分别为无队列规则下的调度概率和无队列规则下使

用策略 R^{N} 可得到的加权期望信息年龄。

文献[50]给出了定理3.43和定理3.44的证明。两个证明均依赖等价系统的构造，以便分析式(3.126)中漂移的表达式。3.4.5节通过仿真给出了 MW^{F} 策略的性能分析。

平稳随机策略根据固定的概率 $\{\mu_i\}_{i=1}^{N}$ 选择业务流进行传输。相反，最大权值策略利用 $\Delta_i(t)$ 和 $z_i(t)$ 信息选择业务流进行传输。因此，最大权值策略性能优于平稳随机策略。但是，建立式(3.127)和式(3.128)中的性能保证因子依赖找到最大权值策略性能的紧上界，而最大权值策略通常不具有诸如更新间隔等属性来辅助简化分析，因此建立上述性能保证因子通常具有挑战。接下来，通过数值结果进一步验证最大权值策略的优越性。

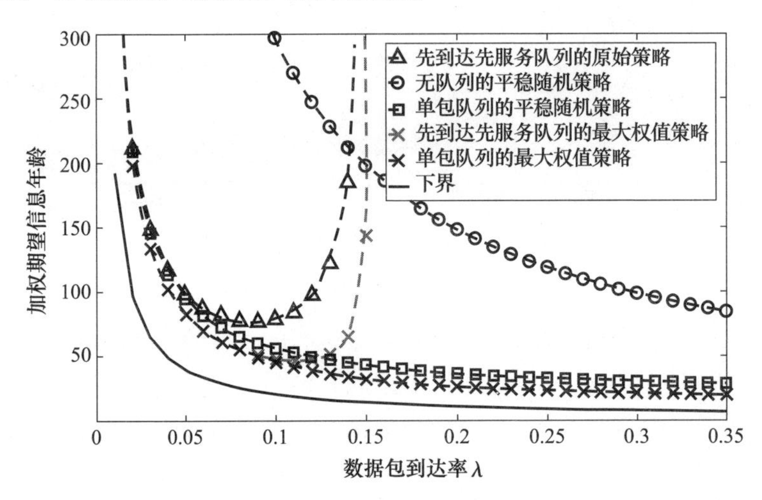

图3.13　与平稳随机策略相比较加权期望信息年龄随数据包到达率λ增加效果

3.4.5　仿真结果

本节中，使用加权期望信息年龄对调度策略性能进行评价。比较：①单包队列、无队列和先到达先服务队列规则下的平稳随机策略 R^{S}、R^{N} 和 R^{F}；②单包队列、无队列和先到达先服务队列规则下的最大权值策略① MW^{S}、MW^{N} 和 MW^{F}；③无队列规则下惠特尔索引策略。3.4.3节与3.4.4节中给出了前两种策略的分析，文献[42]给出了最后一种策略的分析结果，3.4.2节中对性能下界进行了分析。

---

① 对于最大权值策略 MW^{S}、MW^{N} 和 MW^{F}，参数为 $\beta_i = w_i/p_i\mu_i^X(\forall i)$，其中 μ_i^X 为与排队规则相关的调度概率。

图3.13和图3.14中，假设网络时间范围 $T=2\times10^6$，网络中有 $N=4$ 条业务流，权重为 $w_1=4, w_2=4, w_3=1, w_4=1$，信道成功传输概率为 $p_i=i/N(\forall i)$，数据包到达率为 $\lambda_i=(N-i+1)/N\times\lambda$，其中 $\lambda\in\{0.01,0.02,\cdots,0.035\}$。为描述清晰，结果分为两张图，其中平稳随机策略的性能根据3.4.3节中的表达式计算得到，最大权值策略的性能是10次仿真结果的平均值。

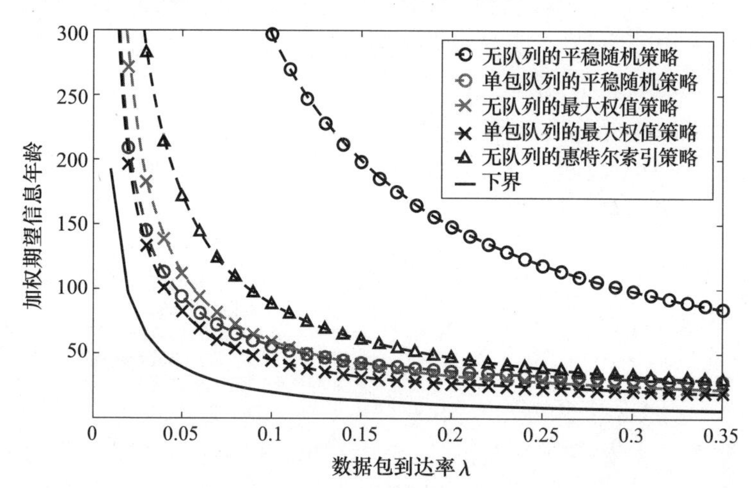

图3.14 与惠特尔索引策略相比较加权期望信息年龄随数据包到达率 λ 增加效果

图3.13和图3.14中的结果表明，在同样的排队规则和数据包到达率 λ 下，最大权值策略的性能优于平稳随机策略和惠特尔索引策略性能。同一种策略中，任意数据包到达率 λ 下，单包队列规则下的性能优于其他排队规则下的性能。从图3.13中可以看出，当 $\lambda>12/77$ 时，先到达先服务队列规则下网络不稳定，这也是先到达先服务队列规则的缺点。

3.4.6 小结

考虑包含一个基站并向多个目的地节点提供多业务流服务的无线网络。每个业务流的数据包根据伯努利随机过程到达基站，在单独的队列（流）中根据包括先到达先服务队列、单包队列和无队列规则排队等待传输。本节研究了基于网络加权期望信息年龄的优化调度决策问题。

本章主要贡献如下：①给出了任意排队规则下任意给定网络参数可达到的信息年龄性能下界；②提出了不同排队规则下的最优平稳随机策略和最大权值策略；③使用理论分析和数值结果评估了所提策略对信息年龄的综合影响，证明单包队列下的最优平稳随机策略对数据包到达率不敏感。仿真结果表明，单包队列规则下基于年龄的最大权值策略的性能接近性能下限。

通用无线网络信息年龄

4.1 引　言

第3章讨论了无线广播网络信息年龄的最小化调度策略。作为一种简单的网络,无线广播网络中任意时间最多激活一条链路。对于多种通用干扰约束的无线网络及应用,信息年龄是主要指标。无线网络由一组通过无线链路相连的源节点和目的地节点对组成,其中源节点产生信息更新数据包,并将数据包发送至目的地节点。本章在通用干扰约束和时变链路条件下开展无线网络调度策略设计,实现网络峰值年龄和平均年龄最小化。

文献[7]通过仿真手段首次对车载网络信息年龄开展研究。网络中节点以给定速率周期性地产生新鲜信息流,在媒介接入控制(medium access control, MAC)层先到达先服务队列中等待传输。为实现信息年龄最小化,研究计算最优的包产生速率。研究还证明,通过控制MAC层队列,即限制缓存容量或改变后生成先服务的排队规则,可以优化信息年龄。值得注意的是,在第2章中讨论了队列网络中后生成先服务规则的信息年龄最优性,但在工程实践中MAC层队列可能不可控。

本章主要考虑激活源和缓存源两种源节点。激活源在每次传输中均可产生更新数据包,即每次传输都有新鲜信息产生。缓存源仅能控制数据包的产生率,生成的数据包会被缓存到MAC层的先到达先服务队列中传输。此外,本章主要聚焦集中式调度策略,其中调度器决定在t时刻调度链路集合$m(t)$,基于历史观测信息做出决策。首先考虑调度器没有信道状态信息观测信息的情况,通过分析证明,使用实时信道状态信息可大幅提升信息年龄性能。考虑到集中式调度策略不适用于无线网络所有场景,还考虑到简单且广泛使用的分布式调度策略,每条链路在指定概率下进行随机传输。

4.1.1 综述

4.2 节描述系统模型,后续章节讨论三个主题,具体如下。

(1) 4.3 节考虑一类简单的分布式调度策略,每条链路 $e \in E$ 以概率p_e进行传输。考虑成对干扰模型,链路 e 可干扰链路集合 N_e,第3 章广播模型是成对干扰模型的一个特例。通过对推导最优尝试概率 p_e,实现峰值年龄和平均年龄最小化。分析表明,链路最优尝试概率、链路信息年龄及其“相邻”链路之间存在关联关系。针对最优尝试概率,提出了一种分布式在线算法。

(2) 4.4 节提出集中式调度策略实现信息年龄最小化。考虑激活源和缓存源情况,相较4.3 节的成对干扰模型和第 3 章广播模型,考虑一个更通用的干扰模型。对于激活源网络,设计链路根据静态概率分布方式激活的平稳随机调度策略,分析证明平稳随机调度策略具有峰值年龄最优性和平均年龄因子 2 最优性。此外,还证明该策略可由凸优化问题求解得到。对于缓存源网络,各源节点按一定速率、根据伯努利随机过程生成信息更新数据包,提出速率控制与调度策略实现信息年龄最小化。分析表明,当网络中没有其他链路时进行速率控制,调度策略与激活源网络情况相同,通过平稳调度与速率控制联合策略优化,可实现近似最优信息年龄性能。考虑到调度和速率控制通常由协议栈不同层操作,分离原则为信息年龄最优策略设计提供了有力支撑。

(3) 4.3 节和4.4 节研究不使用实时信道状态信息的调度策略,4.5 节讨论当前信道状态在时刻 t 对于链路集合 $m(t)$ 调度性能的作用影响。分析指出,在信道状态信息可用的情况下,4.4 节提出的调度策略未能达到最优信息年龄。此外,4.5 节还提出基于虚拟队列的策略和基于信息年龄的策略两种策略,以实现信息年龄最小化。分析证明,在恒定附加因子下,基于虚拟队列的策略可接近最优峰值年龄,基于信息年龄的策略具有至多为因子 4 最优的峰值年龄和平均年龄性能。

4.2 系统模型

使用图 $G=(V,E)$ 表示无线网络,其中 V 为用户集合,E 为通信链路集合。每条通信链路 $e \in E$ 为网络源节点与目的地节点之间的链路,信源生成需要传送到目的地的信息更新数据包。考虑网络离散时间,每个时隙持续时长被归一化。

无线链路之间存在干扰,对同时激活的链路集合产生限制。当集合 $m \subset E$ 中的链路可在不受干扰条件下激活时,称该链路集合 $m \subset E$ 为可行激活集合,相应地定义总集合 $\mathcal{A}$ 包含所有可行的激活集合。由于该集合包括 1 跳干扰、k 跳干扰和协议干扰模型等主要干扰模型，上述模型称为通用干扰模型。

由于无线信道传输错误，在无干扰链路 e 上信息传输并不总是成功的。定义 $c_e(t)\in\{0,1\}$ 为链路 e 的信道发生错误过程，$c_e(t)=1$ 表示在无干扰的链路 e 上传输成功，否则 $c_e(t)=0$。假设对于链路和时间，$c_e(t)$，$\forall e$ 统计独立同分布，且 $\gamma_e=\mathbb{P}[c_e(t)=1]>0$。假设信道传输成功概率 γ_e 已知或可单独测量得到。

考虑激活源和缓存源两种类型的源节点。激活源节点可在每个传输时隙开始阶段生成新的数据包，并丢弃未传输的旧包。对于激活源，传输的包包含新鲜信息。由缓存源节点生成的数据包形成排队，传输的包中包含“陈旧”信息。缓存源节点不能控制其先到达先服务队列，数据包的更新过程将导致数据包排队延迟。尽管如此，这类源节点仍可以控制数据包的生成速率。

链路 e 目的地的信息年龄 $\Delta_e(t)$ 动态变化情况如图4.1所示。当任意时隙中链路 e 上完成成功传输时，年龄 $\Delta_e(t)$ 减小为从送达的包生成到当前时间所经历的时间。链路 e 不存在传输错误情况时，年龄 $\Delta_e(t)$ 随时间线性增加。动态变化情况可描述为

$$\Delta_e(t+1)=\begin{cases}t-G_e(t)+1, & \text{链路}\ e\ \text{时刻}\ t\ \text{处激活}\\ \Delta_e(t)+1, & \text{链路}\ e\ \text{时刻}\ t\ \text{处未被激活}\end{cases} \tag{4.1}$$

式中：$G_e(t)$ 为时刻 t 处链路 e 上成功送达数据包的生成时间。对于激活源节点类型，由于每个时隙上都有新的数据包生成，$G_e(t)=t$。因此，在这种情况下年龄 $\Delta_e(t)$ 等于从上一个成功传输的包，即链路 e 上次被激活的时间，到目前为止所经历的时间。为简化表述，$\Delta_e(t)$ 称为链路 e 的信息年龄。

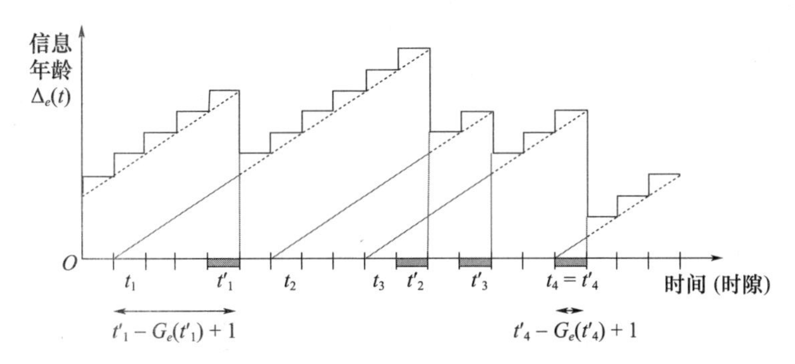

图4.1 链路 e 目的地的信息年龄 $\Delta_e(t)$ 动态变化情况数据包 i 产生和接收时间分别为时刻 t_i 和 t'_i，给定 $G_e(t'_i)\triangleq t_i$，当数据包 i 被接收，信息年龄更新为 $t'_i-G_e(t'_i)+1$

定义度量干扰链路网络长期年龄性能指标的两种方式如下。

(1) 加权平均年龄的定义为

$$\Delta^{\text{ave}} = \limsup_{T\to\infty} \mathbb{E}\left[\frac{1}{T}\sum_{t=1}^{T}\sum_{e\in E} w_e\,\Delta_e(t)\right] \tag{4.2}$$

式中:w_e为正权值,表示链路 $e \in E$ 的重要程度。

(2) 加权峰值年龄的定义为

$$\Delta^{\text{p}} = \limsup_{N\to\infty} \mathbb{E}\left[\frac{1}{N}\sum_{i=1}^{N}\sum_{e\in E} w_e\,\Delta_e(T_e(i))\right] \tag{4.3}$$

式中:$T_e(i)$为链路 e 第 i 次成功传输的时刻。峰值年龄是每次传输成功前年龄峰值的均值。为不失一般性,假设对于所有链路 e 满足$w_e>0$,且链路权重经归一化后总和为 1,则满足 $\sum_{e\in E} w_e = 1$ 。

下面提出更新信息数据包的速度控制与调度策略,以实现网络年龄最小化。对于激活源节点类型,在每次传输机会出现时新的数据包生成,仅需设计调度策略。对于缓存源节点类型,存在数据包生成过程,需要设计更新速率与调度策略。

4.3 分布式调度策略

本节对分布式调度策略进行分析。分布式调度策略的决策由链路 e 而非中心调度器确定。具体地,考虑链路 e 按照概率$p_e>0$ 进行传输,传输概率在不同链路和时间上独立,这种策略称为分布式平稳随机策略或分布式平稳策略。假设信源类型为激活源,每次传输前信源产生一个新鲜数据包。

考虑通用干扰模型的一种特例,如 4.2 节所述。对于链路 $e \in E$,子集$N_e \in E$中链路与其之间存在同时传输冲突,当链路 e 和链路 $l \in N_e$同时传输,链路 e 的传输将受到干扰而失败。该模型称为成对干扰模型,主流的 1 跳和 2 跳干扰模型都是该模型的特例。

假设信道状态过程$\{c_e(t)\}_{t,e}$对于不同时间 t 服从独立同分布,对于不同链路 e 统计独立。定义$\gamma_e = \mathbb{P}[c_e(t)=1]$表示链路 e 的成功传输概率。考虑所有信道的统计特性$\gamma_e, e \in E$ 已知,当前信道状态$c_e(t)$未知的情况。

使用$v_e(t)$表示时刻 t 链路 e 的调度决策,$v_e(t)=1$ 表示链路 e 在时刻 t 处传输,否则为$v_e(t)=0$。当且仅当在时刻 t 处链路 e 进行传输,信道状态为好,没有其他干扰链路e'进行传输,链路 e 传输成功。等价表示为

$$\hat{v}_e(t) \triangleq c_e(t)\,v_e(t)\prod_{e'\in N_e}(1 - v_{e'}(t)) = 1 \tag{4.4}$$

在时刻 t 处,通过链路 e 无干扰传输的概率为

$$f_e = \mathbb{P}[v_e(t)\prod_{e' \in N_e}(1 - v_{e'}(t)) = 1] = p_e\prod_{e' \in N_e}(1 - p_{e'}) \tag{4.5}$$

进一步定义f_e为链路 e 的激活频率,$\boldsymbol{f} = (f_e)_{e \in E}$为链路激活向量。分布式平稳策略对应所有链路激活频率$\boldsymbol{f}$的可行空间表示为

$$\mathcal{F}_{\mathrm{D}} = \{\boldsymbol{f} \in \mathbb{R}^{|E|} \mid f_e = p_e\prod_{e' \in N_e}(1 - p_{e'}) \text{ 且 } 0 \leqslant p_e \leqslant 1, \forall e \in E)\} \tag{4.6}$$

图 4.2 给出两个干扰链路例子对应分布式策略的可行链路激活频率集合,以及使用集中式调度器获得的所有链路激活频率集合 $\mathcal{F}$。可以看到,集合 $\mathcal{F}_{\mathrm{D}}$ 为非凸,且严格小于集合 $\mathcal{F}$。

4.3.1　最优策略

本节描述年龄最优策略,提出基于本地信息的实现方法。首先证明对于任何分布式平稳策略,峰值年龄和平均年龄相同,可表示为链路激活频率f_e的简单凸函数。

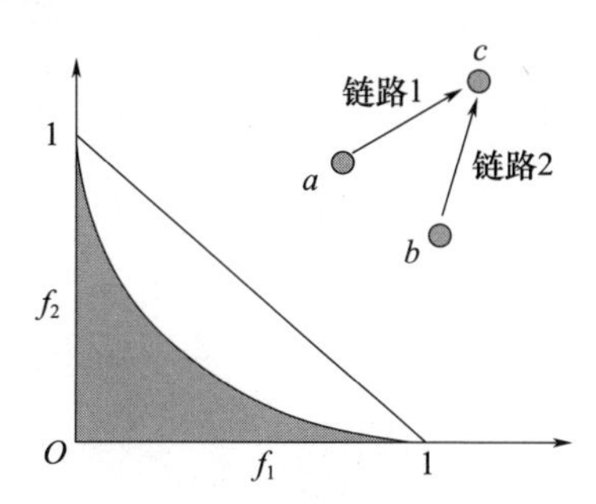

图 4.2　两个干扰链路示例对应的分布式策略可行链路激活频率集合
$\mathcal{F}_{\mathrm{D}}$ 为灰色区域所示,集中式调度可行链路激活频率集合,$\mathcal{F} = \{(f_1, f_2) \mid f_1 + f_2 \leqslant 1 \text{ 且} f_i \geqslant 0\}$。

引理 4.1　对于任意分布式平稳策略,平均和峰值年龄为

$$\Delta^{\mathrm{ave}} = \Delta^{\mathrm{p}} = \sum_{e \in E}\frac{w_e}{\gamma_e f_e} \tag{4.7}$$

式中,$f_e = p_e\prod_{e' \in N_e}(1 - p_{e'})$ 为链路 e 的链路激活频率。

证明:考虑链路 e,在任意分布式平稳策略下,不管链路 e 是否成功传输,事件都在不同时隙上统计独立且同分布,成功概率为$\gamma_e f_e$。两次成功传输间的时间间隔服从均值为$\frac{1}{\gamma_e f_e}$的几何随机分布。链路 e 的峰值和平均年龄等于均值,即

$$\Delta_e^{\mathrm{p}} = \Delta_e^{\mathrm{ave}} = \frac{1}{\gamma_e f_e}$$

因此,网络年龄为 $\sum_{e \in E}\frac{w_e}{\gamma_e f_e}$。详细证明见附录 4.6.1。

基于引理4.1可以推导,分布式平稳策略激活频率空间下的平均和峰值年龄最小化问题可以改写为

$$\underset{f\in\mathcal{F}_D}{\mathrm{Min}}\sum_{e\in E}\frac{w_e}{\gamma_e f_e} \tag{4.8}$$

如图4.2所示,上述问题的目标函数为凸函数,约束集合 $\mathcal{F}_D$ 为非凸集。还应注意到,由于分布式策略由尝试概率p_e决定,仅获得最优链路激活频率$\boldsymbol{f}^*$不能确定策略,最优链路尝试概率 $\boldsymbol{p}^*$ 通过求解问题(4.10)获得。通过求解该问题得到平均和峰值年龄均最优的分布式策略 $\boldsymbol{\pi}_D$。

下面描述最优链路传输概率 $\boldsymbol{p}^*$,实现年龄Δ_e^*最优。

定理4.2 式(4.8)的最优解最优传输概率$\boldsymbol{p}^*=(p_e^*|e\in E)$,对于所有$e\in E$,

$$p_e^*=\frac{w_e\Delta_e^*}{w_e\Delta_e^*+\sum_{e':e\in N_{e'}}w_{e'}\Delta'_{e^*}} \tag{4.9}$$

式中:$\Delta_e^*=\left[\gamma_e p_e^*\prod_{e'\in N_e}(1-p_{e'}^*)\right]^{-1}$为链路$e$的最优峰值或平均年龄。

证明:将式(4.6)的 $\mathcal{F}_D$定义代入式(4.8)可得

$$\begin{aligned}&\underset{[\boldsymbol{p}\in[0,1]^{|E|},\boldsymbol{f}\in\mathbb{R}^{|E|}]}{\mathrm{Min}}\sum_{e\in E}\frac{w_e}{\gamma_e f_e}\\ \text{s. t.}\quad & f_e=p_e\prod_{e'\in N_e}(1-p_{e'})(\forall e\in E)\\ & f_e\geqslant 0(\forall e\in E)\end{aligned} \tag{4.10}$$

令$q_e=1-p_e$,式(4.10)中最优问题可简化为

$$\begin{aligned}&\underset{\boldsymbol{p}\geqslant 0,\boldsymbol{q}\geqslant 0}{\mathrm{Min}}\sum_{e\in E}\frac{w_e}{\gamma_e p_e\prod_{e'\in N_e}q_{e'}}\\ \text{s. t.}\quad & p_e+q_e\leqslant 1(\forall e\in E)\end{aligned} \tag{4.11}$$

作为标准凸优化问题,可通过求解KKT条件得到定理4.2,证明见附录4.6.2。

文献[45]给出任意时间仅有一条链路被激活的ALOHA网络模型年龄优化问题研究结果。文献[45]提出链路尝试发送速率为

$$p_e=\frac{1/\sqrt{\gamma_e}}{\sum_{e'\in E}1/\sqrt{\gamma_{e'}}} \tag{4.12}$$

但是,定理4.2证明,尝试概率为

$$p_e^*=\frac{\Delta_e^*}{\sum_{e'\in E}\Delta_{e'}^*} \tag{4.13}$$

峰值和平均年龄最优。上述结论为文献[45]所提问题提供的更精确解。对更加通用成对干扰约束和权重$w_e>0$,上述结论成立。

4.3.2 最优策略分布式计算

定理4.2描述了链路最优年龄Δ'_e对应的链路最优传输概率,没有提供简便的计算方法。本节提供网络年龄最小化问题式(4.8)的另一种描述。具体地,证明可通过求解简单的凸优化问题得到最优解$\boldsymbol{p}^*$。

定理4.3 年龄最小化问题式(4.8)可等价为以下凸问题:

$$\underset{\lambda_e\geqslant 0}{\mathrm{Max}}\sum_{e\in E}\left(\lambda_e+\sum_{e':e\in N_{e'}}\lambda_{e'}\right)H\left(\frac{\lambda_e}{\lambda_e+\sum\limits_{e':e\in N_{e'}}\lambda_{e'}}\right)+\sum_{e\in E}\lambda_e\left[1+\lg\left(\frac{w_e}{\lambda_e}\right)\right]\triangleq G(\lambda) \tag{4.14}$$

其中,$H(p)=p\lg\left(\frac{1}{p}\right)+(1-p)\lg\left(\frac{1}{1-p}\right)$为熵函数。若$\boldsymbol{\lambda}^*$为该问题的最优解,对于所有$e\in E$,最优尝试概率$\boldsymbol{p}^*$为

$$\boldsymbol{p}_{\mathrm{e}}^*=\frac{\lambda_{\mathrm{e}}^*}{\lambda_{\mathrm{e}}^*+\sum\limits_{e':e\in N_{e*}}\lambda_{e'*}^*} \tag{4.15}$$

证明:见附录4.6.3。

首先定义变量λ_e为链路e加权年龄$w_e\Delta_e$的代理,最优解λ_e^*对应最优加权年龄$w_e\Delta_e^*$。这种关系可通过式(4.15)和式(4.9)直观比较得到。

式(4.14)中目标函数$G(\lambda)$为凸函数,对应优化问题为凸问题。因此,简单投影梯度上升法可保证收敛到最优解λ^*[160]。对于$e\in E$,$G(\lambda)$的梯度函数可表示为

$$\frac{\partial G(\lambda)}{\partial\lambda_e}=\lg\left(\frac{w_e}{\lambda_e}\right)+\lg\left(1+\frac{\theta_e}{\lambda_e}\right)+\sum_{e':e\in N_{e'}}\lg\left(1+\frac{\lambda_{e'}}{\theta_{e'}}\right)$$

式中:$\theta_{\mathrm{e}}=\sum\limits_{e':e\in N_{e'}}\lambda_{e'}$;梯度$\frac{\partial G(\lambda)}{\partial\lambda_e}$仅与$\lambda_e$和$\lambda_{e'}$相关;$e'$为$e$的“扩展邻居”。$\frac{\partial G(\lambda)}{\partial\lambda_e}$对$\boldsymbol{\lambda}$的空间依赖性使得投影梯度下降算法迭代过程与分布式实现相似。

算法4.1给出分布式计算策略π_D对应的投影梯度下降算法。算法将时间分为帧结构,每帧包含$F>1$个时隙。为简便起见,假设干扰对称,即对于所有链路,链路e与e'之间相互干扰的条件$N_e=\{e'\in E|e\in N_{e'}\}$相同。

算法 4.1 策略 π_D 的分布式计算

1: $p_e(m)$：在帧 m 上链路 e 的尝试概率

2: $\lambda_e(m)$, $\theta_e(m)$：帧 m 的对偶变量

3: 开始：对于所有 $e \in E$，令 $\lambda_e(0)=1$, $\theta_e(0)=|N_e|$, $p_e(0)=1/2$, $m=0$

4: 对于每个帧 m 循环执行

5: 发送：$\theta_e(m)$ 给所有 $e' \in N_e$

6: 计算 $\lambda_e(m+1)$：

$$\lambda_e(m+1) \leftarrow \mathcal{P}_\epsilon\left[\lambda_e(m)+\eta_m\left\{\lg\left(\frac{w_e}{\lambda_e(m)}\right)+\left(1+\lg\left(1+\frac{\theta_e(m)}{\lambda_e(m)}\right)+\sum_{e'\in N_e}\lg\left(1+\frac{\lambda_{e'}(m)}{\theta_{e'}(m)}\right)\right\}\right]$$

7: 发送：$\lambda_e(m+1)$ 给所有 $e' \in N_e$

8: 更新 $\theta_e(m+1)$：

$$\theta_e(m+1) \leftarrow \sum_{e'\in N_e}\lambda_{e'}(m+1)$$

9: 更新 $p_e(m+1)$：

$$p_e(m+1) \leftarrow \frac{\lambda_e(m+1)}{\lambda_e(m+1)+\theta_e(m+1)}$$

10: $m \leftarrow m+1$

帧 $m \geqslant 1$ 中链路 e 的尝试概率为 $p_e(m)$。链接 e 中的源对 $\lambda_e(m)$ 和 $\theta_e(m)$ 两个变量进行跟踪和更新。使用 $\mathcal{P}_\epsilon$ 表示集合 $[\epsilon, +\infty)$ 上的投影，$\epsilon>0$。根据算法 4.1 第 5 步和第 7 步，变量 $\lambda_e(m)$ 和 $\theta_e(m)$ 仅需在邻居链路之间进行信息交换。

4.3.3 小结

本节针对成对干扰约束、时变信道和单跳业务流的无线网络信息年龄最小化问题，分析了一类简单的分布式调度策略，每条链路以概率 p_e 尝试传输。本节具体分析描述了各链路最优尝试概率与该链路及其相邻链路最小年龄之间的关系。本节证明最优链路尝试概率可以通过求解凸优化问题求解的可行性，提出投影梯度上升算法进行分布式计算实现。

4.4 节将考虑更大空间的集中式调度策略问题。针对激活源节点网络，证明平稳随机策略为峰值年龄最优，且以因子 2 逼近平均年龄最优值。对于缓存源节点网络，提出一种分离原则策略，通过联合优化包产生速率和调度策略优化网络年龄，证明平稳随机策略具有重要作用，并且性能较好。

4.4 集中式调度策略

本节提出集中式调度策略，实现网络峰值和平均年龄最小化。考虑网络中信源为激活源和缓存源的情况。在多种条件下，分析证明平稳随机策略为最优

或近似最优。

使用图 $G=(V,E)$ 表示无线网络,其中 V 为用户集合,E 为通信链路集合。每条通信链路 $e\in E$ 为源节点到目的地节点对之间的链路,信源生成需传送到目的地的更新信息。考虑网络时间为时隙结构,时隙时长归一化。

无线链路之间的干扰约束限制可被同时激活的链路集合。使用可行激活集合 $m\in E$ 表示可以被同时激活且相互之间不存在干扰的链路。使用 $\mathcal{A}$ 表示包含所有可行激活集合的总集。上述模型为通用干扰模型,包括1跳干扰、k 跳干扰和协议干扰模型等主流干扰模型。

使用 $\{c_e(t)\}_t$ 表示链路 e 的信道状态过程。如4.2节所述,该过程对于不同链路服从独立同分布,不同链路统计独立。对于所有 $\forall e\in E,\gamma_e=\mathbb{P}[c_e(t)=1]>0$。假设信道成功概率 γ_e 已知,或者可以单独测量得到。

下面设计数据包的生成速度和调度策略,以实现网络年龄最小化。在激活源网络中,每次传输机会都有新数据包生成,因此仅需设计调度策略。但在缓存源网络中,存在数据包生成过程,需要同时设定更新速率和调度策略。

考虑策略空间 Π,其中调度器对于当前信道状态未知。具体地,调度器在时刻 t 基于历史信息 $\mathcal{H}(t)$ 确定决策 $m(t)$:

$$\mathcal{H}(t)=\{m(\tau),\boldsymbol{c}(\tau),\boldsymbol{\Delta}(\tau')\mid 0\leqslant\tau<t\text{ 和 }0\leqslant\tau'\leqslant t\}\tag{4.16}$$

其中,$\boldsymbol{\Delta}(\tau')=(\Delta_e(t))_{e\in E},\boldsymbol{c}(\tau)=(c_e(t))_{e\in E}$。

给定策略 π,对于链路 e,定义 $f_e(\pi)$ 为链路传输频率,表示链路 e 激活的时间占比,即

$$f_e(\pi)=\limsup_{T\to\infty}\frac{\sum_{t=1}^{T}\mathbb{I}_{\{e\in m(t),m(t)\in\mathcal{A}\}}}{T}\tag{4.17}$$

式中:$m(t)$ 为时刻 t 激活链路的集合;$\mathbb{I}_S$ 为指示函数,当条件 S 成立时函数值为1,否则为0。注意到,由无线信道存在传输错误导致激活链路传输失败,$f_e(\pi)$ 不是成功激活的频率。

定义上述策略下,可行的链路激活频率集合可表示为

$$\mathcal{F}=\{\boldsymbol{f}\in\mathbb{R}^{|E|}\mid f_e=f_e(\pi),\forall e\in E,\text{某一策略 }\pi\in\Pi\}$$

该集合可以表征为线性约束的形式:

$$\mathcal{F}=\{\boldsymbol{f}\in\mathbb{R}^{|E|}\mid \boldsymbol{f}=\boldsymbol{Mx},\boldsymbol{l}^T\boldsymbol{x}\leqslant 1\text{ 和 }\boldsymbol{x}\geqslant 0\}\tag{4.18}$$

式中:$\boldsymbol{x}$ 为 $\mathbb{R}^{|\mathcal{A}|}$ 中向量;$\boldsymbol{M}$ 为 $|E|\times|\mathcal{A}|$ 维矩阵。对于所有链路 e 和可行激活集合 $m\in\mathcal{A}$,矩阵元素为

$$M_{e,m}=\begin{cases}1, & e\in m\\0, & \text{其他情况}\end{cases}\tag{4.19}$$

4.4.1 平稳随机策略

平稳随机策略是一类不使用历史信息进行决策的策略,策略中链路根据与时间独立的平稳概率随机分布进行激活。定义平稳随机策略如下。

定义 4.4 平稳随机策略:使用$B_e(t) = \{e \in m(t), m(t) \in \mathcal{A}\}$表示时刻 t 链路 e 被激活的事件。对于所有 $e \in E$,当$B_e(t)$关于时间 t 独立,对于所有$t_1, t_2 \in \{1,2,\cdots\}$,$\mathbb{P}[B_e(t_1)] = \mathbb{P}[B_e(t_2)]$,策略 π 是平稳随机的,为简化表示,也称平稳策略。使用 Π_{st}表示策略集合 Π 中的所有平稳策略。

4.4 节描述了各链路根据独立于时间和链路的概率$p_e > 0$ 激活的分布式平稳随机策略的具体案例。这里考虑集中式平稳随机策略或集中式平稳策略。

集中式平稳策略:为激活链路可行集合 $\mathcal{A}$ 的各元素分配一个概率分布,记为 $\boldsymbol{x} \in \mathbb{R}^{|\mathcal{A}|}$。每个时隙中,以独立于时间的概率$x_m$激活链路集合 $m \in \mathcal{A}$。该策略称为集中式平稳策略。

该策略下,对于所有链路 $e \in E$ 和时隙 t,有

$$\mathbb{P}[B_e(t)] = \sum_{m:e \in m} x_m = (\boldsymbol{Mx})_e \tag{4.20}$$

式中:$\boldsymbol{M}$ 为$|E| \times |\mathcal{A}|$维$\{0,1\}$矩阵,定义为

$$M_{e,m} = \begin{cases} 1, & e \in m \\ 0, & \text{其他情况} \end{cases} \tag{4.21}$$

值得注意的是,集中式平稳策略可根据策略 $\pi \in \Pi$ 达到任意链路的激活频率 $\boldsymbol{f}(\pi) = (f_e(\pi))_{e \in E}$,因此该策略实用。

4.4.2 激活源

考虑所有源节点为激活源的网络。由于年龄度量取决于所使用的策略 $\pi \in \Pi$,符号 $\Delta^{\text{ave}}(\pi)$和 $\Delta^{\text{p}}(\pi)$体现了信息年龄与策略的依赖关系。定义 $\Delta^{\text{ave}*}$ 和 $\Delta^{\text{p}*}$ 为所有策略 Π 中的平均年龄和峰值年龄最优策略。

首先描述任意策略 $\pi \in \Pi$ 下的峰值年龄,证明集中式平稳策略为峰值年龄最优。

定理 4.5 对于任意策略 $\pi \in \Pi$,峰值年龄可表示为

$$\Delta^{\text{p}}(\pi) = \sum_{e \in E} \frac{we}{\gamma_e f_e(\pi)} \tag{4.22}$$

因此,对于所有策略 $\pi \in \Pi$,存在平稳策略 $\pi_{st} \in \Pi_{st}$ 满足 $\Delta^{\text{p}}(\pi) = \Delta^{\text{p}}(\pi_{st})$,平稳策略为峰值年龄最优。

证明：考虑激活概率为$f_e=\mathbb{P}[B_e(t)]$的平稳策略。因为信道状态过程统计独立同分布，对于任意时隙，链路 e 成功激活概率为$f_e\gamma_e$，两次成功传输之间的时间间隔服从均值$\frac{1}{f_e\gamma_e}$的几何随机分布，峰值年龄表示为$\sum_{e\in E}\frac{w_e}{f_e\gamma_e}$。对于任意策略 $\pi\in\Pi$，定理结论成立。详细证明过程见 4.6.4 节。

定理 4.5 表明，峰值年龄的最小化问题可改写为

$$\begin{aligned}&\underset{f}{\text{Max}}\sum_{e\in E}\frac{we}{\gamma_e f_e}\\&\text{s.t.}\quad f\in\mathcal{F}\end{aligned}\tag{4.23}$$

式中：集合 $\mathcal{F}$ 由式(4.18)给出，为策略 Π 所有链路的激活概率空间。

下面讨论 4.4.2 节中在通用模型和干扰约束下时式(4.23)求解。

定理 4.5 表明集中式随机策略是峰值年龄最优的。下面证明峰值年龄最优平稳策略在最优平均年龄的 2 倍以内。对于任意策略 $\pi\in\Pi$，峰值年龄与平均年龄之间存在如下重要关系。

定理 4.6　对于所有策略 $\pi\in\Pi$，有

$$\Delta^{\mathrm{p}}(\pi)\leqslant 2\Delta^{\mathrm{ave}}(\pi)-1\tag{4.24}$$

证明：该结果可根据柯西 - 施瓦兹不等式直接推导出，详见 4.6.5 节。

使用 $\Delta^{\mathrm{p}*}=\min\limits_{\pi\in\Pi}\Delta^{\mathrm{p}}$ 和 $\Delta^{\mathrm{ave}*}=\min\limits_{\pi\in\Pi}\Delta^{\mathrm{ave}}$分别表示空间 Π 中所有策略中最优策略的峰值和平均年龄。由于对于所有策略 $\pi\in\Pi$ 式(4.24)均成立，因此最优策略同样适用。

推论 4.7　最优峰值年龄存在上界：

$$\Delta^{\mathrm{p}}\leqslant 2\Delta^{\mathrm{ave}*}-1\tag{4.25}$$

证明：因为 $\Delta^{\mathrm{p}*}$ 为最优年龄峰值，所以对于任意策略 π，满足 $\Delta^{\mathrm{p}*}\leqslant\Delta^{\mathrm{p}}$。将其代入式(4.24)可得，对于任意策略 $\pi\in\Pi$，$\Delta^{\mathrm{p}*}\leqslant 2\Delta^{\mathrm{ave}}(\pi)-1,\ \forall\pi\in\Pi$。通过最小化式(4.25)右侧部分得到结论。证毕。

下面证明对于任意平稳策略，平均年龄与峰值年龄相等。

引理 4.8　对于任意平稳策略 $\pi\in\Pi_{\mathrm{st}}$，有 $\Delta^{\mathrm{ave}}(\pi)=2\Delta^{\mathrm{p}}(\pi)$。

证明：定义$c_e(t)$为平稳策略 $\pi\in\Pi_{\mathrm{st}}$下，链路 e 上两次成功传输的时间间隔。链路 e 的峰值年龄和平均年龄分别为$\Delta_e^{\mathrm{p}}(\pi)=\mathbb{E}[c_e]$和$\Delta_e^{\mathrm{ave}}(\pi)=\frac{\mathbb{E}[c_e^2]}{2\,\mathbb{E}[c_e]}+\frac{1}{2}$。进一步地，$c_e(t)$对于所有策略 $\pi\in\Pi_{\mathrm{st}}$为服从几何随机分布的随机变量。证毕。详细证明过程见 4.6.6 节。

根据推论 4.7 和引理 4.13 可以证明，稳定峰值年龄最优策略在最优平均年

龄的 2 倍以内。

定理 4.9 若策略 π_C 是可实现最优峰值的平稳策略，则策略 π_C 下的平均年龄也在最优平均年龄的 2 倍以内，即

$$\Delta^{ave*} \leqslant \Delta^{ave}(\pi_C) \leqslant 2\Delta^{ave*} - 1 \tag{4.26}$$

证明：使用策略 π_C 为峰值年龄最优策略，满足

$$\Delta^{p}(\pi_C) = \Delta^{p*} \tag{4.27}$$

因为策略 π_C 是平稳策略，所以通过引理 4.13 可得

$$\Delta^{ave}(\pi_C) = \Delta^{p}(\pi_C) \tag{4.28}$$

根据式(4.27)和式(4.28)和推论 4.7 可得

$$\Delta^{ave}(\pi_C) = \Delta^{p}(\pi_C) = \Delta^{p*} \leqslant 2\Delta^{ave*} - 1 \tag{4.29}$$

证毕。

定理 4.9 表明，通过求解式(4.23)得到的平稳峰值年龄最优策略的平均年龄控制在最优平均年龄值 2 倍以内。基于此，下面分析描述式(4.23)的最优解。

可行集 $\mathcal{F}$ 上的峰值年龄最小化问题式(4.23)可改写为

$$\begin{aligned} \underset{x \in \mathbb{R}^{|\mathcal{A}|}}{\text{Min}} & \sum_{e \in E} \frac{we}{\gamma_e f_e} \\ \text{s.t.} \quad & \boldsymbol{f} = \boldsymbol{Mx} \\ & \boldsymbol{1}^T \boldsymbol{x} \leqslant 1, \boldsymbol{x} \geqslant 0 \end{aligned} \tag{4.30}$$

值得注意，该问题针对可行激活集合 $m \in \mathcal{A}$ 的激活概率 $\boldsymbol{x}$ 进行优化，链路激活频率 $\boldsymbol{f}$ 完全由 $\boldsymbol{x}$ 决定。由于该问题为标准凸问题[160]，最优解为向量 $\boldsymbol{x} \in \mathbb{R}^{|\mathcal{A}|}$，因此可以得到链路激活集合 $\mathcal{A}$ 概率分布，并确定峰值年龄的最小化策略。根据定理 4.9，最优策略的平均年龄在最优年龄 2 倍以内。使用 π_C 定义集中式平稳策略。

首先分析在任意 $\mathcal{A}$ 下，式(4.30)的最优解。给定 $\boldsymbol{x} \in \mathbb{R}^{|\mathcal{A}|}$ 为激活链路集合 $\mathcal{A}$ 的概率分布，$\boldsymbol{f} = \boldsymbol{Mx} \in \mathbb{R}^{|E|}$ 为链路激活频率向量。定义可行链路激活集合 $m \in \mathcal{A}$ 的权重为 $\mu_m(\boldsymbol{x})$

$$\mu_m(\boldsymbol{x}) = \sum_{e \in m} \frac{w_e}{\gamma_e (\boldsymbol{Mx})_e^2} = \sum_{e \in m} \frac{w_e}{\gamma_e f_e^2} \tag{4.31}$$

很明显，对于所有 m，$\mu_m(\boldsymbol{x}) > 0$。下面根据权重 $\mu_m(\boldsymbol{x})$ 描述式(4.30)的最优解。

定理 4.10 当且仅当存在 $\mu > 0$ 满足下面条件时，$\boldsymbol{x} \in \mathbb{R}^{|\mathcal{A}|}$ 为式(4.30)的最优解。

(1) 对于所有满足 $x_m > 0$ 的集合 $m \in \mathcal{A}$，存在 $\mu_m(\boldsymbol{x}) = \mu$；

(2) 当$x_m=0$,有$\mu_m(\boldsymbol{x})\leqslant\mu$;

(3) $\sum_{m\in A} x_m = 1, x_m \geqslant 0$。

此外,μ 为最优峰值年龄$\Delta^{\mathrm{p}*}$。

证明:式(4.30)中问题为凸问题,所有约束为仿射型,均满足 Slater's 条件[160]。因此,KKT 条件成为充分必要条件,基于其可得到定理结论。详细证明见 4.6.7 节。

定理 4.10 表明,对于最优概率分布 $\boldsymbol{x}$,$x_m>0$ 为正值的集合 $m\in\mathcal{A}$ 具有相同权重$\mu_m(\boldsymbol{x})$,其他集合 $\boldsymbol{m}\in\mathcal{A}$ 权重$\mu_m(\boldsymbol{x})$较小。

尽管集合 $\mathcal{A}$ 较大,但大多数情况下,只有集合中一小部分概率被分配正值。当在可行集中无法加入链路 $e\notin m$ 时,即 $m\cup\{e\}\notin\mathcal{A}$,可行激活集合 m 为最大集合。下面证明只有集合 $\mathcal{A}$ 中最大集合被分配正值概率,减少式(4.30)中约束数量。

推论 4.11　如果 $\boldsymbol{x}$ 为式(4.30)的最优解,对于所有非最大集合 $m\in\mathcal{A}$,$x_m=0$。

证明:使用$m'\in\mathcal{A}$表示非最大集合,存在$\overline{m}\in\mathcal{A}$满足$m'\subsetneq\overline{m}$。基于$\mu_m(\boldsymbol{x})$的定义,存在$\mu_{m'}(\boldsymbol{x})<\mu_{\overline{m}}(\boldsymbol{x})$。因此,当$x_{m'}>0$时,$\mu=\mu_{m'}(\boldsymbol{x})<\mu_{\overline{m}}(\boldsymbol{x})$存在矛盾。

尽管式(4.30)中优化问题为凸问题,其变量空间是$|\mathcal{A}|$维的,求解问题的计算复杂度随$|\mathcal{V}|$和$|\mathcal{E}|$指数增长,但是在某些特定情况下,可通过高效方法获得问题最优解。

单跳干扰网络:考虑网络 $G=(V,E)$,共享节点的相邻链路之间存在干扰。对于该网络,每个可行激活集合都是图 G 上一次匹配,$\mathcal{A}$ 是图 G 中所有匹配的集合。因此,式(4.30)中约束集合等价为一个匹配多面体[161],最优调度问题简化为求解式(4.30)匹配多面体上的凸优化问题。考虑其多项式时间求解复杂度,可以通过使用 Frank - Wolfe 算法和割平面法高效求解[162-163]。

K - 链路激活网络:考虑网络 $G=(V,E)$,任意时间内至多 K 条链路可同时激活,链路记为 $E=\{0,2,\cdots,|E|-1\}$。这种干扰约束常见于蜂窝系统,K 表示正交频分复用的子信道数量或小区中可用于传输的子帧数量[164]。

集合 $\mathcal{A}$ 为元素数目不超过 K 的 E 集合子集,形成集合 E 上的均匀拟阵[161],式(4.30)中约束集合为均匀的拟阵多面体。可以证明,对于所有链路 $e\in E$,不等式 $\sum_{e\in E} f_e\leqslant K$ 和 $0\leqslant f_e\leqslant 1$ 是描述该多面体的充分必要条件[161]。峰值年龄最小化问题式(4.30)可以简化描述为

$$\underset{f\in[0,1]^{|E|}}{\mathrm{Min}}\sum_{e\in E}\frac{w_e}{\gamma_e f_e}$$

$$\text{s. t.} \quad \sum_{e \in E} f_e \leqslant K \tag{4.32}$$

由于问题约束项与 $|E|$ 呈线性关系，因此该问题可通过标准凸优化算法求解[160]。

4.4.3 缓存源

考虑网络中源节点为缓存源的网络，源节点根据伯努利过程生成更新信息数据包，生成数据包在 MAC 层按照先到达先服务规则进行排队。本节仅考虑平稳策略。

定义 π 为平稳策略，链路 e 的链路激活概率为f_e，链路 e 的 MAC 层先到达先服务队列服务过程为速率为$\gamma_e f_e$的伯努利过程。缓存源根据离散时间 G/Ber/1 队列运行。

考虑伯努利随机服务过程为速率为 μ 的离散时间 G/Ber/1 队列，缓存源按照随时间的更新过程生成更新数据包。使用 X 表示到达间隔的随机变量，服从一般分布F_X，X 取值范围为$\{1,2,\cdots\}$。假设 $\lambda = \mathbb{E}[X]^{-1} < \mu$，使用下面结论可得到对于离散时间 G/Ber/1 队列的峰值年龄和平均年龄的表达式。

定理 4.12 对于更新速率为 λ、服务速率为 μ 的 G/Ber/1 队列，峰值年龄可表示为

$$\Delta^{\mathrm{P}} = \frac{1}{\alpha^*} + \frac{1}{\lambda} \tag{4.33}$$

平均年龄可表示为

$$\Delta^{\mathrm{ave}} = \lambda\left[\frac{M''_X(0)}{2} + \frac{1}{\alpha^*}M'_X(\lg(1-\alpha^*))\right] + \frac{1}{\mu} + \frac{1}{2} \tag{4.34}$$

式中：α^* 为 $\alpha = \mu - \mu M_X(-\alpha)$ 的唯一解；$M_X(\alpha) = \mathbb{E}[e^{\alpha X}]$ 是生成间隔时间 X 的矩生成函数；M'_X和M''_X分别表示函数的一阶和二阶导数。

证明：详细证明见文献[52]。

文献[1]针对连续时间 M/M/1 队列推导出其峰值信息年龄和平均信息年龄。图 4.3 描述了连续时间 M/M/1 队列和离散时间 Ber/Ber/1 队列对应的峰值和平均年龄，对应值为队列服务利用率 $\rho = \lambda/\mu$ 的函数。从图 4.3 中可以看到，在连续时间和离散时间队列下，信息年龄差距很大，尤其是当服务利用率 μ 接近 1 时。相似现象在连续时间 D/M/1 队列和离散时间 D/Ber/1 队列中出现。

下面考虑两种具体的离散时间队列，即 Ber/Ber/1 队列和 D/Ber/1 队列。分析证明，连续时间 M/M/1 队列和 D/M/1 队列可为对应离散时间队列提供峰

值和平均年龄上界。尽管界限可能非常弱，如图 4.3 所示，但是最优队列服务利用率使得上界最小化，逼近最优性能。基于上述特点，可设计近似最优的缓冲源网络速率控制和调度策略。

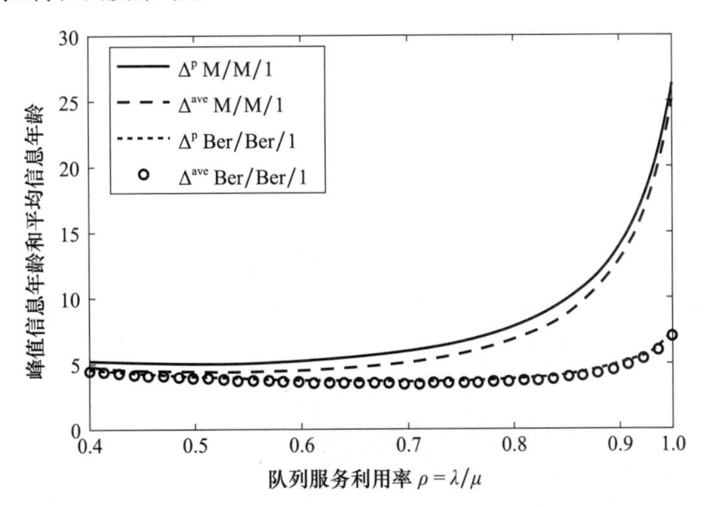

图 4.3　不同连续时间和离散时间队列下，峰值信息年龄和平均信息年龄与队列服务利用率 $\rho=\lambda/\mu$ 的函数关系图，$\mu=0.8$

基于定理 4.2 可以推导伯努利随机过程包生成条件下的峰值和平均年龄。使用 λ_e 表示链路 e 的包生成速率。在平稳策略 π 下，链路 e 以频率 f_e 激活服务，峰值年龄可表示为

$$\Delta_e^{\mathrm{p}}(f_e,\rho_e)=\begin{cases}\dfrac{1}{\gamma_e f_e}\left[\dfrac{1}{\rho_e}+\dfrac{1}{1-\rho_e}\right]-\dfrac{\rho_e}{1-\rho_e},\gamma_e f_e<1\\[2ex]\dfrac{1}{\rho_e},\gamma_e f_e=1\end{cases}\tag{4.35}$$

平均年龄可表示为

$$\Delta_e^{\mathrm{ave}}(f_e,\rho_e)=\begin{cases}\dfrac{1}{\gamma_e f_e}\left[1+\dfrac{1}{\rho_e}+\dfrac{\rho_e^2}{1-\rho_e}\right]-\dfrac{\rho_e^2}{1-\rho_e},\gamma_e f_e<1\\[2ex]1+\dfrac{1}{\rho_e},\gamma_e f_e=1\end{cases}\tag{4.36}$$

其中，$\rho_e=\dfrac{\lambda_e}{\gamma_e f_e}$。上述结果可由定理 4.12 直接得到，推导过程从略。

不同于激活源网络，为获得最小信息年龄，需要同时优化包生成速率 λ_e 或 ρ_e

和调度策略 $\pi \in \Pi_{st}$。从所有平稳策略中选择，根据式(4.35)，峰值年龄优化问题表示为

$$\Delta_{\mathcal{B}}^{p*} = \underset{f,\rho \in [0,1]}{\text{Min}} \frac{1}{|E|}\sum_{e \in E} w_e \Delta_e^{p}(f_e,\rho_e)$$
$$\text{s.t.} \quad f \in \mathcal{F} \tag{4.37}$$

其中，$\mathcal{F}$ 为链路激活频率的可行集合。

相似地，平均年龄优化问题可表示为

$$\Delta_{\mathcal{B}}^{ave*} = \underset{f,\rho \in [0,1]}{\text{Min}} \frac{1}{|E|}\sum_{e \in E} w_e \Delta_e^{ave}(f_e,\rho_e)$$
$$\text{s.t.} \quad f \in \mathcal{F} \tag{4.38}$$

接下来提出重要的分离原则，为上述问题提供简易的解决方案。链路 e 峰值年龄和平均年龄的上界可表示为

$$\Delta_e^{p}(f_e,\rho_e) \leqslant \frac{1}{\gamma_e f_e}\left[\frac{1}{\rho_e} + \frac{1}{1-\rho_e}\right] \tag{4.39}$$

和

$$\Delta_e^{ave}(f_e,\rho_e) \leqslant \frac{1}{\gamma_e f_e}\left[1 + \frac{1}{\rho_e} + \frac{\rho_e^2}{1-\rho_e}\right] \tag{4.40}$$

式(4.39)和式(4.40)中上界实际上为 M/M/1 队列的峰值年龄和平均年龄[1,13]。

使用$\bar{\rho}^{p}$和$\bar{\rho}^{ave}$分别表示实现峰值年龄和平均年龄上界最小化的最优ρ_e，可得

$$\bar{\rho}^{p} = \underset{\rho_e \in (0,1)}{\text{argmin}} \frac{1}{\rho_e} + \frac{1}{1-\rho_e} \tag{4.41}$$

和

$$\bar{\rho}^{ave} = \underset{\rho_e \in (0,1)}{\text{argmin}} 1 + \frac{1}{\rho_e} + \frac{\rho_e^2}{1-\rho_e} \tag{4.42}$$

容易发现，$\bar{\rho}^{p} = \frac{1}{2}$，$\bar{\rho}^{ave}$为方程$\rho^4 - 2\rho^3 + \rho^2 - 2\rho + 1 = 0$ 的解，其值为 $\rho \approx 0.53$[1]。

下面定理给出$\bar{\rho}^{p}$和$\bar{\rho}^{ave}$的性质。

引理 4.13 峰值和平均年龄与最优年龄分别在 $\rho_e = \bar{\rho}^{p}$ 和 $\rho_e = \bar{\rho}^{ave}$ 处达到。对于所有$f_e \in (0,1)$，年龄与最优值之间最大差距为 1：

$$\Delta_e^{p}(f_e,\bar{\rho}^{p}) - \min_{\rho \in (0,1)} \Delta_e^{p}(f_e,\rho) \leqslant 1 \tag{4.43}$$

和

$$\Delta_e^{ave}(f_e,\bar{\rho}^{ave}) - \min_{\rho \in (0,1)} \Delta_e^{ave}(f_e,\rho) \leqslant 1 \tag{4.44}$$

证明：见 4.6.8 节。

4.4.4　分离原则策略

基于引理 4.13 提出分离原则策略如下。

(1) 激活源网络按照最小化峰值年龄的平稳策略 π_C 进行链路调度,其中 π_C 为式(4.30)的解。

(2) 对于所有链路 $e \in E$,选择$\rho_e = \bar{\rho}$。

(3) 根据速率为$\lambda_e = \bar{\rho}\gamma_e f_e$的伯努利随机过程生成更新数据包。

对所有链路 $e \in E$,速率控制$\rho_e = \bar{\rho}$相同。选择$\bar{\rho} = \bar{\rho}^{\mathrm{p}}$实现峰值年龄最小化,并选择$\bar{\rho} = \bar{\rho}^{\mathrm{ave}}$实现平均年龄最小化。

下面证明分离原则策略分别可以接近最优峰值和平均年龄$\Delta_{\mathcal{B}}^{\mathrm{p}*}$和$\Delta_{\mathcal{B}}^{\mathrm{ave}*}$。

定理 4.14　使用$\boldsymbol{f}^*$表示平稳策略 π_C 下链路激活频率向量。

(1) 在速率为$\rho_e = \bar{\rho}^{\mathrm{p}}$的平稳策略 π_C 下,峰值年龄的上界为

$$\Delta^{\mathrm{p}}(\boldsymbol{f}^*, \bar{\rho}^{\mathrm{p}}\mathbf{1}) \leqslant \Delta_{\mathcal{B}}^{\mathrm{p}*} + 1 \tag{4.45}$$

(2) 在速率为$\rho_e = \bar{\rho}^{\mathrm{ave}}$的平稳策略 π_C 下,平均年龄的上界为

$$\Delta^{\mathrm{ave}}(\boldsymbol{f}^*, \bar{\rho}^{\mathrm{ave}}\mathbf{1}) \leqslant \Delta_{\mathcal{B}}^{\mathrm{ave}*} + 1 \tag{4.46}$$

证明:峰值年龄,基于引理 4.13 可得

$$\sum_{e \in E} w_e\, \Delta_e^{\mathrm{p}}(f_e, \bar{\rho}^{\mathrm{p}}) \leqslant \min_{\rho \in [0,1]^{|E|}} \sum_{e \in E} w_e\, \Delta_e^{\mathrm{p}}(f_e, \rho_e) + \sum_{e \in E} w_e \tag{4.47}$$

最小化$\boldsymbol{f} \in \mathcal{F}$,可得

$$\min_{f \in \mathcal{F}} \sum_{e \in E} w_e\, \Delta_e^{\mathrm{p}}(f_e, \bar{\rho}^{\mathrm{p}}) \leqslant \Delta_{\mathcal{B}}^{\mathrm{p}*} + \sum_{e \in E} w_e \tag{4.48}$$

因为

$$\Delta_{\mathcal{B}}^{\mathrm{p}*} = \min_{f \in \mathcal{F} \rho \in [0,1]^{|E|}} \sum_{e \in E} w_e\, \Delta_e^{\mathrm{p}}(f_e, \rho_e)$$

注意到下面等式成立:

$$\sum_{e \in E} w_e\, \Delta_e^{\mathrm{p}}(f_e, \bar{\rho}^{\mathrm{p}}) = \left(\frac{1}{\bar{\rho}^{\mathrm{p}}} + \frac{1}{1 - \bar{\rho}^{\mathrm{p}}}\right) \sum_{e \in E} \frac{w_e}{\gamma_e f_e} - \left(\frac{\bar{\rho}^{\mathrm{p}}}{1 - \bar{\rho}^{\mathrm{p}}}\right) \sum_{e \in E} w_e \tag{4.49}$$

其中,除了一个常数相乘因子和相加项外,与式(4.30)的目标函数形式相同。平稳策略 π_C 可实现 $\sum_{e \in \mathrm{E}} w_e\, \Delta_e^{\mathrm{p}}(f_e, \bar{\rho}^{\mathrm{p}})$ 最小化。因此,平稳策略 π_C 下的链路激活频率向量$\boldsymbol{f}^*$给定条件下,有

$$\Delta^{\mathrm{p}}(\boldsymbol{f}^*, \bar{\rho}^{\mathrm{p}}1) = \min_{f \in \mathcal{F}} \sum_{e \in E} w_e\, \Delta_e^{\mathrm{p}}(f_e, \bar{\rho}^{\mathrm{p}}) \tag{4.50}$$

将式(4.50)代入式(4.48),基于 $\sum_{e \in E} w_e = 1$ 可以得到上述结论。对于平均年龄的证明沿用了该思路。

定理 4.14 表明,可选策略限制于平稳策略条件下,使用速率控制和调度策略的分离原则可以到达近似最优。换句话说,在没有其他竞争链路的情况下进行速率控制(选择ρ_e),并在假设激活源网络情况下设计链路调度策略,可得到近似最优性能。此外,注意到速率控制和调度策略是在协议栈不同层中实现的,上述分析结果证明,所提策略可确保网络年龄最优。文献[52]针对周期性数据包更新网络证明了相似结论。将分离原则策略推广到更通用的更新生成过程有待后续进一步研究。

4.4.5 数值结果

对于包含 N 条链路的 K – 链路激活网络,网络中可行激活集合 m 最多包含 K 条链路。对于不同链路,比例 θ 的链路信道状态为差$\gamma_e=\gamma_{\text{bad}}$,其余链路信道状态为好$\gamma_e=\gamma_{\text{good}}>\gamma_{\text{bad}}$。所有链路权重设为$w_e=1$。对于单跳干扰网络也可以得到相似结果。

1. 激活源网络

首先考虑网络中所有源节点均为激活源的情况。画图比较所提最优峰值年龄策略 π_C,如点划线所示,以相同概率随机调度最大子集 $\mathcal{A}$ 的均匀平稳策略和任意时刻激活 K 条链路的轮询调度策略。

图 4.4 考虑了 $K=1$ 的情况,描述了加权峰值年龄和平均年龄对于参数 θ 的性能曲线。网络中包含 $N=50$ 条链路,$\gamma_{\text{good}}=0.9$,分别描述了$\gamma_{\text{bad}}=0.1$ 和$\gamma_{\text{bad}}=0.2$ 两种情况。对于引理 4.13 中平稳策略对应峰值和平均年龄相一致的结论进行了仿真分析。为避免结果模糊,该图中仅展示了峰值年龄最优策略 π_C 和均匀平稳策略下的性能曲线。

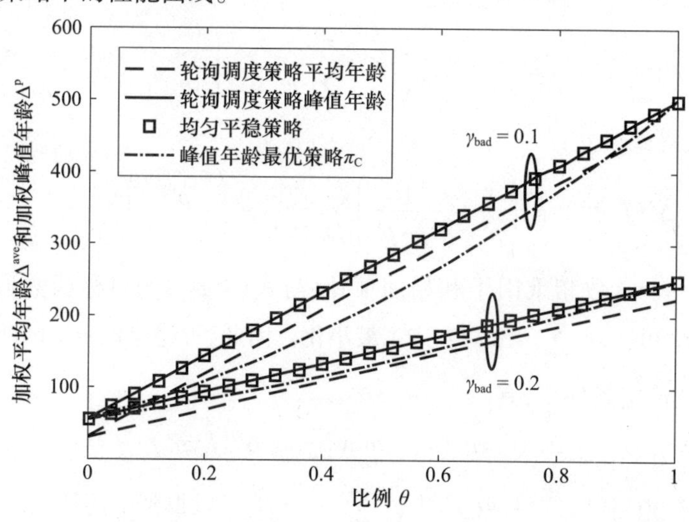

图 4.4　信道状态差的链路比例 θ 与信息年龄之间的函数关系图
($N=50,K=1,\gamma_{\text{good}}=0.9,\gamma_{\text{bad}}=0.1$ 和 0.2)

从图4.4可以看出，随着信道状态差链路的比例θ增加，峰值年龄和平均年龄均增加。这是由于信道状态更差的信道导致源节点花费更长时间将信息传输至目的地。当$\gamma_{bad}=0.1$时，从图4.4中可以看出，峰值年龄最优策略π_C达到峰值年龄最小值。进一步地，当信道状态不对称加剧，即θ不接近0或1时，峰值年龄最优策略π_C的平均年龄优于轮询调度策略和均匀平稳策略。此外，还可以看到，轮询调度策略和均匀平稳策略的峰值年龄相同，验证了定理4.5结论的有效性，即具有相同链路激活频率的两个策略对应峰值年龄相同。

从图4.4中还可以看出，当信道状态对称，即θ接近0和1时，轮询调度策略的平均年龄比峰值年龄最优策略π_C性能更高。实际上，当$\gamma_{bad}=0.2$时，对于所有的θ，轮询调度策略的平均年龄性能都比较好。然而，即使对于这种简单的网络($K=1$)，平均年龄最优的集中式调度策略也是未知的，因此根据定理4.9可知，峰值年龄最优策略π_C下的平均年龄性能在最优平均年龄2倍以内。

当$K\geqslant 1$时，该问题变得更加复杂，很难直接得出最小化平均年龄的好的策略。图4.5给出了加权峰值和平均年龄关于θ的曲线。参数设置与图4.4中相同，其中可同时激活的链路数$K=10$。可以看出，除保峰值年龄最优性外，峰值年龄最优策略π_C对应平均年龄性能优于其他策略，因为对于通用干扰约束网络难以得到平均年龄最优策略，该结论不限于本节提出的策略。

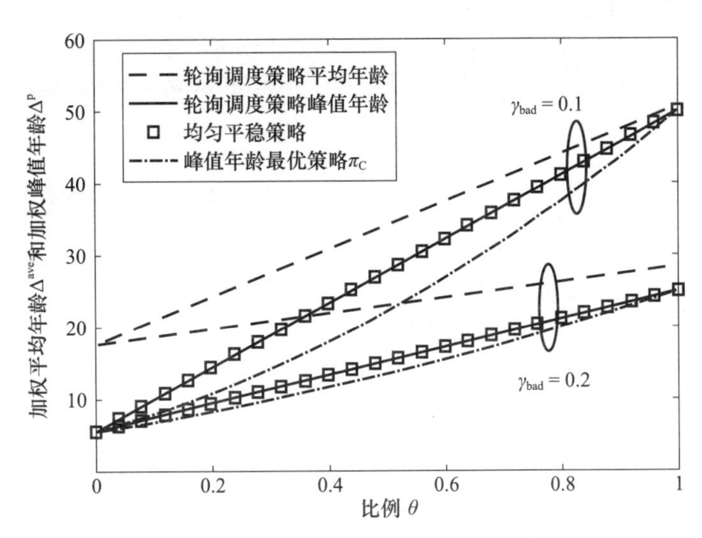

图4.5 信道条件差时，信息年龄与信道状态差的链路比例θ之间的函数关系图
($N=50, K=10, \gamma_{good}=0.9$，且$\gamma_{bad}$分别等于0.1和0.2)

2. 缓存源网络

下面考虑缓存源节点网络。假设网络中包到达过程为伯努利随机过程。通

过三种情况证明分离原则策略的近似最优性：情况 1，网络链路数为 $N=50$，其中有$n_{\mathrm{bad}}=7$ 条链路信道状态差，$\gamma_e=\gamma_{\mathrm{bad}}=0.1$，其余链路信道状态好，$\gamma_e=\gamma_{\mathrm{good}}=0.9$；情况 2，网络中链路数 $N=10$，其中有$n_{\mathrm{bad}}=7$ 条链路信道状态差，$\gamma_{\mathrm{bad}}=0.1$，$\gamma_{\mathrm{good}}=0.9$；情况 3，网络中链路数 $N=50$，网络中所有链路 e 均有$\gamma_e=1$。定义网络中链路权重为单位值$w_e=1$。

比较每条链路参数$\rho_e=1/2$，链路激活频率 $\boldsymbol{f}^*$ 为式(4.32)解下的峰值年龄分离原则策略。图 4.6 给出了使用峰值分离原则策略得到的峰值年龄性能和根据式(4.37)得到的数值结果$\Delta_B^{\mathrm{p}*}$。可以看出，在上述三种情况下，峰值年龄分离原则策略均可实现式(4.37)近似最优值。

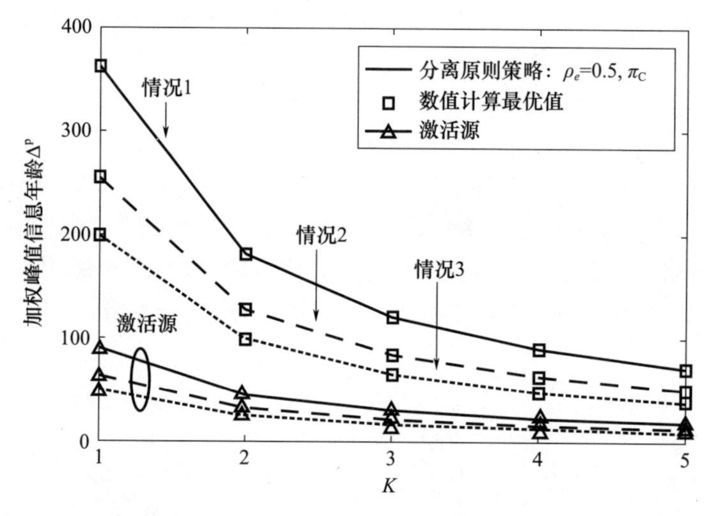

图 4.6 网络中存在缓存节点时，三种情况下峰值年龄与 K 之间的函数关系图

图 4.6 中还给出了网络中信源为激活源而非缓存源情况下的峰值年龄曲线。可以看出，缓存源情况下的最优峰值年龄是激活源情况下的 4 倍。这说明若无法控制 MAC 层排队队列的成本可能会导致年龄性能增长 4 倍。

4.4.6 小结

考虑通用干扰约束下，由多个源到目的端通信链路组成的无线网络中最小化信息年龄问题。对于激活源网络，每次传输时信源可产生新的数据更新，分析证明了平稳随机策略是峰值年龄最优，并且该策略在平均年龄上的性能在最优平均年龄的 2 倍以内。对于缓存源网络，信源生成的数据包需要在 MAC 层队列中排队等待传输，提出了调度和速率控制分离原则策略。数值评估表明，所提分离原则策略可以实现近最优性能。

本节考虑了当前信道状态信息未知情况下的调度策略。4.5 节证明利用当前通道状态可以显著改善系统年龄。当可以根据状态信息制定调度策略时，平稳随机策略不再是最优的，提出了两种信息年龄的调度优化策略。

4.5　基于信道状态信息的调度

考虑与4.2节中相同的网络。使用图 $G=(V,E)$ 表示无线网络，其中 V 为用户集合，E 为通信链路集合。所有链路不可以被同时激活，定义 $\mathcal{A}$ 包含所有可行的激活集合。考虑离散时间系统，系统时隙持续时间归一化为单位时间。分别使用 $c_e(t)$ 和 $v_e(t)$ 表示链路 e 在时间 t 时的信道状态过程和调度决策。信道过程 $c_e(t)$ 对于时间 t 和链路 e 独立同分布，$\gamma_e=\mathbb{P}[c_e(t)]>0(\forall e\in E)$。考虑仅包含激活源的网络，网络中激活源可在每个时隙产生新鲜信息进行传输。图4.7给出了链路 e 的年龄 $\Delta_e(t)$ 对于时间 t 的演化图。

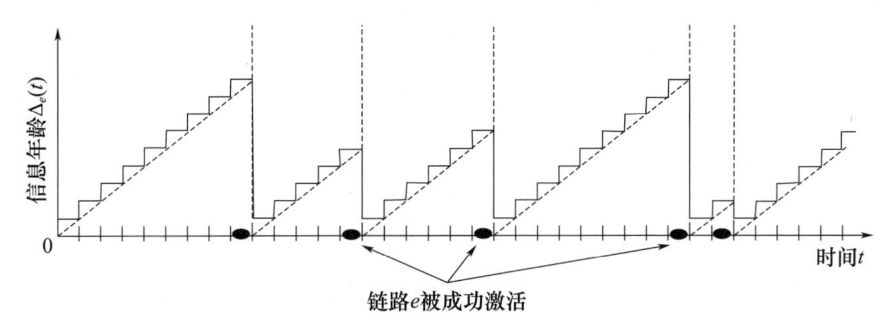

图4.7　链路 e 的 $\Delta_e(t)$ 对于时间 t 的演化图

在4.4节中，考虑了策略空间 Π 上的网络年龄最小化问题。其中调度器对于当前信道状态未知。特别地，可以认为在时刻 t，调度可行激活集合 $m(t)\in\mathcal{A}$ 的策略是下式历史信息的函数：

$$\mathcal{H}(t)=\{m(\tau),\boldsymbol{c}(\tau),\boldsymbol{\Delta}(\tau')\mid 0\leqslant\tau<t \text{ 和 } 0\leqslant\tau'\leqslant t\} \tag{4.51}$$

根据独立于历史信息 $\mathcal{H}(t)$ 的概率分布进行调度的平稳随机策略是峰值年龄最优，且该策略可保证平均年龄在最优值的2倍以内。

在平稳随机策略中，每个可行激活集合 $m\in\mathcal{A}$ 在时隙 t 以独立于时间的概率 x_m 被激活。对于所有链路 $e\in E$，时隙中链路 e 被激活的概率为

$$f_e=\sum_{m:e\in m}x_m \tag{4.52}$$

上面这组方程可以简写为 $\boldsymbol{f}=\boldsymbol{Mx}$。由于无线信道存在传输错误导致激活链路传输失败，且信道状态独立于调度策略，因此，任意时隙链路 e 成功激活的概率为 $\alpha_e=\gamma_e f_e$。

此外，若链路 e 在每个时隙 t 以独立于时隙的概率 $\alpha_e=\gamma_e f_e$ 成功激活，则传输间隔时间 $\Delta_e(t)$ 服从参数为 $\frac{1}{\gamma_e f_e}$ 的几何随机分布，等价于平稳随机策略下链路 e 的峰值年龄。因此，根据分布 $\boldsymbol{x}$ 确定的平稳随机策略下的峰值年龄由 $\Delta^{\mathrm{P}}=\sum_{e\in E}\frac{w_e}{\gamma_e f_e}$ 确定。最优峰值年龄问题描述为

$$\begin{aligned}\Delta^{\mathrm{P}*}=&\min_{x,f}\sum_{e\in E}\frac{w_e}{\gamma_e f_e}\\ \text{s. t.}\quad &\boldsymbol{f}=\boldsymbol{M}\boldsymbol{x},\\ &\boldsymbol{1}^{\mathrm{T}}\boldsymbol{x}\leqslant 1,\boldsymbol{x}\geqslant 0\end{aligned}\tag{4.53}$$

峰值年龄最优平稳随机策略可以通过求解式(4.53)获得。

下节讨论使用当前信道状态信息 $\boldsymbol{c}(t)$ 进行决策 $m(t)$ 的策略空间。证明利用当前信道状态信息可以显著提高通过式(4.53)获得的年龄性能。

4.5.1 信道状态信息的有用性

调度策略在每个时间 t 决定被激活的链路集合 $m(t)\subset E$，$m(t)=\{e\in E\mid v_e(t)=1\}$。调度策略在时间 t 可以根据历史链路激活信息和当前信道状态进行决策，即根据策略 π 确定作为下面集合函数的激活集合 $m(t)$：

$$\overline{\mathcal{H}}(t)=\{m(\tau),\boldsymbol{c}(\tau'),\boldsymbol{\Delta}(\tau')\mid 0\leqslant\tau<t,0\leqslant\tau'\leqslant t\}\tag{4.54}$$

考虑调度器上述信息已知并利用上述信息进行决策的集中式调度策略。定义 $\overline{\Pi}$ 为在任意时间 t 利用历史信息 $\overline{\mathcal{H}}(t)$ 决定当前行动 $m(t)$ 的策略的集合。

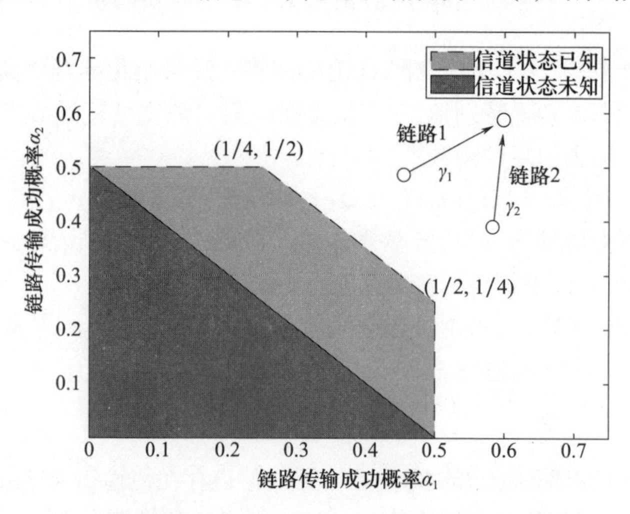

图 4.8 双链路网络可实现的成功链路激活频率区域图

在调度策略空间$\pi \in \overline{\Pi}$上优化峰值和平均年龄Δ^{p}和Δ^{ave}。定义最优峰值和平均年龄分别为

$$\Delta^{\mathrm{p}*} = \min_{\pi \in \Pi} \Delta^{\mathrm{p}}(\pi), \Delta^{\mathrm{ave}*} = \min_{\pi \in \Pi} \Delta^{\mathrm{ave}}(\pi) \tag{4.55}$$

图 4.8 用两条链路的示例,给出了已知和未知信道状态信息条件下进行年龄最小化的区别。在上述示例中,任意时间最多有一条链路可以被激活。定义两条链路的权重为$w_1 = w_2 = 1$,信道传输成功概率为$\gamma_1 = \gamma_2 = 0.5$。当信道状态信息$\boldsymbol{c}(t) = (c_1(t), c_2(t))$未知时,根据式(4.53),峰值年龄最小化问题为

$$\Delta^{\mathrm{p}*} = \underset{f_1, f_2,}{\mathrm{Min}} \frac{1}{\gamma_1 f_1} + \frac{1}{\gamma_2 f_2},$$
$$\mathrm{s.\,t.} \quad f_1 + f_2 \leqslant 1, f_1 \geqslant 0, f_2 \geqslant 0 \tag{4.56}$$

式中:f_1为调度策略选择激活链路 1 的时间占比;f_2为调度策略选择激活链路 2 的时间占比。因为$\gamma_1 = \gamma_2 = 0.5$,所以式(4.56)的最优解为$f_1^* = f_2^* = 0.5$,即每个时隙调度策略选择各链路传输的概率都为 0.5,最优峰值年龄为$\Delta^{\mathrm{p}*} = 8$。

如果在决策前可以获得信道状态信息,则可实现比$\Delta^{\mathrm{p}*} = 8$ 更小的峰值年龄。考虑下面策略:当$c_1(t) = 1$ 时选择激活链路 1,否则选择激活链路 2。链路 1 成功激活的概率为$\alpha_1 = \gamma_1 = 0.5$,链路 2 成功激活的概率为$\alpha_2 = \gamma_2(1 - \gamma_1) = 0.25$。峰值年龄为$\Delta^{\mathrm{p}} = \frac{1}{\alpha_1} + \frac{1}{\alpha_2} = 6 < \Delta^{\mathrm{p}*}(\Delta^{\mathrm{p}*} = 8)$。这是因为当信道状态信息已知时,链路成功激活概率$\alpha_e$大。图 4.8 给出信道状态信息已知和未知两种情况下的激活成功概率区域。

这说明当调度器信道状态信息已知时,网络年龄性能有所上升。4.5.2 节提出根据当前信道状态信息$\boldsymbol{c}(t)$进行决策的两种调度策略。

4.5.2　部分信息年龄特性

首先给出年龄守恒定律引理。直观地说,该引理说明对于任意策略,所有峰值年龄的和等于总运行时间。

引理 4.15　对于任意调度策略和所有链路$e \in E$,存在

$$\sum_{\tau=0}^{t-1} v_e(\tau)\, c_e(\tau)\, \Delta_e(\tau) + \Delta_e(t) = t \tag{4.57}$$

证明:链路e上任意时间t的年龄变化情况为

$$\Delta_e(t+1) = 1 + \Delta_e(t) - v_e(t) c_e(t) \Delta_e(t) \tag{4.58}$$

因此,有

$$\Delta_e(t) - \Delta_e(0) = \sum_{\tau=0}^{t-1} (\Delta_e(\tau+1) - \Delta_e(\tau)) = \sum_{\tau=0}^{t-1} (1 - v_e(\tau)c_e(\tau)\Delta_e(\tau)) \tag{4.59}$$

等价于 $t - \sum_{\tau=0}^{t-1} v_e(\tau)\, c_e(\tau)\, \Delta_e(\tau)$ 。代入$\Delta_e(0)=0$可得结果。证毕。

该引理证明,所有峰值年龄和时间 t 时的剩余时间总和等于总运行时间 t。该结果不依赖调度策略,是对所有年龄$\{\Delta_e(t)\}_t$、信道过程$\{c_e(t)\}_t$和决策变量$\{v_e(t)\}_t$三元组均成立的结论。

下面给出峰值和平均年龄的另一种定义方式,即分别给出了无线时间范围和有限时间范围下平均和峰值年龄定义。链路 e 上 t 个时隙范围内的平均年龄为

$$\Delta_{t,e}^{\text{ave}} = \frac{1}{t}\sum_{\tau=0}^{t} \Delta_e(\tau) \tag{4.60}$$

无限时间范围平均年龄为 $\Delta_e^{\text{ave}} = \limsup_{t\to\infty} \mathbb{E}[\Delta_{t,e}^{\text{ave}}]$。注意直至时间 t 为止,年龄曲线中所有峰值年龄和可以表示为 $\sum_{\tau=0}^{t} v_e(\tau)\, c_e(\tau)\, \Delta_e(\tau)$ 。因为只有峰值年龄出现时,才存在$v_e(\tau)c_e(\tau)=1$,所以,定义 t 个时隙内的峰值年龄为

$$\Delta_{t,e}^{\text{p}} = \frac{\sum_{\tau=0}^{t-1} v_e(\tau)\, c_e(\tau)\, \Delta_e(\tau) + \Delta_e(t)}{\sum_{\tau=0}^{t-1} v_e(\tau)\, c_e(\tau) + 1} \tag{4.61}$$

对于所有链路 $e \in E$,定义无限时间范围对应的峰值年龄为

$$\Delta_e^{\text{p}} = \limsup_{t\to\infty} \frac{\mathbb{E}\left[\sum_{\tau=0}^{t-1} v_e(\tau)\, c_e(\tau)\, \Delta_e(\tau) + \Delta_e(t)\right]}{\mathbb{E}\left[\sum_{\tau=0}^{t-1} v_e(\tau)\, c_e(\tau) + 1\right]} \tag{4.62}$$

网络中的峰值和平均年龄分别为对链路的加权平均:

$$\Delta_t^{\text{ave}} = \sum_{e\in E} w_e\, \Delta_{t,e}^{\text{ave}} \text{ 和 } \Delta_t^{\text{p}} = \sum_{e\in E} w_e\, \Delta_{t,e}^{\text{p}} \tag{4.63}$$

和

$$\Delta^{\text{ave}} = \sum_{e\in E} w_e\, \Delta_e^{\text{ave}} \text{ 和 } \Delta^{\text{p}} = \sum_{e\in E} w_e\, \Delta_e^{\text{p}} \tag{4.64}$$

为不失一般性,假设权重w_e为正值,根据归一化假设 $\sum_{e\in E} w_e = 1$ 。

引理 4.16 对于任意调度策略和所有链路 $e \in E$,均存在

$$\Delta_{t,e}^{\text{ave}} = \frac{1}{t}\left\{\frac{1}{2}\sum_{\tau=0}^{t-1} v_e(\tau)c_e(\tau)\Delta_e^2(\tau) + \frac{1}{2}\Delta_e^2(t)\right\} + \frac{1}{2}$$

证明：对于所有时刻 t，链路 e 的年龄变化情况为

$$\Delta_e(t+1) = 1 + \Delta_e(t) - v_e(t)c_e(t)\Delta_e(t) \tag{4.65}$$

对式(4.65)取平方，可得

$$\begin{aligned}\Delta_e^2(t+1) = &1 + \Delta_e^2(t) + v_e^2(t)c_e^2(t)\Delta_e^2(t) + 2\Delta_e(t)\\ &-2v_e(t)c_e(t)\Delta_e^2(t) - 2v_e(t)c_e(t)\Delta_e(t)\end{aligned} \tag{4.66}$$

由于 $v_e(t)c_e(t) \in \{0,1\}$，$v_e^2(t)c_e^2(t) = v_e(t)c_e(t)$，代入式(4.66)，对于所有时刻 t，可得

$$\Delta_e^2(t+1) - \Delta_e^2(t) = 1 + 2\Delta_e(t) - v_e(t)c_e(t)\Delta_e^2(t) - 2v_e(t)c_e(t)\Delta_e(t) \tag{4.67}$$

进一步将上式放缩至 t 个时隙：

$$\begin{aligned}\Delta_e^2(t) - \Delta_e^2(0) &= \sum_{\tau=0}^{t-1}(\Delta_e^2(\tau+1) - \Delta_e^2(\tau))\\ &= t + 2\sum_{\tau=0}^{t-1}\Delta_e(\tau) - \sum_{\tau=0}^{t-1} v_e(\tau)c_e(\tau)\Delta_e^2(\tau)\\ &-2\sum_{\tau=0}^{t-1} v_e(\tau)c_e(\tau)\Delta_e(\tau)\end{aligned} \tag{4.68}$$

根据引理 4.15，可以获得

$$\sum_{\tau=0}^{t}\Delta_e(\tau) = \frac{t}{2} + \frac{1}{2}\sum_{\tau=0}^{t-1} v_e(\tau)c_e(\tau)\Delta_e^2(\tau) + \frac{1}{2}\Delta_e^2(t) \tag{4.69}$$

将上式两侧同时除以 t 即可得到结果。证毕。

根据引理 4.16 可得，平均年龄为图 4.7 中三角形区域面积对时间的均值。因为 $v_e(t)c_e(t)\Delta_e(t)$ 的值等于图 4.7 中的峰值年龄或等于 0，所以，式(4.69)中第二项 $\frac{1}{2}\sum_{\tau=0}^{t-1} v_e(\tau)c_e(\tau)\Delta_e^2(\tau)$ 表示由峰值年龄围得的三角形区域面积的和。最后一项 $\frac{1}{2}\Delta_e^2(t)$ 表示剩余年龄形成区域的面积。

下面分析峰值年龄和平均年龄之间的关系。

引理 4.17　对于任意调度策略 π，和任意时刻 t，不等式 $\Delta_t^{\text{p}}(\pi) \leqslant 2\Delta_t^{\text{ave}}(\pi) - 1$ 成立（结论一）；对于任意调度策略 π 和任意时刻 $t \geqslant 1$，不等式 $\Delta^{\text{p}}(\pi) \leqslant 2\Delta^{\text{ave}}(\pi) - 1$ 成立（结论二）。

证明：该结果可直接由柯西－施瓦兹不等式得到。根据柯西－施瓦兹不等式可得

$$\left(\sum_{\tau=0}^{t-1} v_e(\tau)\, c_e(\tau)\, \Delta_e(\tau) + \Delta_e(t)\right)^2$$

$$\leqslant \left(\sum_{\tau=0}^{t-1} v_e(\tau)\, c_e(\tau) + 1\right) \times \left(\sum_{\tau=0}^{t-1} v_e(\tau)\, c_e(\tau)\, \Delta_e^2(\tau) + \Delta_e^2(t)\right)$$

若$v_e(\tau)c_e(\tau) \subset \{0,1\}$，则等式$v_e^2(\tau)c_e^2(\tau) = v_e(\tau)c_e(\tau)$成立。根据引理4.15可得

$$\Delta_{t,e}^{\mathrm{p}} = \frac{\sum_{\tau=0}^{t-1} v_e(\tau)\, c_e(\tau)\, \Delta_e(\tau) + \Delta_e(t)}{\sum_{\tau=0}^{t-1} v_e(\tau)\, c_e(\tau) + 1} \leqslant \frac{1}{t}\left(\sum_{\tau=0}^{t-1} v_e(\tau)\, c_e(\tau)\, \Delta_e^2(\tau) + \Delta_e^2(t)\right)$$

上式根据引理4.16可以等价为$\Delta_{e,t}^{\mathrm{ave}} - 1$。将上式对链路$e \in E$求和，再根据归一化假设$\sum_{e \in E} w_e = 1$可以得到结论一，在$t \to \infty$上取上极限lim sup运算可得结论二。

上述结论具有重要应用价值。如果希望在策略空间$\overline{\Pi}$中最小化峰值和平均年龄，则引理4.17中的结论适用于最优峰值和平均年龄，即$\Delta^{\mathrm{p}*} \leqslant 2\,\Delta^{\mathrm{ave}*} - 1$。其中，$\Delta^{\mathrm{p}*}$和$\Delta^{\mathrm{ave}*}$分别为最优峰值和平均年龄。这说明最优峰值年龄是最优平均年龄的自然下界。

4.5.3节和4.5.4节提出了两种最小化年龄的策略，即基于虚拟队列的策略和基于信息年龄的策略，证明在不考虑附加因子条件下，基于虚拟队列的策略为峰值年龄近似最优，基于信息年龄的策略下的峰值和平均年龄可以保持在最优值的4倍以内。

4.5.3 基于虚拟队列的策略

根据引理4.15，峰值年龄最小化问题$\underset{\pi \in \Pi}{\mathrm{Min}}\,\Delta^{\mathrm{p}}(\pi)$可简化为

$$\underset{\alpha \geqslant 0, \pi \in \overline{\Pi}}{\mathrm{Min}} \sum_{e \in E} \frac{w_e}{\alpha_e}$$

$$\text{s.t.} \quad \liminf_{t \to \infty} \mathbb{E}\left[\frac{1}{t}\sum_{\tau=0}^{t-1} v_e(\tau) c_e(\tau)\right] \geqslant \alpha_e (\forall e \in E) \tag{4.70}$$

4.6.9节给出了上述等价关系的详细证明。上述结果说明峰值年龄独立于年龄变化过程，具有重大意义。因此峰值年龄最小化问题比平均年龄最小化问题简单。

文献[52]证明在当前信道状态信息未知情况下，随机策略为峰值年龄最优。定义包含峰值年龄最优策略的策略子集。这些策略不基于历史信息，仅根据当前信道状态信息 $\boldsymbol{c}(t)$ 进行决策，定义如下[151]。

定义 4.18 纯平稳概率策略：对于每次观察到的信道状态信息 $\boldsymbol{c} \in \mathbb{S}$，为可行激活集合 $m \in \mathcal{A}$ 分配概率 $p(\boldsymbol{c},m)$。若时隙 t 观察到信道状态信息 $\boldsymbol{c}(t)$，可行集合 $m \in \mathcal{A}$ 以概率 $p(\boldsymbol{c}(t),m)$ 被激活。

在纯平稳概率策略下，对于所有链路 $e \in E$，链路 $e \in E$ 成功传输信息的概率为

$$\alpha_e = \mathbb{E}[v_e(t)c_e(t)] = \mathbb{P}[v_e(t)c_e(t) = 1] = \gamma_e \mathbb{P}[v_e(t) = 1 \mid c_e(t) = 1] \tag{4.71}$$

所有可能概率 $\boldsymbol{\alpha}$ 的空间由信道状态概率 γ_e 决定。用 $\Lambda_S(\boldsymbol{\gamma})$ 表示纯平稳概率策略下所有可行概率 $\boldsymbol{\alpha}$ 的空间。对于图 4.8 中双链路网络，$\Lambda_S(\boldsymbol{\gamma})$ 为图中成功传输概率 (α_1,α_2) 所示的灰色区域。定义 $\Lambda(\boldsymbol{\gamma})$ 为所有策略 $\overline{\Pi}$ 下概率 $\boldsymbol{\alpha}$ 的空间。根据文献[151]，空间 $\Lambda_S(\boldsymbol{\gamma})$ 与空间 $\Lambda(\boldsymbol{\gamma})$ 相等。该性质为后续分析纯平稳概率策略的峰值年龄最优性提供了理论基础。

首先，证明纯平稳概率策略是峰值年龄最优的。

定理 4.19 最优峰值年龄 Δ^{p*} 由下面问题确定：

$$\begin{aligned} \Delta^{p*} &= \underset{\boldsymbol{\alpha}}{\mathrm{Min}} \sum_{e \in E} \frac{w_e}{\alpha_e} \\ \text{s.t.}\quad & \boldsymbol{\alpha} \in \Lambda_S(\boldsymbol{\gamma}) \end{aligned} \tag{4.72}$$

因此，存在纯平稳概率策略实现峰值年龄最优，最优峰值年龄可通过求解式(4.72)获得。

证明：文献[151]中定理 4.5 给出纯平稳概率策略对于问题(4.70)的最优性。在 4.6.10 节中证明了峰值年龄最小化问题在纯平稳概率策略空间下可以写成式(4.72)的形式。

定理 4.19 可用于获得峰值年龄最优的纯平稳概率策略。但对一般约束情况，搜索 $\Lambda_S(\boldsymbol{\gamma})$ 空间通常十分困难，求解式(4.72)需要准确的信道统计信息 γ_e。为此提出一种信道统计信息 γ_e 非先验，而是通过信道状态 $\boldsymbol{c}(t)$ 学习得到的峰值年龄近似最优策略。

提出一个求解式(4.70)中峰值年龄最小化问题的策略。在时间 t，策略 π 可根据历史信息 $\mathcal{H}(t)$ 决定激活集合 $m(t)$。然而不需要所有历史信息进行决策，为此构造虚拟队列 $Q_e(t)$，队列在链路 e 上成功传输一次后，长度按(至少为 1)速率 1 递减，反之递增。队列长度在时间 t 决定了调度链路 e 的价值。因此，激活时隙 t，$\sum_{e \in m} w_e(t)Q_e(t)c_e(t)$ 最大的链路集合 $m(t) \in \mathcal{A}$。基于虚拟队列

的策略π_Q描述如下，其中 $V>0$ 为任意约束。

基于虚拟队列的策略π_Q：对于所有链路 $e \in E$，从$Q_e(0)=1$ 开始。在时间 t，有：

（1）激活链路集合 $m(t)$，其中，

$$m(t) = \arg\max_{m \in \mathcal{A}} \sum_{e \in m} w_e Q_e(t) c_e(t) \tag{4.73}$$

（2）$Q_e(t)$更新公式，对于所有 $e \in E$，执行

$$Q_e(t+1) = \left[Q_e(t) + \sqrt{\frac{V}{Q_e(t)}} - v_e(t) c_e(t) \right]_{+1}$$

其中，$[x]_{+1} = \max\{x, 1\}$。

下面证明虚拟队列策略可以近似解决式（4.70）中的峰值年龄问题。策略π_Q在附加因子下可以接近最优峰值年龄。

定理 4.20 策略π_Q下的峰值年龄上界为

$$\Delta^{\mathrm{P}}(\pi_Q) \leqslant \Delta^{\mathrm{P}*} + \frac{1}{2}\sum_{e \in E} w_e + \frac{1}{2V}\sum_{e \in E} w_e \tag{4.74}$$

其中，$\Delta^{\mathrm{P}*}$为式（4.72）的最优值。

证明：定义对于所有时间 $t \geqslant 0$ 和链路 $e \in E$，等式$\alpha_e(t) = \sqrt{\frac{V}{Q_e(t)}}$和等式 $\overline{\alpha}_e(t) = \frac{1}{t}\sum_{\tau=0}^{t-1} \alpha_e(\tau)$ 成立。定义 $g(\boldsymbol{\alpha}) = \sum_{einE} \frac{w_e}{\alpha_e}$ 表示式（4.70）中的目标函数。证明包括以下三个部分。

第一部分，对于所有时间 t，式（4.75）成立：

$$\limsup_{t \to \infty} \mathbb{E}[g(\overline{\boldsymbol{\alpha}}(t))] \leqslant \Delta^{\mathrm{P}*} + \frac{1}{2}\sum_{e \in E} w_e + \frac{1}{2V}\sum_{e \in E} w_e \tag{4.75}$$

第二部分，虚拟队列 $\boldsymbol{Q}(t)$ 平均速率稳定，对于所有 $e \in E$，式（4.76）成立：

$$\limsup_{t \to \infty} \frac{1}{t}\mathbb{E}[Q_e(t)] = 0 \tag{4.76}$$

第三部分，若 $\boldsymbol{Q}(t)$平均速率稳定，则下面两个不等式成立：

$$\liminf_{t \to \infty} \mathbb{E}[\overline{\boldsymbol{\alpha}}_e(t)] \leqslant \limsup_{t \to \infty} \frac{1}{t} \mathbb{E}\left[\sum_{\tau=0}^{t-1} v_e(\tau) c_e(\tau) \right] \tag{4.77}$$

$$\Delta^{\mathrm{P}}(\pi_Q) \leqslant \limsup_{t \to \infty} \mathbb{E}[g(\overline{\boldsymbol{\alpha}}(t))] \tag{4.78}$$

上面三个部分具体证明见 4.6.11 节。根据虚拟队列是平均速率稳定的，因此式（4.77）和式（4.78）成立。通过式（4.75）和式（4.75）可以得到式（4.74）的结果。

定理4.20证明，信道状态未知时，可以在附加因子$\frac{1}{2}\sum_{e\in E} w_e$下，以任意精度接近最优峰值年龄$\Delta^{P*}$，精度可以根据选择$V$计算得到。比如，当$V=\frac{1}{2\epsilon}\sum_{e\in E} w_e$时，峰值年龄至多不超过$\Delta^{P*}+\frac{1}{2\epsilon}\sum_{e\in E} w_e+\epsilon$。

4.5.4 基于信息年龄的策略

基于虚拟队列的策略，通过为每条链路建立虚拟队列以准确权衡时间t链路的重要性。除了构造上述链路权重外，本节研究利用已有年龄调度策略。基于年龄策略可根据链路年龄$\Delta_e(t)$调度链路进行传输。从直观上看，通过调度年龄较高链路进行传输，可实现良好的年龄性能。定义基于年龄策略每次调度权重$\sum_{e\in E} w_e c_e(t)h(\Delta_e(t))$最大的链路集合$m(t)\in\mathcal{A}$，其中$h(\cdot)$为增函数。

基于年龄的策略π_A：该策略在时隙$t\geqslant1$激活链路集合$m(t)$

$$m(t)=\arg\max_{m\in\mathcal{A}}\sum_{e\in m} w_e c_e(t)h(\Delta_e(t)) \tag{4.79}$$

引理4.21给出平均年龄的另一种描述，并给出基于年龄的策略中的函数$h(t)$表达式。

引理4.21 定义对于所有时间t，链路$e\in E$和任意给定的参数$\beta\in\mathbb{R}$，等式$B_e(t)=\Delta_e^2(t)+\beta\Delta_e(t)$成立。对于任意调度策略和链路$e\in E$，下面等式成立：

$$\Delta_{t,e}^{\text{ave}}=\frac{1}{t}\left\{\frac{1}{2}\sum_{\tau=0}^{t-1} v_e(\tau)c_e(\tau)B_e(\tau)+\frac{1}{2}B_e(t)\right\}+\frac{1-\beta}{2}$$

证明：该引理可以基于引理4.15和引理4.16得到。

令引理4.21中参数$\beta=0$可以得到引理4.16。引理4.21表明，策略$\pi\in\overline{\Pi}$下的平均年龄最小化问题，可以等价为最小化

$$\limsup_{t\to\infty}\mathbb{E}\left[\frac{1}{t}\sum_{\tau=0}^{t-1}\sum_{e\in E} w_e v_e(\tau)c_e(\tau)B_e(\tau)\right] \tag{4.80}$$

其中，对于所有$\tau\geqslant0$，链路$e\in E$，和任意参数$\beta\in\mathbb{R}$，等式$B_e(t)=\Delta_e^2(t)+\beta\Delta_e(t)$成立。因为在成功传输后，该链路的年龄会减少到1，因此直觉上应在时间t根据式(4.81)选择$\boldsymbol{v}(t)$：

$$\boldsymbol{v}(t)=\arg\max_{\boldsymbol{v}'(t)}\sum_{e\in E} w_e v'_e(t)c_e(t)[\Delta_e^2(t)+\beta\Delta_e(t)] \tag{4.81}$$

这样可以最小化下一个时隙的年龄。基于此函数$h(\cdot)$应为$h(x)=x^2+\beta x$。

下面证明在函数 $h(x)=x^2+\beta x$ 条件下，策略 π_A 至多以因子 4 接近最优的峰值年龄和平均年龄。

定理 4.22 在 $h(x)=x^2+\beta x$ 条件下，策略 π_A 至多以因子 4 接近最优峰值年龄和平均年龄。

$$\Delta^{ave}(\pi_A) \leqslant 4\,\Delta^{ave*} - c_1(\beta)\sum_{e\in E} w_e \tag{4.82}$$

$$\Delta^{p}(\pi_A) \leqslant 4\,\Delta^{p*} - c_2(\beta)\sum_{e\in E} w_e \tag{4.83}$$

其中，$c_1(\beta)=\dfrac{20+8\beta-\beta^2}{8}$，$c_2(\beta)=\dfrac{8+8\beta-\beta^2}{4}$。

证明：为获得上界，定义函数 $f(t)$ 和 $\Delta(t)$，其中 $f(t)$ 表示目标函数，即时间 t 时的年龄。$\Delta(t)$ 为给定李雅普诺夫函数 $L(t)$ 下的漂移。通过 $\mathbb{E}[f(t)+\Delta(t)\mid\boldsymbol{\Delta}(t)]$ 的上界，其中 $\boldsymbol{\Delta}(t)$ 为所有 $\Delta_e(t)$ 的向量。将 $f(t)+\Delta(t)$ 放宽至时隙 T 即可得到结论。详细证明见 4.6.12 节。

分析证明，可通过选择参数 $\beta\in\mathbb{R}$ 改变上界中的附加因子。通过最大化 $c_1(\beta)$ 和 $c_2(\beta)$，峰值年龄和平均年龄上界最优值均在 $\beta=4$ 时取得。4.5.5 节给出不同参数 β 下基于年龄策略的性能，并与 4.5.3 节中基于虚拟队列的策略 π_C 进行比较。

4.5.5 数值结果

考虑包含 20 条链路的网络，在任意时间内最多有 K 条链路可以被同时激活，通过数值结果进一步验证了所提策略的性能。设所有链路 e 的权重 $w_e=1/N$。假设链路状态好的概率为 $\gamma_e=\gamma_{good}=0.9$，链路状态差的概率为 $\gamma_e=\gamma_{bad}=0.1$。使用 n_{bad} 表示网络中链路状态差的链路数目。在 10^5 个时隙的时间范围内，通过仿真验证了策略 π_A、π_Q 和文献[52]中信道状态未知下的最优策略性能。

图 4.9 和图 4.10 给出了峰值网络年龄 Δ^p 和平均网络年龄 Δ^{ave} 与 K 的函数关系图。令基于虚拟队列策略 π_Q 中参数为 $V=1$，基于年龄策略（π_A 中参数 $\beta=1$，$n_{bad}=5$。基于虚拟队列策略 π_Q 和基于年龄策略 π_A 下的峰值年龄和平均年龄几乎一致。

图 4.9 和图 4.10 给出了信道状态模糊，即调度器仅利用历史信息 $\mathcal{H}(t)$ 进行决策情况下，文献[52]中峰值年龄最优策略 π_C 对应平均年龄性能曲线。因为策略 π_C 不是平均年龄最优的，图 4.10 给出了任意策略可达的平均年龄下界曲线。可以看出，当 K 较小时，信道状态信息已知下的策略 π_A、π_Q 和信道状态信息未知下的策略 π_C 之间差距很大，并随着 K 增大逐渐消失。K 较小意味着网络中干扰较大，只有少部分链路可以同时被激活。当网络中干扰较大时，信道状态信息已知可以有效减少网络年龄。

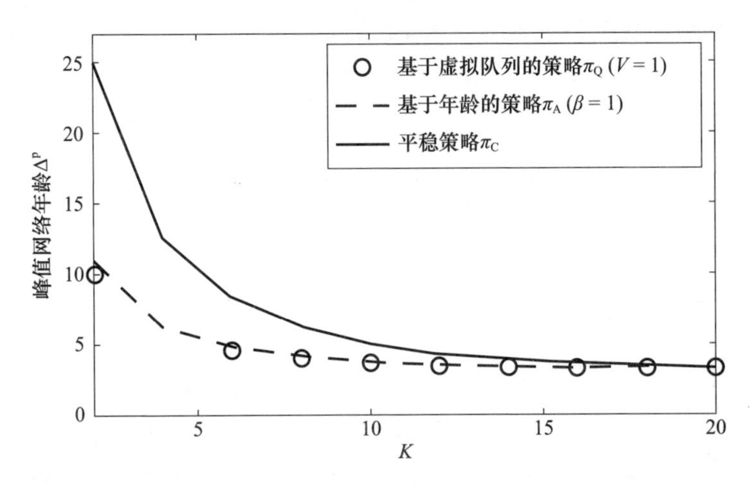

图 4.9　不同策略的峰值网络年龄Δ^P对于 K 的性能曲线

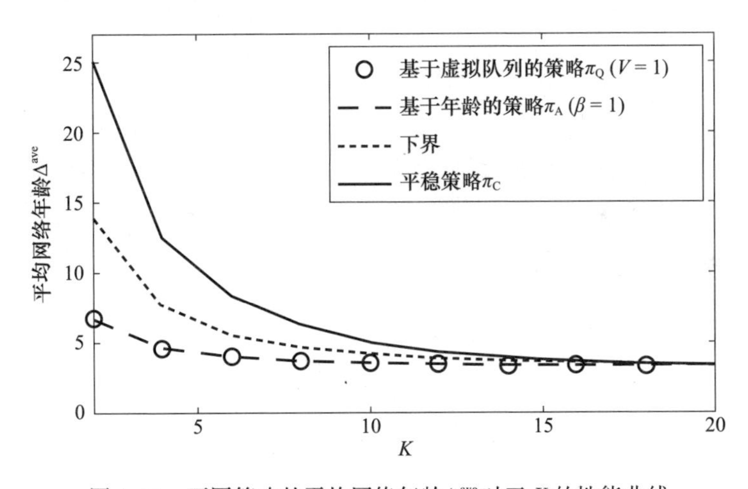

图 4.10　不同策略的平均网络年龄Δ^{ave}对于 K 的性能曲线

图 4.11 和图 4.12 给出了峰值年龄和平均年龄对于信道状态差信道所占比例 $\theta=\dfrac{n_{bad}}{N}$的性能曲线。可以看出，信道状态未知下最优策略 π_C 和信道状态已知下所提出的策略 π_A，π_Q性能差距随比例 θ 不断增大。说明在信道条件差时，已知信道状态信息可以显著降低系统年龄。比如，当 $\theta=1$ 时，不同策略性能差距可达到 4 倍。

下面分析参数 V 和 β 对所提策略 π_A和 π_Q性能的影响。设置 $K=5$，信道状态差的信道数为$n_{\text{bad}}=5$。对于基于虚拟队列的策略 π_Q,参数 V 对算法收敛时间几乎没有影响。图 4.13 给出了 $V=0.1$ 和 $V=100$ 下,前 t 个时隙网络的峰值年龄$\Delta^{\text{P}}(\pi_Q)$。可以看出,两种情况下前 t 个时隙下峰值年龄几乎同时收敛至系统峰值年龄$\Delta^{\text{P}}(\pi_Q)$。

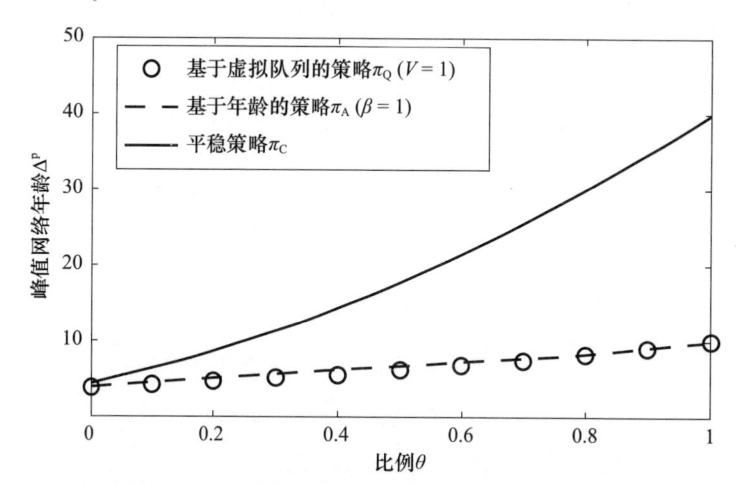

图 4.11　不同策略的峰值网络年龄Δ^{P}对于 θ 的性能曲线

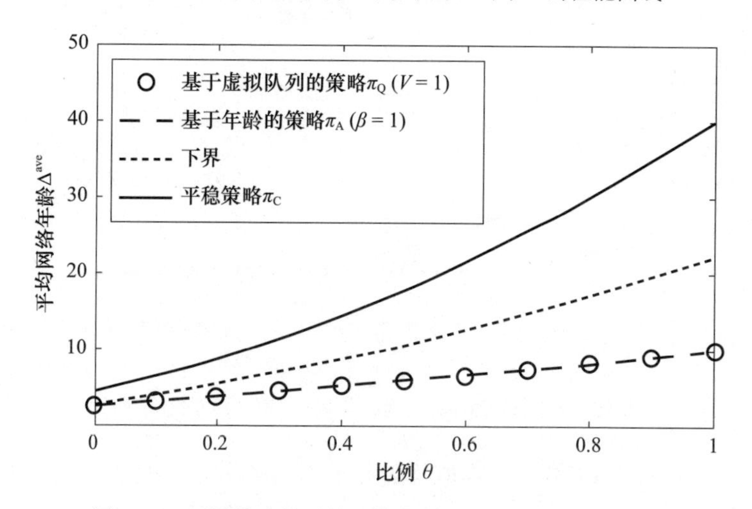

图 4.12　不同策略的平均网络年龄Δ^{ave}对于 θ 的性能曲线

对基于年龄策略 π_A,参数 β 同样对该算法的收敛时间几乎没有影响。定理 4.22 给出了任意 $\beta\in\mathbb{R}$下的性能上界。但从图 4.14 中可以看出,当 β 为负值时,策略 π_A下的峰值年龄和平均年龄性能均较差。这是因为定理 4.22 中的$c_1(\beta)$和$c_2(\beta)$在 $\beta<0$ 时为较大的负值。

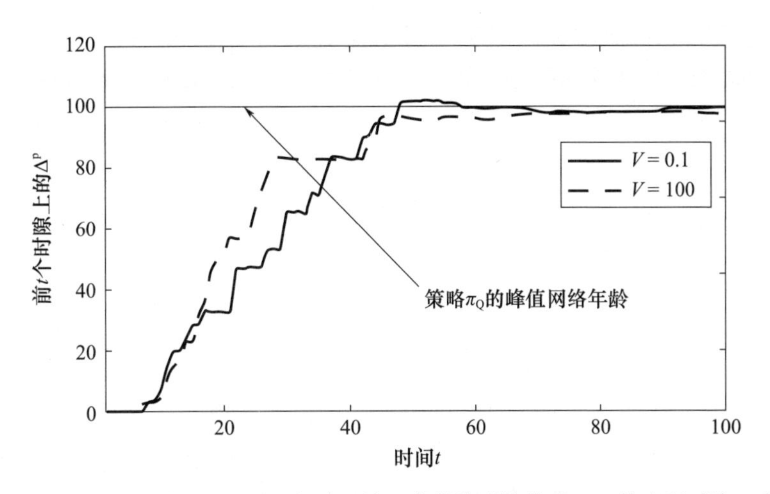

图 4.13　$V=0.1$ 和 $V=100$ 下，对于基于虚拟队列的策略 π_Q，截止到时隙 t 时所计算出的网络峰值年龄 $\Delta^p(\pi_Q)$。图中还给出了在长时间范围内实现的每条链路的峰值年龄 $\Delta^p(\pi_Q)/N$。

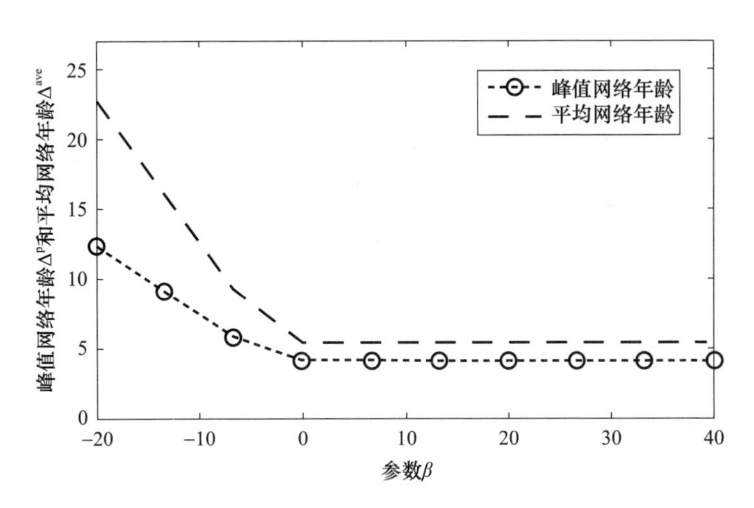

图 4.14　峰值网络年龄 $\Delta^p(\pi_A)$ 和平均网络年龄 $\Delta^{ave}(\pi_A)$ 对参数 β 的性能曲线

4.5.6　小结

本节建立了从调度中获取或使用信道状态信息以最小化年龄的实用策略。考虑了调度器对于当前信道状态已知条件下，通用干扰链路和时变链路下无线网络信息年龄最小化问题。分析证明，对激活源网络，4.4 节提出的调度策略不能达到最优信息年龄。此外，本节还提出基于虚拟队列的调度策略和基于年龄的调度策略，以实现最优信息年龄。分析证明，基于虚拟队列的策略可以在恒定附加因子下接近最优峰值年龄，基于信息年龄策略至多以因子 4 近似最优峰值年龄和平均年龄。

4.6 附　录

4.6.1 引理 4.1 证明

考虑对任意链路 $e \in E$ 激活概率为$f_e > 0$ 的平稳随机策略。对于链路 e，定义 $T_e(i)$为链路 e 第 i 次被成功激活的时间，即第 i 次发生事件$\hat{v}_e(t)=1$。定义 $X_e(i)=T_e(i)-T_e(i-1)$为链路 e 第 i 次被成功激活的间隔时间。由于随机过程$c_e(t)$与 $v_e(t)$ 对不同时间服从独立同分布，随机变量$X_e(i)$服从速率为 $\mathbb{P}[\hat{v}_e(t)=1]=\gamma_e f_e$的几何随机分布，即对所有 $k \in \{1,2,\cdots\}$，$\mathbb{P}[X_e(i)=k]=\gamma_e f_e(1-\gamma_e f_e)^{k-1}$。

接着计算链路 e 的平均年龄Δ_e^{ave}。在 $t \in \{T_e(i)+1,\cdots,T_e(i+1)\}$期间，年龄$\Delta_e(t)$从 1 向时间$X_e(i)$以步进 1 增长。对于所有 i，$\sum\limits_{t=T_e(i)+1}^{T_e(i+1)} \Delta_e(t) = \sum\limits_{m=1}^{X_e(i)} m$。基于更新定理[165]，平均年龄表示为

$$
\begin{aligned}
\Delta_e^{\mathrm{ave}} &= \limsup_{T\to\infty} \frac{1}{T}\sum_{t=1}^{T} \Delta_e(t) = \lim_{N\to\infty} \frac{\sum\limits_{i=1}^{N}\sum\limits_{m=1}^{X_e(i)} m}{\sum\limits_{i=1}^{m} X_e(i)} \\
&= \lim_{N\to\infty} \frac{\sum\limits_{i=1}^{N} \frac{1}{2} X_e(i)(X_e(i)+1)}{\sum\limits_{i=1}^{N} X_e(i)} \\
&= \frac{1}{2}\frac{\mathbb{E}[X_e(i)(X_e(i)+1)]}{\mathbb{E}[X_e(i)]}(\text{a. s.})
\end{aligned}
\tag{4.84}
$$

其中，a. s. 表示几乎处处收敛。

通过计算$X_e(i)$矩，得到$\Delta_e^{\mathrm{ave}}=\frac{1}{\gamma_e f_e}(\text{a. s.})$。

对于峰值年龄，第 i 个年龄峰值等于第 i 个激活间隔时间 $X_e(i)$，即 $\Delta_e(T_e(i))=X_e(i)$。因此有

$$
\Delta_e^{\mathrm{p}} = \limsup_{T\to\infty} \frac{1}{\mathcal{N}(T)}\sum_{i=1}^{\mathcal{N}(t)} \Delta_e(T_e(i)) = \lim_{N\to\infty}\frac{1}{N}\sum_{i=1}^{N} X_e(i)
$$

上式等于$\mathbb{E}[X_e(1)] = \frac{1}{\gamma_e f_e}$ a. s. 。证毕。

4.6.2 定理 4.2 证明

考虑拉格朗日对偶函数:

$$L(\boldsymbol{p},\boldsymbol{q},\boldsymbol{\lambda}) = \sum_{e\in E} \frac{w_e}{\gamma_e p_e \prod_{e\in N} q_{e'}} + \sum_{e\in E} \lambda_e (p_e + q_e - 1) \tag{4.85}$$

式(4. 11)满足 Slater's 条件,KKT 条件满足充分必要性。将对偶变量 L 对p_e和q_e的导数设为 0,可知对于所有 $e\in E$,有

$$p_e \lambda_e = w_e \Delta_e \text{ 和} q_e \lambda_e = \sum_{e':e\in N_{e'}} w_{e'} \Delta_{e'} \tag{4.86}$$

其中,$\Delta_e = \frac{1}{\gamma_e p_e \prod_{e'\in N_e} q'_e}$为链路 e 的年龄。等式(4. 86)表明λ_e不能为 0。根据补充松弛标准,$q_e + p_e = 1$ 成立。因此,根据式(4. 86),最优解 $p_e = \frac{w_e \Delta_e}{w_e \Delta_e + \sum_{e':e\in N_{e'}} w_{e'} \Delta_{e'}}$和$\lambda_e = w_e \Delta_e + \sum_{e':e\in N_{e'}} w_{e'} \Delta_{e'}$ 。定理证毕。

4.6.3 定理 4.3 证明

基于$q_e = 1 - p_e$,式(4. 10)中年龄最小化问题可改写为

$$\begin{aligned} &\operatorname*{Min}_{\boldsymbol{f}\geqslant 0,\boldsymbol{p}\geqslant 0,\boldsymbol{q}\geqslant 0} \sum_{e\in E} \frac{w_e}{\gamma_e f_e} \\ &\text{s. t}\quad f_e \leqslant p_e \prod_{e'\in N_e} q'_e (\forall e \in E) \\ &\qquad p_e + q_e \leqslant 1 (\forall e\in E) \end{aligned} \tag{4.87}$$

基于标准几何规划方法[160],对替代变量$p_e = \mathrm{e}^{P_e}$和$p_e = \mathrm{e}^{P_e}$将$P_e = \lg p_e$取对数,得到$p_e = \mathrm{e}^{P_e}$,$Q_e = \lg q_e$和$h_e = \lg f_e$,将上面三个条件代入,问题等价为

$$\begin{aligned} &\operatorname*{Min}_{\boldsymbol{h},\boldsymbol{p},\boldsymbol{Q}} \sum_{e\in E} \frac{w_e}{\gamma_e} \exp\{-h_e\} \\ &\text{s. t.}\quad h_e - P_e - \sum_{e'\in N_e} Q_e' \leqslant 0 (\forall e \in E) \\ &\qquad \lg(\exp\{P_e\} + \exp\{Q_e\}) \leqslant 0 (\forall e\in E) \end{aligned} \tag{4.88}$$

与标准几何规划方法不同,上面问题中目标函数对于变量h_e是可分离的凸函数,因此不需要对目标函数取对数函数。

式(4. 88)中问题为凸问题[160],且满足 Slater's 条件。因此该问题的对偶间

隙为0,式(4.88)等价于其拉格朗日对偶问题。

定义优化问题式(4.88)的拉格朗日函数为

$$L(\boldsymbol{h},\boldsymbol{P},\boldsymbol{Q},\boldsymbol{\lambda},\boldsymbol{v}) = \sum_{e\in E}\frac{w_e}{\gamma_e}e^{-h_e} + \sum_{e\in E} v_e \lg(e^{P_e}+e^{Q_e}) + \sum_{e\in E}\lambda_e\left(h_e - P_e - \sum_{e'\in N_e} Q_{e'}\right) \tag{4.89}$$

其中,拉格朗日乘子 $\lambda \geqslant 0, v \geqslant 0$。问题式(4.88)的对偶问题表示为

$$\underset{\lambda\geqslant 0, v\geqslant 0}{\mathrm{Max}}\, g(\boldsymbol{\lambda},\boldsymbol{v}) \tag{4.90}$$

其中 $g(\boldsymbol{\lambda},\boldsymbol{v})$ 为对偶目标函数,定义为

$$g(\boldsymbol{\lambda},\boldsymbol{v}) = \underset{\boldsymbol{h},\boldsymbol{P},\boldsymbol{Q}}{\mathrm{Min}} L(\boldsymbol{h},\boldsymbol{P},\boldsymbol{Q},\boldsymbol{\lambda},\boldsymbol{v}) \tag{4.91}$$

下面证明定理4.3中的优化问题与式(4.90)中的优化问题为对偶问题。

首先,拉格朗日函数 $L(\boldsymbol{h},\boldsymbol{P},\boldsymbol{Q},\boldsymbol{\lambda},\boldsymbol{v})$ 对变量 $\boldsymbol{h},\boldsymbol{P}$ 和 $\boldsymbol{Q}$ 严格为凸[160]。因此,通过一阶条件 $\nabla_{\boldsymbol{h},\boldsymbol{P},\boldsymbol{Q}} L = 0$ 可求得最优 $\boldsymbol{h},\boldsymbol{P}$ 和 $\boldsymbol{Q}$。对于所有链路 $e\in E$,通过令偏导数等于0,可以得到下面三个等式:

$$\lambda_e = \frac{v_e e^{P_e}}{e^{P_e}+e^{Q_e}}, \quad \sum_{e':e\in N_{e'}}\lambda_{e'} = \frac{v_e e^{Q_e}}{e^{P_e}+e^{Q_e}}, \quad \lambda_e = \frac{w_e}{\gamma_e}e^{-h_e} \tag{4.92}$$

对于所有链路 $e\in E$,根据式(4.92)中的前两个等式,可得

$$v_e = \lambda_e + \sum_{e':e\in N_{e'}}\lambda_{e'}, P_e - Q_e = \lg\left(\frac{\lambda_e}{\sum_{e':e\in N_{e'}}\lambda_{e'}}\right) \tag{4.93}$$

将式(4.92)和式(4.93)代入式(4.98)拉格朗日函数 L 中,将 $g(\boldsymbol{\lambda},\boldsymbol{v}) = G(\boldsymbol{\lambda})$ 代入式(4.14)目标函数,可以得到对偶问题式(4.90)与定理4.3中的最优问题相同。第一部分得证。

下面证明如果 $\boldsymbol{\lambda}^*$ 为该问题的解,则最优尝试概率可根据式(4.15)获得。定义 $\boldsymbol{f}^*$、$\boldsymbol{p}^*$、$\boldsymbol{q}^*$ 表示式(4.87)的解,$\boldsymbol{h}^*$、$\boldsymbol{p}^*$、$\boldsymbol{Q}^*$ 为式(4.88)的解,$\boldsymbol{\lambda}^*$ 为定理4.3中问题的解。

对于所有链路 $e\in E$,等式 $f_e^* = p_e^*\prod_{e'\in N_e} q_e^*$ 和 $p_e^* + q_e^* = 1$ 必然成立,否则,通过增加 f_e^* 或 p_e^* 可以减小目标函数。基于 $p_e^* = e^{P_e^*}$ 和 $q_e^* = e^{Q_e^*}$,$e^{P_e^*} + e^{Q_e^*} = 1$ 成立。将其代入式(4.92),基于式(4.93)可得

$$p_e^* = \mathrm{e}^{P_e^*} = \frac{\lambda_e^*}{\lambda_e^* + \sum_{e':e\in N_{e'}}\lambda_{e'}^*} \tag{4.94}$$

证毕。

4.6.4 定理4.5证明

使用 π 表示集合 Π 中策略,对于所有链路 $e\in E$,$T_e(i)$ 为链路 e 第 i 次成功

传输时刻。$c_e(i)=T_e(i)-T_e(i-1),\forall i\geqslant 1$ 为两次(成功)传输时间间隔,其中 $T_e(0)=0$。对于第 i 次年龄更新,等式 $c_e(i)=\Delta_e(T_e(i))$ 成立。这说明峰值年龄可表示为

$$\limsup_{N\to\infty}\frac{1}{N}\sum_{i=1}^{N}\Delta_e(T_e(i))=\limsup_{N\to\infty}\frac{1}{N}\sum_{i=1}^{N}c_e(i) \tag{4.95}$$

$$=\limsup_{N\to\infty}\frac{T_e(N)}{N} \tag{4.96}$$

随着 $N\to\infty$,时间 $T_e(N)\to\infty$。式(4.97)成立:

$$\frac{1}{\Delta_e^{\mathrm{p}}(\pi)}=\liminf_{N\to\infty}\frac{N}{T_e(N)}=\liminf_{T\to\infty}\frac{1}{T}\sum_{t=1}^{T}v_e(t)\,c_e(t) \tag{4.97}$$

其中,$v_e(t)=\mathbb{I}_{[e\in m(t),m(t)\in\mathcal{A}]}$,$c_e(t)$ 为信道过程。注意过程 $(v_e(t)c_e(t))_{t\geqslant 0}$ 是联合遍历过程。证明如下,因为 $\{v_e(t)\}_{t\geqslant 0}$ 取值范围为 $\{0,1\}$,且式(4.17)中的极限对于所有策略 $\pi\in\Pi$ 存在,因此 $\{v_e(t)\}_{t\geqslant 0}$ 是遍历过程。此外,因为信道过程 $c_e(t)$ 与 $v_e(t)$ 独立,因此它们是联合遍历的。式(4.98)成立:

$$\liminf_{T\to\infty}\frac{1}{T}\sum_{t=1}^{T}v_e(t)\,c_e(t)=\mathbb{E}\left[\liminf_{T\to\infty}\frac{1}{T}\sum_{t=1}^{T}v_e(t)\,c_e(t)\right]$$

$$=\liminf_{T\to\infty}\frac{1}{T}\sum_{t=1}^{T}\mathbb{E}[v_e(t)\,c_e(t)] \tag{4.98}$$

$$=\liminf_{T\to\infty}\gamma_e\,\mathbb{E}\left[\frac{1}{T}\sum_{t=1}^{T}v_e(t)\right] \tag{4.99}$$

$$=\gamma_e f_e(\pi) \tag{4.100}$$

其中,第一个等式根据遍历性得到,第二个等式根据边界收敛定理得到[166],由于信道过程 $c_e(t)$ 对时间独立同分布,$\gamma_e=\mathbb{E}[c_e(t)]$,且与过程 $v_e(t)$ 独立,因此第三个等式成立。最后一个等式根据式(4.17)得到。将峰值年龄对所有链路 $e\in E$ 加权求和即可得到定理4.5中的结果。

集中式平稳策略 $\pi_{\mathrm{st}}\in\prod$ 可实现峰值年龄 $\Delta^{\mathrm{p}}(\pi)$ 的充分条件是,集中式平稳策略 π_{st} 可实现与一般策略相同的激活频率 $\boldsymbol{f}(\pi)=\boldsymbol{f}(\pi_{\mathrm{st}})$。

定义策略 $\pi\in\Pi$ 下的链路激活频率为 $\boldsymbol{f}=(f_e\mid e\in E)$。策略 π 确定频率激活无干扰集 $\mathcal{A}$ 中的链路。定义 x_m 为集合 $m\in\mathcal{A}$ 中链路的激活频率:

$$x_m=\limsup_{T\to\infty}\frac{1}{T}\sum_{t=1}^{T}\mathbb{I}_{\{m(t)=m\}} \tag{4.101}$$

式中:$m(t)$ 为在时间 t 激活的链路集合。不等式(4.102)成立:

$$\sum_{m\in\mathcal{A}}x_m\leqslant 1 \tag{4.102}$$

此外,等式$\boldsymbol{f}(\pi)=\boldsymbol{M}\boldsymbol{x}$一定成立,其中$\boldsymbol{M}$在式(4.21)中给出,$\boldsymbol{f}(\pi)$和$\boldsymbol{x}$分别为链路激活频率$f_e(\pi)$和链路集合激活频率$x_m$的列向量。考虑集中式平稳策略$\pi_{\mathrm{st}}\in\Pi$,该策略下链路集合$m\in\mathcal{A}$在每个时隙以式(4.102)中独立于时间的概率$x_m$被激活。因此等式$\boldsymbol{f}(\pi_{\mathrm{st}})=\boldsymbol{M}\boldsymbol{x}=\boldsymbol{f}(\pi)$成立。证毕。

4.6.5 定理 4.6 证明

下面证明可以直接由柯西－施瓦茨不等式得到。考虑策略$\pi\in\Pi$,定义$T_e(i)$为链路e第i次成功传输时刻。$S_e(i)=T_e(i)-T_e(i-1)(\forall i\geqslant 1)$为链路$e$上两次(成功)传输时间间隔,其中$T_e(0)=0$。对于第$i$次年龄更新,等式$S_e(i)=\Delta_e(T_e(i))$成立。这说明峰值年龄可以表示为

$$\limsup_{N\to\infty}\frac{1}{N}\sum_{i=1}^{N}\Delta_e(T_e(i))=\limsup_{N\to\infty}\frac{1}{N}\sum_{i=1}^{N}S_e(i) \tag{4.103}$$

平均年龄可以表示为

$$\Delta_e^{\mathrm{ave}}(\pi)=\lim_{N\to\infty}\frac{\sum\limits_{i=1}^{N}\sum\limits_{k=1}^{S_e(i)}k}{\sum\limits_{i=1}^{N}S_e(i)}=\lim_{N\to\infty}\frac{\frac{1}{2}\sum\limits_{i=1}^{N}S_e(i)^2}{\sum\limits_{i=1}^{N}S_e(i)}+\frac{1}{2} \tag{4.104}$$

根据柯西－施瓦茨不等式,不等式(4.105)成立:

$$\left(\sum_{i=1}^{N}S_e(i)\right)^2\leqslant N\sum_{i=1}^{N}S^2(i) \tag{4.105}$$

因此,不等式(4.106)一定成立:

$$\frac{1}{2}\frac{1}{N}\sum_{i=1}^{N}S_e(i)\leqslant\frac{0.5\sum\limits_{i=1}^{N}S_e(i)^2}{\sum\limits_{i=1}^{N}S_e(i)} \tag{4.106}$$

根据式(4.22),所有策略$\pi\in\Pi$下的峰值年龄$\Delta^{\mathrm{p}}(\pi)$有限,因此根据式(4.103)和式(4.104),不等式$\frac{1}{2}\Delta_e^{\mathrm{p}}(\pi)+\frac{1}{2}\leqslant\Delta_e^{\mathrm{ave}}(\pi)$成立。将式(4.106)对所有链路$e\in E$加权求和可以得到定理4.6中的结论。证毕。

4.6.6 引理 4.8 证明

对于平稳策略,定义p为链路e任意时隙中的成功激活概率:

$$p=\mathbb{P}[e\in m(t),m(t)\in\mathcal{A}] \tag{4.107}$$

式中:$m(t)$为时隙t的激活链路集合。因为策略为平稳策略,链路(成功)激活

时间间隔$S_e(i)$独立，且服从参数为 $1/p$ 的几何随机分布：$\mathbb{P}[S_e(i)=k]=p(1-p)^{k-1}, k\in\{1,2,\cdots\}$。根据几何随机分布可以得到等式$\mathbb{E}[S_e(1)]=\frac{1}{p}$和$\mathbb{E}[S_e^2(1)]=\frac{2-p}{p^2}$成立。根据式(4.104)，链路 e 的平均年龄可表示为

$$\lim_{T\to\infty}\frac{1}{T}\sum_{t=1}^{T}\Delta_e(t)=\lim_{N\to\infty}\frac{\sum_{i=1}^{N}\frac{1}{2}S_e^2(i)}{\sum_{i=1}^{N}S_e(i)}+\frac{1}{2}=\frac{\frac{1}{2}\frac{2-p}{p^2}}{\frac{1}{p}}+\frac{1}{2}=\frac{1}{p} \tag{4.108}$$

根据式(4.103)，链路 e 的峰值年龄可表示为

$$\limsup_{N\to\infty}\frac{1}{N}\sum_{i=1}^{N}\Delta_e(T_e(i))=\limsup_{N\to\infty}\frac{1}{N}\sum_{i=1}^{N}S_e(i)=\mathbb{E}[S_e(1)]=\frac{1}{p} \tag{4.109}$$

将式(4.108)和式(4.109)分别对链路取加权平均可得到引理4.8中结论。

4.6.7　定理4.10证明

因为γ_e仅与w_e/γ_e有关，为表述清晰，假设对于所有链路 e，$\gamma_e=1$。在下面证明中，可通过重新用w_e/γ_e替代w_e来分析γ_e的相关性。

式(4.30)中的峰值年龄最小化问题可以重新写为具有以$x_m, m\in\mathcal{A}$为优化变量的目标函数：

$$\sum_{e\in E}\frac{w_e}{\sum_{m\in\mathcal{A}}M_{e,m}x_m} \tag{4.110}$$

和约束为$\sum_{m\in\mathcal{A}}x_m\leqslant 1$和$x_m\geqslant 0$的优化问题。该问题的拉格朗日函数为

$$L(\boldsymbol{x},\boldsymbol{\mu},\boldsymbol{v})=\sum_{e\in E}\frac{w_e}{\sum_{m\in\mathcal{A}}M_{e,m,x_m}}+\mu\left(\sum_{m\in\mathcal{A}}x_m-1\right)+\sum_{m\in\mathcal{A}}\boldsymbol{v}_m x_m$$

其中$\mu\geqslant 0$，且对于所有 $m\in\mathcal{A}$，$v_m\geqslant 0$ 成立。优化问题的KKT条件为

$$\frac{\partial L}{\partial x_m}=0(\forall m\in\mathcal{A}) \tag{4.111}$$

$$\mu\left(\sum_{m\in\mathcal{A}}x_m-1\right)=0 \tag{4.112}$$

$$v_m x_m=0(\forall m\in\mathcal{A}) \tag{4.113}$$

和对于向量 $\boldsymbol{x}$ 的可行性约束，$\mu\geqslant 0$ 以及$v_m\geqslant 0(\forall m\in\mathcal{A})$。式(4.111)表明式(4.114)成立：

$$\frac{\partial L}{\partial x_m} = -\sum_{e \in E} \frac{w_e M_{e,m}}{\left(\sum_{m' \in \mathcal{A}} M_{e,m'} x_{m'}\right)^2} + \mu - v_m = 0 \tag{4.114}$$

对于所有 $m \in \mathcal{A}$,式(4.114)可写为

$$\mu_m(\boldsymbol{x}) = \mu - v_m \tag{4.115}$$

根据式(4.113)和式(4.115)可得,如果$x_m > 0$,则$v_m = 0$,则式$\mu_m(\boldsymbol{x}) = \mu$成立,即对于所有 $m \in \mathcal{A}$,不等式$\mu_m(\boldsymbol{x}) \leqslant \mu$成立。这证明了定理4.10中条件(1)和条件(2)。

因为满足KKT条件的$\boldsymbol{x}$也是式(4.30)的解,因此不等式$f_e = \sum_{m \in \mathcal{A}} M_{e,m} x_m > 0$成立;否则目标函数无界。因此,$\mu_m(\boldsymbol{x}) = \mu - v_m$表明,对于所有$m \in \mathcal{A}$,不等式$\mu > 0$成立。进一步根据式(4.112)可以得到$\sum_{m \in \mathcal{A}} x_m = 1$。

推论4.23 定理4.10中定义的μ为最优峰值年龄Δ^{p*}

证明:向量$\boldsymbol{x}$为问题(4.30)的最优解,参数μ已经在定理4.10中定义。最优峰值年龄为

$$\Delta^{p*} = \sum_{e \in E} \frac{w_e}{(\boldsymbol{Mx})_e} = \sum_{e \in E} \frac{w_e}{(\boldsymbol{Mx})_e^2} (\boldsymbol{Mx})_e = \sum_{e \in E} \frac{w_e}{(\boldsymbol{Mx})_e^2} \sum_{m \in \mathcal{A}} M_{e,m} x_m \tag{4.116}$$

交换求和顺序得

$$\Delta^{p*} = \sum_{m \in \mathcal{A}} x_m \sum_{e \in E} \frac{w_e M_{e,m}}{(\boldsymbol{Mx})_e^2} = \sum_{m \in \mathcal{A}, x_m > 0} x_m \sum_{e \in m} \frac{w_e}{(\boldsymbol{Mx})_e^2} \tag{4.117}$$

其中,根据$M_{e,m}$的定义最后一个等式成立。注意当$x_m > 0$时,$\sum_{e \in m} \frac{w_e}{(\boldsymbol{Mx})_e^2}$等价为$\mu(m) = \mu$。可得

$$\Delta^{p*} = \sum_{m \in \mathcal{A}, x_m > 0} x_m \mu = \mu \tag{4.118}$$

根据定理4.10中条件(3),式(4.118)中最后一个等式成立。证毕。

4.6.8 引理4.13证明

链路e的服务率为$\mu_e = \gamma_e f_e$。式(4.35)和式(4.36)中的峰值年龄Δ_e^p和平均年龄Δ_e^{ave}仅与$\mu_e = \gamma_e f_e$中的链路激活频率f_e有关。因此,仅需在$\mu_e \in (0,1)$下证明式(4.43)和式(4.45)即可。为简化表述,下面证明省略符号下标e,使用ρ和$\mu = \gamma f$代替ρ_e和$\mu_e = \gamma_e f_e$。

对于$\rho \in (0,1]$和$\mu \in (0,1]$,定义

$$B(\mu,\rho) = \frac{1}{\mu}[H(\rho) + G(\rho)] - G(\rho) \tag{4.119}$$

函数 $H(\rho)$ 和 $G(\rho)$ 定义域为 $(0,1]$，且满足以下假设。

（1）函数 $H(\rho)$ 严格递减，具有强凸性，且二阶可导；

（2）当 $\rho \to 0$ 时，函数 $H(\rho) \to \infty$，且 $0 < H(1) < \infty$；

（3）函数 $G(\rho)$ 严格递增，具有强凸性，且二阶可导；

（4）当 $\rho \to 1$ 时，函数 $G(\rho) \to \infty$，且 $G(0) < \infty$。

对于函数 $F(\rho) = H(\rho) + G(\rho)$，定义

$$\hat{\rho} = \arg \min_{\rho \in (0,1]} F(\rho) \tag{4.120}$$

和

$$\rho(\mu) = \arg \min_{\rho \in (0,1]} B(\mu,\rho) \tag{4.121}$$

因为函数 $F(\rho)$ 和 $B(\mu,\rho)$ 在有界域上是严格凸函数，因此上述函数存在唯一最小值。定义差值函数 $\Delta(\mu)$ 为

$$\Delta(\mu) = B(\mu,\hat{\rho}) - B(\mu,\rho(\mu)) \tag{4.122}$$

在上述假设下，可以证明函数 $\rho(\mu)$ 是非递减的，且随 μ 从（接近）0 增加至 1 时从 $\hat{\rho}$ 增加至 1。因此，$\rho(\mu)$ 介于 $\hat{\rho} \sim 1$。此外，同样可以证明 $\Delta(\mu)$ 是递增的。文献[167]给出了上述结论的详细证明，在此不再赘述。通过 $\Delta(\mu)$ 的非递减性和上述关于函数 $\rho(\mu)$ 的性质可以得到引理 4.24。

引理 4.24　$\Delta(\mu) \leqslant H(\hat{\rho}) - H(1)$。

关于峰值和平均年龄的结论，可直接根据引理 4.24 得到。

峰值年龄：令 $H(\rho) = 1 + \dfrac{1}{\rho}, G(\rho) = \dfrac{\rho}{1-\rho}$ 可以得到 $B(\mu,\rho) = \Delta^{\mathrm{P}}(f,p)$ 和 $\hat{\rho} = \bar{\rho}^{\mathrm{P}} = 1/2$，且等式 $\mu = \gamma f$ 成立。$\Delta(\mu)$ 可以表示为

$$\begin{aligned}\Delta(\mu) &= B(\mu,\bar{\rho}^{\mathrm{P}}) - \min_{\rho \in (0,1]} B(\mu,\rho) = \Delta^{\mathrm{P}}(f,\bar{\rho}^{\mathrm{P}}) - \min_{\rho \in (0,1]} \Delta^{\mathrm{P}}(f,\rho) \\ &= \Delta^{\mathrm{P}}(f,\bar{\rho}^{\mathrm{P}}) - \min_{\rho \in (0,1]} \Delta^{\mathrm{P}}(f,\rho) \qquad (4.123) \\ &\leqslant H(\bar{\rho}^{\mathrm{P}}) - H(1) = \frac{1}{\bar{\rho}^{\mathrm{P}}} - 1 = 1 \qquad (4.124)\end{aligned}$$

其中，最后一个不等式根据引理 4.24 中函数 $\Delta(\mu)$ 的界得到。

平均年龄：令 $H(\rho) = 1 + \dfrac{1}{\rho}, G(\rho) = \dfrac{\rho^2}{1-\rho}$ 可以得到 $B(\mu,\rho) = \Delta^{\mathrm{ave}}(f,p)$ 和 $\hat{\rho} = \bar{\rho}^{\mathrm{ave}} \approx 0.53$，且等式 $\mu = \gamma f$ 成立。$\Delta(\mu)$ 可表示为

$$\begin{aligned}\Delta(\mu) &= B(\mu,\bar{\rho}^{\mathrm{ave}}) - \min_{\rho \in (0,1]} B(\mu,\rho) = \Delta^{\mathrm{ave}}(f,\bar{\rho}^{\mathrm{ave}}) - \min_{\rho \in (0,1]} \Delta^{\mathrm{ave}}(f,\rho) \\ &= \Delta^{\mathrm{ave}}(f,\bar{\rho}^{\mathrm{ave}}) - \min_{\rho \in (0,1]} \Delta^{\mathrm{ave}}(f,\rho) \qquad (4.125) \\ &\leqslant H(\bar{\rho}^{\mathrm{ave}}) - H(1) = \frac{1}{\bar{\rho}^{\mathrm{ave}}} - 1 < 1 \qquad (4.126)\end{aligned}$$

因为 $\bar{\rho}^{\mathrm{ave}} > 1/2$，根据引理 4.24，上面第一个不等式成立。

4.6.9 峰值年龄最小化问题推导

根据引理4.15,对于所有链路$e \in E$,等式(4.127)成立:

$$\Delta_e^{\mathrm{P}} = \frac{1}{\liminf\limits_{t \to \infty} \mathbb{E}\left[\frac{1}{t} \sum_{\tau=0}^{t} \sum_{e \in E} v_e(\tau) c_e(\tau)\right]} \tag{4.127}$$

链路e的峰值年龄的推导过程为

$$\begin{aligned}
\Delta_e^{\mathrm{P}} &= \limsup_{t \to \infty} \frac{\mathbb{E}\left[\sum\limits_{\tau=0}^{t-1} v_e(\tau) c_e(\tau) \Delta_e(\tau) + 1\right]}{\mathbb{E}\left[\sum\limits_{\tau=0}^{t-1} v_e(\tau) c_e(\tau) + 1\right]} \\
&= \limsup_{t \to \infty} \frac{t}{\mathbb{E}\left[\sum\limits_{\tau=0}^{t-1} v_e(\tau) c_e(\tau) + 1\right]} \\
&= \frac{1}{\liminf\limits_{t \to \infty} \mathbb{E}\left[\frac{1}{t} \sum\limits_{\tau=0}^{t-1} v_e(\tau) c_e(\tau)\right]}
\end{aligned} \tag{4.128}$$

其中,第二个不等式根据引理4.15得到,因为式$\Delta^{\mathrm{P}} = \sum\limits_{e \in E} w_e \Delta_e^{\mathrm{P}}(\pi)$成立,峰值年龄最小化问题$\underset{\pi \in \Pi}{\mathrm{Min}} \Delta^{\mathrm{P}}(\pi)$可以写为

$$\underset{\pi \in \Pi}{\mathrm{Min}} \sum_{e \in E} \frac{w_e}{\liminf\limits_{t \to \infty} \frac{1}{t} \sum\limits_{\tau=0}^{t-1} v_e(\tau) c_e(\tau)} \tag{4.129}$$

利用替代变量α_e,式(4.129)可表示为式(4.70)的形式。证毕。

4.6.10 定理4.19证明

定义$\pi \in \overline{\Pi}$为纯平稳概率策略。因为信道过程$\{\boldsymbol{c}(t)_t\} \geqslant 0$对于时间$t$独立同分布,$\boldsymbol{v}(t)$完全由$\boldsymbol{c}(t)$决定,所以对于策略$\pi$,过程$\{v_e(t), c_e(t)\}_{t \geqslant 0}$同样对于时间$t$独立同分布,而且等式$\alpha_e = \mathbb{E}[v_e(t), c_e(t)]$对于所有时间$t \geqslant 0$和链路$e \in E$成立。根据引理4.15和峰值年龄定义,对于所有链路$e \in E$,等式(4.130)成立:

$$\Delta_e^{\mathrm{P}} = \frac{1}{\liminf\limits_{t \to \infty} \frac{1}{t} \mathbb{E}\left[\sum\limits_{\tau=0}^{t-1} v_e(\tau) c_e(\tau)\right]} = \begin{cases} \dfrac{1}{\alpha_e}, \alpha_e > 0 \\ +\infty, \alpha_e = 0 \end{cases} \tag{4.130}$$

因此,在所有纯平稳概率策略空间上的峰值年龄最小化问题等价于

$$\begin{aligned} &\underset{\boldsymbol{\alpha}}{\operatorname{Min}} \sum_{e \in E} \frac{w_e}{\alpha_e} \\ &\text{s.t.} \quad \boldsymbol{\alpha} \in \Lambda_S(\boldsymbol{\gamma}) \end{aligned} \tag{4.131}$$

求解式(4.70)中,纯平稳概率策略的最优性由文献[151]定理 4.5 给出。证毕。

4.6.11　定理 4.20 证明

第一部分,定义函数 $L(t) = \frac{1}{2}\sum_{e \in E} w_e Q_e^2(t)$,$\Delta(t) = L(t+1) - L(t)$。其中,

$$\begin{aligned} Q_e^2(t+1) &= (\max\{Q_e(t) + \alpha_e(t) - v_e(t)c_e(t), 1\})^2 \\ &\leqslant 1 + (Q_e(t) + \alpha_e(t) - v_e(t)c_e(t))^2 \\ &= 1 + (\alpha_e(t) - v_e(t)c_e(t))^2 + Q_e^2(t) + 2Q_e(t)(\alpha_e(t) - v_e(t)c_e(t)) \\ &\leqslant 1 + V + Q_e^2(t) + 2Q_e(t)(\alpha_e(t) - v_e(t)c_e(t)) \end{aligned} \tag{4.132}$$

因为对于所有 t,$Q_e(t) \geqslant 1$ 成立,所以式(4.132)中最后一个不等式由$\alpha_e(t) = \sqrt{\frac{V}{Q_e(t)}} \leqslant \sqrt{V}$得到。根据式(4.132),对于所有 t,不等式(4.133)成立:

$$\Delta(t) \leqslant \frac{1+V}{2}\sum_{e \in E} w_e + \sum_{e \in E} w_e Q_e(t)(\alpha_e(t) - v_e(t)c_e(t)) \tag{4.133}$$

因此,存在

$$\begin{aligned} Vg(\boldsymbol{\alpha}(t)) + \Delta(t) \leqslant\ & V\sum_{e \in E} \frac{w_e}{\alpha_e(t)} + \frac{1+V}{2}\sum_{e \in E} w_e \\ & + \sum_{e \in E} w_e Q_e(t)(\alpha_e(t) - v_e(t)c_e(t)) \end{aligned}$$

通过代入可使上式右侧最小化的参数$\alpha_e(t) = \sqrt{\frac{V}{Q_e(t)}}$,可得

$$\begin{aligned} Vg(\boldsymbol{\alpha}(t)) + \Delta(t) \leqslant\ & \sum_{e \in E} 2w_e\sqrt{VQ_e(t)} + \frac{1+V}{2}\sum_{e \in E} w_e \\ & - \sum_{e \in E} w_e v_e(t) c_e(t) Q_e(t) \end{aligned} \tag{4.134}$$

因为策略 π_Q在时间 t 选择激活最大化 $\sum_{e \in E} w_e(t) c_e(t) Q_e(t)$ 的集合 $m(t)$,该策略可以最小化式(4.134)右侧部分。所以可通过峰值年龄最优的纯平稳概率策略π^*得到式(4.134)右侧部分的上界:

$$\begin{aligned} Vg(\boldsymbol{\alpha}(t)) + \Delta(t) \leqslant\ & \sum_{e \in E} 2w_e\sqrt{VQ_e(t)} + \frac{1+V}{2}\sum_{e \in E} w_e \\ & - \sum_{e \in E} w_e v_e^{\pi^*}(t) c_e(t) Q_e(t) \end{aligned}$$

因为等式$\alpha_e^* = \mathbb{E}[v_e^*(t)c_e(t)]$成立,所以对上述等式取条件期望,可得

$$\mathbb{E}[Vg(\boldsymbol{\alpha}(t)) + \Delta(t) \mid \mathbf{Q}(t)] \leqslant \sum_{e\in E} 2w_e\sqrt{VQ_e(t)} + \frac{1+V}{2}\sum_{e\in E} w_e - \sum_{e\in E} w_e \alpha_e^* Q_e(t) \tag{4.135}$$

其中$\boldsymbol{\alpha}^*$为式(4.72)中峰值年龄最小化问题的解。式(4.135)可以重写为

$$\mathbb{E}[Vg(\boldsymbol{\alpha}(t)) + \Delta(t) \mid \mathbf{Q}(t)] \leqslant V\Delta^{p*} + \frac{1+V}{2}\sum_{e\in E} w_e - \sum_{e\in E} w_e \alpha_e^* \left(\sqrt{Q_e(t)} - \frac{\sqrt{V}}{\alpha_e^*}\right)^2 \tag{4.136}$$

其中，$\Delta^{p*} = \sum_{e\in E}\frac{w_e}{\alpha_e^*}$为式(4.72)中最优值。

忽略式(4.136)最后一项，对其取均值，再将式(4.136)两侧对前t个时隙求和，可得

$$\mathbb{E}\left[V\sum_{\tau=0}^{t-1} g(\boldsymbol{\alpha}(t))\right] + \mathbb{E}[L(t) - L(0)] \leqslant t\left(V\Delta^{p*} + \frac{1+V}{2}\sum_{e\in E} w_e\right)$$

因为$L(t)\geqslant 0$，所以下面不等式成立：

$$\mathbb{E}\left[V\sum_{\tau=0}^{t-1} g(\boldsymbol{\alpha}(t))\right] \leqslant \mathbb{E}\left[V\sum_{\tau=0}^{t-1} g(\boldsymbol{\alpha}(t))\right] + \mathbb{E}[L(t)] \leqslant t\left(V\Delta^{p*} + \frac{1+V}{2}\sum_{e\in E} w_e\right) + \mathbb{E}[L(0)]$$

将上式两侧同时除以t，并取极限可以得到不等式(4.137)：

$$\limsup_{t\to\infty} \frac{1}{t}\mathbb{E}\left[\sum_{\tau=0}^{t-1} g(\boldsymbol{\alpha}(t))\right] \leqslant \Delta^{p*} + \frac{1}{2}\sum_{e\in E} w_e + \frac{1}{2V}\sum_{e\in E} w_e \tag{4.137}$$

因为函数g为凸函数，根据詹森不等式，下面不等式成立[160]：

$$g(\overline{\boldsymbol{\alpha}}(t)) \leqslant \sum_{\tau=0}^{t-1} g(\boldsymbol{\alpha}(t))$$

将该不等式代入式(4.137)可以得到第一部分结论。

第二部分，由于$V_g(\boldsymbol{\alpha}(t))\geqslant 0$，基于式(4.136)，不等式(4.138)成立：

$$\mathbb{E}[\Delta(t)] \leqslant V\left(\Delta^{p*} + \frac{1}{2}\sum_{e\in E} w_e\right) + \frac{1}{2}\sum_{e\in E} w_e \tag{4.138}$$

将式(4.138)对时隙t求和可得

$$\frac{1}{t}\mathbb{E}[L(t)] \leqslant \frac{1}{t}\mathbb{E}[L(0)] + V\left(\Delta^{p*} + \frac{1}{2}\sum_{e\in E} w_e\right) + \frac{1}{2}\sum_{e\in E} w_e \tag{4.139}$$

上述结果表明：

$$\limsup_{t\to\infty}\frac{1}{t}\mathbb{E}[L(t)]\leqslant B \tag{4.140}$$

其中 $B=V\left(\Delta^{P*}+\frac{1}{2}\sum_{e\in E}w_e\right)+\frac{1}{2}\sum_{e\in E}w_e$。因为$L(t)=\frac{1}{2}\sum_{e\in E}w_e Q_e^2(t)$，式(4.140)表明：

$$\limsup_{t\to\infty}\frac{1}{t}\mathbb{E}[Q_e^2(t)]\leqslant B \tag{4.141}$$

因此，对于所有链路 $e\in E$，$\mathbb{E}[Q_e(t)]^2\leqslant\mathbb{E}[Q_e^2(t)]$，$\limsup_{t\to\infty}\frac{1}{\sqrt{t}}\mathbb{E}[Q_e(t)]\leqslant B$ 成立。说明对于所有链路 $e\in E$，等式(4.142)成立：

$$\limsup_{t\to\infty}\frac{1}{t}\mathbb{E}[Q_e(t)]=0 \tag{4.142}$$

第三部分，对于任意 $\tau\geqslant 0$，由队列演化方程可得

$$Q_e(\tau+1)\geqslant Q_e(\tau)+\alpha_e(\tau)-v_e(\tau)c_e(\tau) \tag{4.143}$$

对于所有 $\tau\geqslant 0$，对时隙 t 求和可得

$$\overline{\alpha}_e(t)+\frac{1}{t}Q_e(0)\leqslant\frac{1}{t}\sum_{\tau=0}^{t-1}v_e(\tau)c_e(\tau)+\frac{1}{t}Q_e(t) \tag{4.144}$$

因为$Q_e(t)$平均速率稳定，对式(4.144)取均值并对时隙 $t\to\infty$ 时取下确界极限 liminf 运算：

$$\liminf_{t\to\infty}\mathbb{E}[\overline{\alpha}_e(t)]\leqslant\liminf_{t\to\infty}\frac{1}{t}\mathbb{E}\left[\sum_{\tau=0}^{t-1}v_e(\tau)c_e(\tau)\right] \tag{4.145}$$

因为 g 是变量α_e的连续递减函数，可得

$$\begin{aligned}\Delta^{P}(\pi_Q)&=\sum_{e\in E}\frac{w_e}{\liminf_{t\to\infty}\mathbb{E}\left[\frac{1}{t}\sum_{\tau=0}^{t-1}v_e(t)c_e(t)\right]}\\&\leqslant\sum_{e\in E}\frac{w_e}{\liminf_{t\to\infty}\mathbb{E}[\overline{\alpha}_e(t)]}\\&=\limsup_{t\to\infty}\sum_{e\in E}\frac{w_e}{\mathbb{E}[\overline{\alpha}_e(t)]}\\&\leqslant\limsup_{t\to\infty}\mathbb{E}\left[\sum_{e\in E}\frac{w_e}{\overline{\alpha}_e(t)}\right]=\limsup_{t\to\infty}\mathbb{E}[g(\overline{\boldsymbol{\alpha}}(t))]\end{aligned} \tag{4.146}$$

其中,第一个不等式基于引理4.15和式(4.62)的结果得到,第二个不等式基于式(4.145)得到,最后一个不等式基于詹森不等式[166]和$g(\boldsymbol{\alpha})$定义得到。

4.6.12 定理4.22证明

定义函数$L(t)=\frac{1}{2}\sum_{e\in E}w_e\Delta_e^2(t)$,$\Delta(t)=L(t+1)-L(t)$。对于所有$0<V<1$,$\beta\in\mathbb{R}$和所有$t\geqslant 0$,有

$$f(t)=\left(1-\beta\frac{(1-V)}{2}\right)\sum_{e\in E}w_e v_e(t)c_e(t)\Delta_e(t)+\frac{V}{2}\sum_{e\in E}w_e v_e(t)c_e(t)\Delta_e^2(t)\tag{4.147}$$

根据年龄更新公式$\Delta_e(t+1)=1+\Delta_e(t)-v_e(t)c_e(t)\Delta_e(t)$可得

$$\Delta(t)=\frac{1}{2}\sum_{e\in E}w_e+\sum_{e\in E}w_e\Delta_e(t)-\sum_{e\in E}w_e v_e(t)c_e(t)\Delta_e(t)-\frac{1}{2}\sum_{e\in E}w_e v_e(t)c_e(t)\Delta_e^2(t)\tag{4.148}$$

将式(4.147)和式(4.148)相加得

$$f(t)+\Delta(t)=\frac{1}{2}\sum_{e\in E}w_e+\sum_{e\in E}w_e\Delta_e(t)-\frac{(1-V)}{2}\sum_{e\in E}w_e v_e(t)c_e(t)[\Delta_e^2(t)+\beta\Delta_e(t)]\tag{4.149}$$

策略π_{A}选择可以使式(4.150)最大的$\boldsymbol{v}(t)$最小化式(4.149)右侧部分。

$$\sum_{e\in E}w_e v_e(t)c_e(t)[\Delta_e^2(t)+\beta\Delta_e(t)]\tag{4.150}$$

因此对于任意其他策略π,不等式(4.151)成立:

$$f(t)+\Delta(t)\leqslant\frac{1}{2}\sum_{e\in E}w_e+\sum_{e\in E}w_e\Delta_e(t)-\frac{(1-V)}{2}\sum_{e\in E}w_e v_e^{\pi}(t)c_e(t)[\Delta_e^2(t)+\beta\Delta_e(t)]\tag{4.151}$$

式中:$\boldsymbol{v}^{\pi}(t)$表示时间t策略π的决策。代入$\pi=\pi^*$,其中π^*为通过求解式(4.72)得到的最优纯平稳概率策略。存在上界为

$$\mathbb{E}[f(t)+\Delta(t)\mid\boldsymbol{\Delta}(t)]\leqslant\frac{1}{2}\sum_{e\in E}w_e+\sum_{e\in E}w_e\Delta_e(t)-\frac{(1-V)}{2}\sum_{e\in E}w_e\alpha_e^*(\Delta_e^2(t)+\beta\Delta_e(t))\tag{4.152}$$

因为根据式(4.72)可以得到$\alpha_e^*=\mathbb{E}[v_e^{\pi^*}(t)c_e(t)]$,且$\pi^*$为纯平稳概率策略,所

以$v_e^{\pi^*}(t)$和$c_e(t)$独立于$\Delta_e(t)$。式(4.152)可被重写为

$$\mathbb{E}[f(t)+\Delta(t)\mid\boldsymbol{\Delta}(t)]\leqslant\frac{1}{2}\sum_{e\in E}w_e+\frac{1-V}{2}\sum_{e\in E}w_e\alpha_e^*\left(\frac{\beta^2}{4}+\frac{(1-V)^{-2}}{\alpha_e^{*2}}-\frac{1}{1-V}\frac{\beta}{\alpha_e^*}\right)-\frac{(1-V)}{2}\sum_{e\in E}w_e\alpha_e^*\left(\Delta_e(t)+\frac{\beta}{2}-\frac{(1-V)^{-1}}{\alpha_e^*}\right)^2 \tag{4.153}$$

由于式(4.153)最后一项为负,因此忽略最后一项,根据$\alpha_e^*\leqslant 1$,不等式(4.154)成立:

$$\mathbb{E}[f(t)+\Delta(t)]\leqslant\frac{(1-V)^{-1}}{2}\sum_{e\in E}\frac{w_e}{\alpha_e^*}+\theta\sum_{e\in E}w_e \tag{4.154}$$

其中,$\theta=\frac{1-\beta}{2}+\frac{(1-V)}{2}\frac{\beta^2}{4}$。将式(4.154)对时隙$t$求和,可得

$$\mathbb{E}\left[\sum_{\tau=0}^{t-1}f(\tau)\right]+\mathbb{E}[L(t)-L(0)]\leqslant t\left(\frac{(1-V)^{-1}}{2}\sum_{e\in E}\frac{w_e}{\alpha_e^*}+\theta\sum_{e\in E}w_e\right) \tag{4.155}$$

因为对于所有t,$L(t)\geqslant 0$,所以

$$\begin{aligned}\mathbb{E}\left[\sum_{\tau=0}^{t-1}f(\tau)\right]&\leqslant\mathbb{E}\left[\sum_{\tau=0}^{t-1}f(\tau)\right]+\mathbb{E}[L(t)]\\&\leqslant t\left(\frac{(1-V)^{-1}}{2}\sum_{e\in E}\frac{w_e}{\alpha_e^*}+\theta\sum_{e\in E}w_e\right)+\mathbb{E}[L(0)]\end{aligned}$$

将上式两侧同时除以t,并取极限后可得

$$\limsup_{t\to\infty}\frac{1}{t}\mathbb{E}\left[\sum_{\tau=0}^{t-1}f(\tau)\right]\leqslant\frac{(1-V)^{-1}}{2}\sum_{e\in E}\frac{w_e}{\alpha_e^*}+\theta\sum_{e\in E}w_e \tag{4.156}$$

根据定理4.19,$\Delta^{p*}=\sum_{e\in E}\frac{w_e}{\alpha_e^*}$。通过引理4.17,不等式$\Delta^{p*}\leqslant 2\Delta^{ave*}-\sum_{e\in E}w_e$成立。代入式(4.156)可得

$$\limsup_{t\to\infty}\mathbb{E}\left[\frac{1}{t}\sum_{\tau=0}^{t-1}f(\tau)\right]\leqslant\frac{1}{(1-V)}\Delta^{ave*}+\left(\theta-\frac{1}{2(1-V)}\right)\sum_{e\in E}w_e \tag{4.157}$$

假设$\mathbb{E}[\Delta_e^2(t)]$对于所有$t$一致有界,可以基于引理4.15和引理4.16计算

$\limsup_{t\to\infty}\mathbb{E}\left[\frac{1}{t}\sum_{\tau=0}^{t-1}f(\tau)\right]$:

$$\limsup_{t\to\infty}\mathbb{E}\left[\frac{1}{t}\sum_{\tau=0}^{t-1}f(\tau)\right]=\sum_{e\in E}w_e+V\Delta^{\mathrm{ave}}(\pi_{\mathrm{A}})-\frac{\beta(1-V)+V(1-\beta)}{2}\sum_{e\in E}w_e \tag{4.158}$$

将其代入式(4.157)可得

$$\Delta^{\mathrm{ave}}(\pi_{\mathrm{A}})\leqslant\frac{1}{V(1-V)}\Delta^{\mathrm{ave}*}-\kappa\sum_{e\in E}w_e \tag{4.159}$$

其中,κ 由式(4.160)给出:

$$\kappa=\frac{1}{V}+\frac{1}{2V(1-V)}-\frac{\beta(1-V)+V(1-\beta)}{2V}-\frac{\theta}{V} \tag{4.160}$$

代入 $V=1/2$ 可得式(4.82)。

为获得式(4.83),根据定理4.19,$\Delta^{\mathrm{p}*}=\sum_{e\in E}\frac{w_e}{\alpha_e^*}$,式(4.156)可写为

$$\limsup_{t\to\infty}\frac{1}{t}\mathbb{E}\left[\sum_{\tau=0}^{t-1}f(\tau)\right]\leqslant\frac{(1-V)^{-1}}{2}\Delta^{\mathrm{p}*}+\theta\sum_{e\in E}w_e \tag{4.161}$$

根据式(4.158)和引理4.17的结论$\Delta^{\mathrm{p}}(\pi_{\mathrm{A}})\leqslant 2\Delta^{\mathrm{ave}}(\pi_{\mathrm{A}})$,不等式(4.162)成立:

$$\limsup_{t\to\infty}\frac{1}{t}\mathbb{E}\left[\sum_{\tau=0}^{t-1}f(\tau)\right]\geqslant\sum_{e\in E}w_e+\frac{V}{2}\Delta^{\mathrm{p}}(\pi_{\mathrm{A}})-\frac{\beta(1-2V)}{2}\sum_{e\in E}w_e \tag{4.162}$$

为获得作为$\Delta^{\mathrm{p}*}$函数的$\Delta^{\mathrm{p}}(\pi_{\mathrm{A}})$的界,结合式(4.161)和式(4.162),并令 $V=1/2$ 可以得到式(4.83)结果。

这足以证明平均$\mathbb{E}[\Delta_e^2(t)]$对于所有 t 是一致有界的。定义李雅普诺夫函数$\tilde{L}(t)=\frac{1}{2}\sum_{e\in E}w_e(\Delta_e(t)+\beta/2-1)^2$,对应的漂移为$\tilde{\Delta}(t)=\tilde{L}(t+1)-\tilde{L}(t)$。使用式(4.153)相同的论点,可以得到对于固定的B_1、$B_{2,e}$和b_e,不等式(4.163)成立:

$$\mathbb{E}[\tilde{\Delta}(t)\mid\boldsymbol{\Delta}(t)]\leqslant B_1-\sum_{e\in E}B_{2,e}(\Delta_e(t)+b_e)^2 \tag{4.163}$$

根据福斯特-李雅普诺夫定理[168],随机过程$\{\boldsymbol{\Delta}^2(t)\}_t$具有正常返性质,$\mathbb{E}[\Delta_e^2(t)]$一致有界。

信息年龄与采样

5.1 引　言

文献[169－170]提出的均匀采样策略是目前数字电路和电子器件中使用的主要采样策略。均匀采样的成功基于完美非因果信号周期性样本的重建理论,以及采样设备设计的简易性。但完美重建当前信号值需要历史和未来样本。在因果采样和信号重建问题中,仅能获得历史样本,且这些样本会随时间推移更加陈旧。因此,对于发送端来说,一个主要问题是如何确定采样时间,以便提升接收端接受样本的信息新鲜度。本章建立了处理采样问题的理论框架。

5.2　保持状态更新系统数据新鲜度方法

5.2.1　状态更新系统模型

如图5.1中的状态更新系统,其中信号过程X_t在发送端采样,按照先到达先服务顺序发送至接收端,样本在信道上经历的传输时间由样本随机大小、信道衰落以及信道干扰和拥塞等因素决定。假设系统任意时间仅可服务一个样本,则样本传输时间对于样本独立同分布。样本生成后在队列中等待传输。因此,信道被建模为服务时间独立同分布的单服务先到达先服务队列。该队列模型对于分析低服务率状态更新系统具有重大意义。比如,在无线网络通信技术接入节点附近的飞行无人机可能会因接入点干扰使通信中断,由此产生数据包接收时延可能影响无人机飞行控制和导航的稳定性。

系统从时间$t=0$开始运行。第i个样本于S_i时刻生成,并于D_i时刻到达目的地节点,服务时间为Y_i,对于所有样本i,满足$S_i \leqslant S_{i+1}$, $S_i+Y_i \leqslant D_i$, $D_i+Y_{i+1} \leqslant D_{i+1}$且$0<\mathbb{E}[Y_i]<\infty$。采样信息$(S_i, X_{S_i})$包括采样时间$S_i$和样本值$X_{S_i}$。一旦样本送达,接收端向采样器发送一个无时延的确认字符以确认成功接收样本。采样器可以实时访问服务台的空闲/忙碌状态。

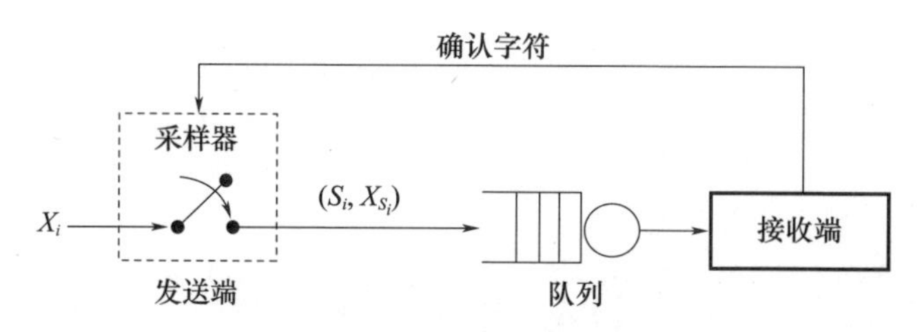

图 5.1　状态更新系统

定义 $U(t)=\max\{S_i:D_i\leqslant t\}$ 表示 t 时刻接收端接收的最新样本在发送端产生的时间，t 时刻的信息年龄为

$$\Delta(t)=t-U(t)=t-\max\{S_i:D_i\leqslant t\} \tag{5.1}$$

如图 5.2 所示。因为$D_i\leqslant D_{i+1}$，如果不等式$D_i\leqslant t<D_{i+1}$成立，$\Delta(t)$可重新表示为

$$\Delta(t)=t-S_i \tag{5.2}$$

假设网络初始状态$S_0=0,D_0=Y_0$，且 $\Delta(0)$为有限常数。

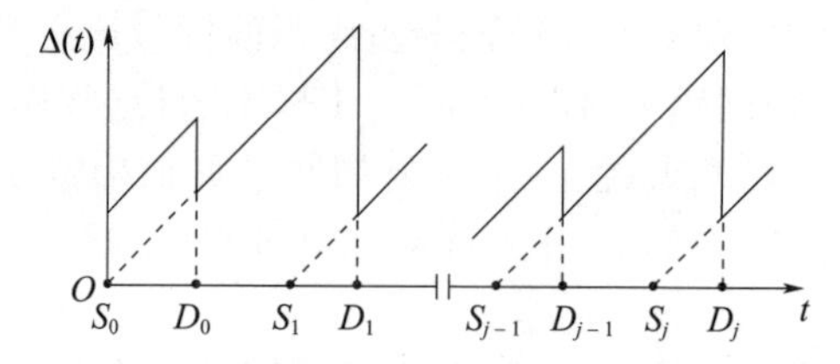

图 5.2　信息年龄 $\Delta(t)$随时间变化情况

同时考虑连续时间和离散时间状态更新系统。在连续时间系统中，$t\in[0,\infty)$，取值为任意正值。在离散时间系统中，$t\in\{0,T_s,2T_s,\cdots\}$为周期$T_s$的整数倍，变量$S_i$，$D_i,Y_i,t,U(t),\Delta(t)$均为离散时间变量。为表示简便，设置$T_s=1\text{s}$，所有离散时间变量均为整数。$T_s$取其他值时的结果可以直接通过时间缩放获得。实际应用中，连续时间系统可用于对具有高速时钟速率的状态更新系统进行建模，离散时间系统可用于对具有低能量约束，仅可阶段性从低功耗睡眠模式中激活工作的传感器系统进行建模。

5.2.2　非线性年龄函数及其应用综述

实际应用中，一些信息源，比如车辆位置和股市价格等，随时间变化较快；另一些信息源，比如温度和税率等，随时间变化较慢。考虑自动驾驶的例子：一辆车在 0.5s 内按照 70m/h 的速度行驶了 15m。因此，该车辆 0.5s 前收集的位置信息已经过时，不适用于进行决策。但是几分钟前收集的发动机温度信息依然可以用于评估引擎健康情况。从上述例子可以看出，信息新鲜度可以从以下几个方面评价:①源信号的时变模式;②在给定应用中新鲜信息的重要程度。但是,式(5.1)中定义年龄$\Delta(t)$是从信息自发送端产生至接收端接收的时间差,不能完全描述信号模式和应用场景。因此,需要更适合的数据新鲜度指标来解释新鲜度在实时应用中的作用。

使用年龄Δ的惩罚函数$p(\Delta)$表示对陈旧信息的不满意程度(或对新鲜信息的渴望程度),其中函数$p:[0,\infty)\mapsto\mathbb{R}$是非递减的。非递减性符合观察结果:希望获得新鲜而非陈旧的数据[6,64-68,171],因此函数$p(\Delta)$为非递减函数。该信息陈旧模型应用广泛,模型中函数$p(\Delta)$可为非凸函数或非连续函数。

相似地,可以使用关于Δ的非递增效用函数$u(\Delta)$衡量信息新鲜度量[6,65],比如$u(\Delta)=-p(\Delta)$。因为年龄$\Delta(t)$是时间t的函数,因此$p(\Delta(t))$和$u(\Delta(t))$均为时间t的函数,如图5.3所示。实际应用中,可以根据信息源和应用选择合适的函数$p(\cdot)$和$u(\cdot)$。下面列举一些年龄的单调函数。

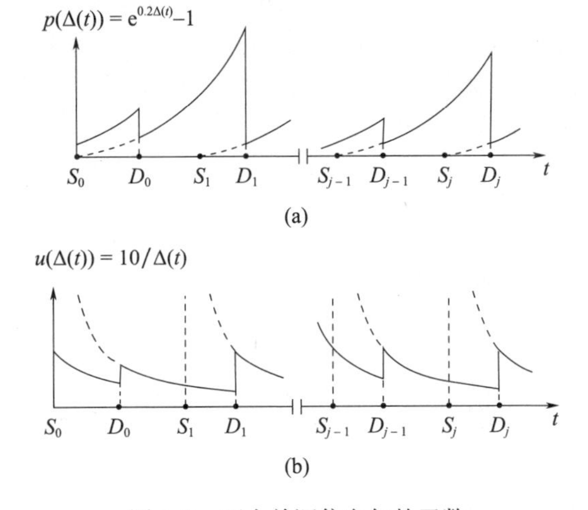

图5.3 两个单调信息年龄函数

(a)非递减惩罚函数$p(\Delta(t))=e^{0.2\Delta(t)}-1$;

(b)非递增效用函数$u(\Delta(t))=10/\Delta(t)$。

1. 信号的自相关函数

自相关函数$\mathbb{E}[X_t^* X_{t-\Delta(t)}]$可以用于衡量样本$X_{t-\Delta(t)}$的新鲜度[74]。对于多数稳定信号,$|\mathbb{E}[X_t^* X_{t-\Delta(t)}]|$是年龄$\Delta(t)$的近似非递增函数,可以看作年龄的效用函数$u(\Delta(t))$。比如,在平稳遍历高斯-马尔可夫块衰落信道中,信道老化的影响可以用衰落信道系数的自相关函数表征。当$\Delta(t)$较小时,自相关函数和数据速率均根据年龄$\Delta(t)$减小[100]。

2. 实时信号估计误差

考虑一个实时更新系统,系统中平稳马尔可夫信号X_t的样本被转发给远程估计器。估计器利用因果接收的样本重建实时信号X_t的估计值$\hat{X}_t$。如果采样时间S_i独立于信号$\{X_t, t \geqslant 0\}$,则时间 t 时的均方估计误差可以表示为年龄惩罚函数 $p(\Delta(t))$[20,76,81,172]。如果采样时间S_i根据信号的历史知识选择,则估计误差将不再是 $\Delta(t)$的函数[76,81,172]。

上述结果可以推广到反馈控制系统的状态估计误差中[77,78]。考虑一个单跳反馈控制系统,设备和控制器由下面线性时不变系统管理:

$$X_{t+1} = \boldsymbol{A} X_t + \boldsymbol{B} U_t + N_t \tag{5.3}$$

式中:$X_t \in \mathbb{R}^n$为系统在时间 t 时的状态,n 为系统维度;$U_t \in \mathbb{R}^m$ 为控制输入;$N_t \in \mathbb{R}^n$为外来噪声向量,服从具有均值为 0、协方差为 Σ 的高斯随机分布,并且对于时间服从独立同分布。常数矩阵 $\boldsymbol{A} \in \mathbb{R}^{n \times n}$ 和 $\boldsymbol{B} \in \mathbb{R}^{n \times m}$分别为系统矩阵和输入矩阵。假设矩阵($\boldsymbol{A}, \boldsymbol{B}$)可控。状态过程$X_t$的样本被发送至控制器,时间 t 时送达控制器的样本决定了控制输入U_t。在某些假设下,可以证明状态估计误差与所采用的控制策略无关[87]。此外,如果采样时间S_i独立于状态过程X_i,则状态估计误差是由系统矩阵 $\boldsymbol{A}$ 和外来噪声协方差 Σ 决定的年龄惩罚函数 $p(\Delta(t))$[77,78]。

3. 基于信息的数据新鲜度测量

令

$$\boldsymbol{W}_t = \{(X_{S_i}, S_i): D_i \leqslant t\} \tag{5.4}$$

表示时间 t 被送至接收端的样本。可以使用表示接收样本$\boldsymbol{W}_t$中携带关于当前信号值X_t信息量的互信息 $I(X_t; \boldsymbol{W}_t)$ 评估$\boldsymbol{W}_t$的新鲜度。如果 $I(X_t; \boldsymbol{W}_t)$ 的值接近 $H(X_t)$,说明样本$\boldsymbol{W}_t$包含大量关于X_t的信息,则样本为新鲜的;如果 $I(X_t; \boldsymbol{W}_t)$ 的值接近 0,说明样本$\boldsymbol{W}_t$只能提供少量关于X_t的信息,因此样本为过时的。

解释 $I(X_t; \boldsymbol{W}_t)$ 的一种方法是考虑接收的样本$\boldsymbol{W}_t$对推断X_t有多大帮助。根据香农码长定理(文献[153]第 5.4 节),获得X_t所需的期望最小比特数 L 为

$$H(X_t) \leqslant L < H(X_t) + 1 \tag{5.5}$$

式中:L 为推断X_t所需的最小二进制比特数。另外,$\boldsymbol{W}_t$已知情况下,获得X_t所需要的期望最小比特数L'为

$$H(X_t \mid \boldsymbol{W}_t) \leqslant L' < H(X_t \mid \boldsymbol{W}_t) + 1 \tag{5.6}$$

如果X_t为包含大量符号的随机变量,比如X_t为包含大量像素信息的图片或者为多输入多输出-正交频分复用系统的信道系数,式(5.5)和式(5.6)中 1 比特的额外开销变得微不足道。因此,$I(X_t; \boldsymbol{W}_t)$ 描述了$\boldsymbol{W}_t$已知相较于$\boldsymbol{W}_t$未知的情况

下，推断X_t成本的减少。

根据文献[173]中定理2.8.1的数据处理不等式，可以得到下面引理。

引理5.1　如果X_t为平稳马尔可夫链（连续时间或离散时间），$\boldsymbol{W}_t$已经在式(5.4)中定义，采样时间S_i独立于$\{X_t, t \geqslant 0\}$，则互信息

$$I(X_t;\boldsymbol{W}_t) = I(X_t;X_{t-\Delta(t)}) \tag{5.7}$$

为年龄$\Delta(t)$的非负非递增函数$u(\Delta(t))$。

证明：证明见5.7.1节。

引理5.1为"信息老化"提供了直观解释：保存在$\boldsymbol{W}_t$中用于推断当前信号值X_t的信息量$I(X_t;\boldsymbol{W}_t)$随年龄$\Delta(t)$增加而减小。引理5.1可将X_t一般化为具有记忆长度k的平稳离散马尔可夫链。在这种情况下，每个样本$\boldsymbol{V}_t = (X_t, X_{t-1}, \cdots, X_{t-k+1})$包含$k$个连续时间信号值。令$\boldsymbol{W}_t = \{(\boldsymbol{V}_{S_i}, S_i): D_i \leqslant t\}$，则$\boldsymbol{V}_{t-\Delta(t)}$是$\boldsymbol{W}_t$关于$X_t$的充分统计，$I(X_t;\boldsymbol{W}_t) = I(X_t;\boldsymbol{V}_{t-\Delta(t)})$仍为时间$\Delta(t)$的非负非递增函数。

如果采样时间S_i取决于样本X_t的历史知识，则$I(X_t;\boldsymbol{W}_t)$不一定为年龄的函数。如何根据信号选择采样时间S_i并利用时间S_i中的信息提升信息新鲜度是下一步有待研究的问题。

下面给出两种马尔可夫信号$I(X_t;\boldsymbol{W}_t)$的解析表达式。

高斯－马尔可夫信号：假设X_t为一个一阶离散高斯－马尔可夫过程，定义为

$$X_t = a X_{t-1} + N_t \tag{5.8}$$

其中$a \in (-1,1)$，且噪声序列为N_t零均值、方差为σ^2的独立同分布高斯随机变量。因为X_t是一个高斯－马尔可夫过程，可得[174]

$$I(X_t;\boldsymbol{W}_t) = I(X_t;X_{t-\Delta(t)}) = -\frac{1}{2}\log_2(1 - a^{2\Delta(t)}) \tag{5.9}$$

由于$a \in (-1,1)$，年龄$\Delta(t) \geqslant 0$为整数，因此$I(X_t;\boldsymbol{W}_t)$为年龄$\Delta(t)$的递减函数，且函数值大于0。因为高斯随机变量的绝对熵无限，因此若年龄$\Delta(t)=0$，则$I(X_t;\boldsymbol{W}_t) = H(X_t) = \infty$。

二元马尔可夫信号：假设$X_t \in \{0,1\}$为二元对称马尔可夫过程，定义为

$$X_t = X_{t-1} \oplus N_t \tag{5.10}$$

式中：$\oplus$为二进制模2加法；N_t为噪声序列，服从均值为$q \in \left[0, \frac{1}{2}\right]$的伯努利随机分布且独立同分布，等式(5.11)成立：

$$I(X_t;\boldsymbol{W}_t) = I(X_t;X_{t-\Delta(t)}) = 1 - h\left(\frac{1-(1-2q)^{\Delta(t)}}{2}\right) \tag{5.11}$$

其中根据文献[173]式(2.5),$\mathbb{P}[X_t=1|X_0=0]=\frac{1-(1-2q)^t}{2}$,$h(x)=-x\log_2 x-(1-x)\log_2(1-x)$为二进制熵函数,定义域$x\in[0,1]$。因为函数$h(x)$在$\left[0,\frac{1}{2}\right]$上单调递增,所以$I(X_t;\boldsymbol{W}_t)$是$\Delta(t)$上的非负递减函数。

相似地,可以利用条件熵$H(X_t|\boldsymbol{W}_t)$表示$\boldsymbol{W}_t$的陈旧程度[69-71]。特别地,$H(X_t|\boldsymbol{W}_t)$可以解释为接收到样本$\boldsymbol{W}_t$后当前信号值X_t的不确定量。如果采样时间序列S_i与$\{X_t,t\geqslant 0\}$独立,且X_t为平稳马尔可夫链,则$H(X_t|\boldsymbol{W}_t)=H(X_t|\{X_{S_i}:D_i\leqslant t\})=H(X_t|X_{t-\Delta(t)})$为年龄$\Delta(t)$的非递减函数$p(\Delta(t))$。如果基于信号值$X_t$的历史知识选择采样时间$S_i$,则$H(X_t|\boldsymbol{W}_t)$不再是年龄的函数。

文献[6,26,62,64-68,79,118]中给出了更多关于函数$p(\cdot)$和$u(\cdot)$的例子。文献[15,23-26,137]中给出其他不能表示为$\Delta(t)$函数的数据新鲜度指标。

5.2.3 采样时间反直观案例

图5.1中,传输器能够随时产生状态样本。由于存在队列,样本需要在队列中等待传输机会,并在等待时变得陈旧。因此,在信道繁忙时不应该生成样本,这样可以完全消除队列中的等待时间。在这种情况下,零等待策略是合理的采样策略,零等待策略在文献[111]中也称即时更新策略,在排队论中称为工作保证策略,一旦前一个样本被传送并且收到确认字符,传输器就立即生成新样本。零等待策略通过保持服务台忙状态,实现了最大吞吐量和最小时延。另外,因为队列中的等待时间为零,所以时延等于平均服务时间,该策略实现了系统最小时延。但这种零等待策略并不总能最大限度地减少信息年龄。下面的例子说明了这种违反直觉的现象。

示例 假设样本的服务时间对于样本独立同分布,并且以0.5的概率等于0或2s①。如果样本1在时间$t=0$时生成,且服务时间为0,该样本在时间$t=0$时送达接收端;那么应该何时获得样本2?

在零等待采样策略下,样本2也在$t=0$时生成并发出。样本1在时间$t=0$时被传送之后,因为两个样本都是在时间$t=0$采样,样本2不能给接收端带来任何新的信息。另外,样本2的平均信道占用时间为1s。因此,在$t=0$时刻进行第二次采样不是最优策略。

作为比较,考虑因子ϵ等待采样策略,该策略在传输服务时间为0s的样

① 在5.3.7节中给出,零等待采样策略对于大多数服务时间分布是次优的,本例中,为简化说明,选择简单的服务时间分布。

本后等待 ϵs 进行下次采样,在传输服务时间为 2s 的样本后不等待立刻进行采样。因子 ϵ 等待采样策略中等待时间是因果确定的。图 5.4 给出了因子 ϵ 等待采样策略中信息年龄 $\Delta(t)$ 随时间变化情况。该策略中的平均年龄计算为

$$(\epsilon^2/2+\epsilon^2/2+2\epsilon+4^2/2)/(4+2\epsilon)=(\epsilon^2+2\epsilon+8)/(4+2\epsilon)\mathrm{s}$$

如果等待时间 $\epsilon=0.5$s,则因子 ϵ 等待采样策略中平均年龄为 1.85s。如果等待时间 $\epsilon=0$s,因子 ϵ 等待采样策略变为零等待采样策略,该策略下平均年龄为 2s。由此可知,零等待采样策略不是最优的。5.3.7 节中数值结果表明零等待采样策略与最优值差距较大。

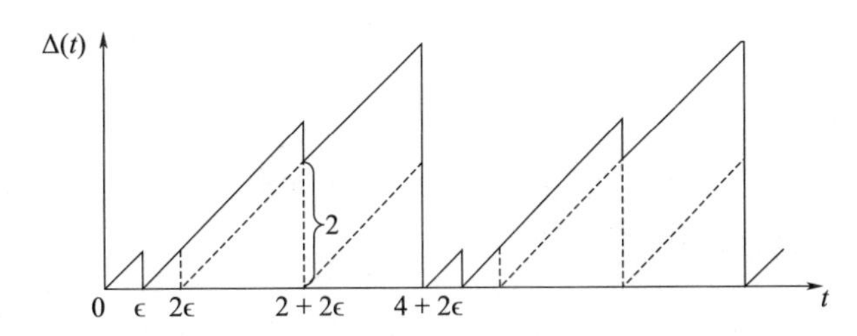

图 5.4　示例中因子 ϵ 等待采样策略中信息年龄 $\Delta(t)$ 随时间变化情况

本示例指出了数据通信系统和状态更新系统之间的关键差异。在数据通信系统中,所有数据包都是同等重要的,但在状态更新系统中,传输到接收端的数据包只有在携带新鲜信息时才重要。尽管数据通信理论已经相当成熟,但是状态更新系统的优化设计仍值得研究。

5.3　最优采样策略

本节设计了最优采样策略,以实现 5.2.2 节中的信息新鲜度最优。最优采样问题建模为具有可数或不可数状态空间的马尔可夫决策过程。提出马尔可夫决策过程最优解的完整表示方法:设计最优采样策略具有确定性结构或随机阈值结构,阈值和随机概率取决于马尔可夫决策过程最优目标函数值和采样率约束条件。为避免维度灾难问题,运用二分法搜索确定最优采样策略。5.4 节给出了上述结论的证明。

5.3.1　最优采样问题构建

定义 $\pi=(S_1,S_2,\cdots)$ 为采样策略,Π 为满足下面两个条件的在线采样策略集合:①每个采样时间 S_i 都是根据信道空闲/忙碌状态的历史和当前信息选择

的;②采样间隔时间$\{T_i = S_{i+1} - S_i, i=1,2,\cdots\}$服从再生分布①。随机序列$0 \leqslant k_1 < k_2 < \cdots$几乎可以被确定为有限的整数递增序列,因为后$k_j$过程$\{T_{k_j+i}, i=1,2,\cdots\}$与后$k_1$过程$\{T_{k_1+i}, i=1,2,\cdots\}$同分布,同时与前$k_j$个过程$\{T_i, i=1,2,\cdots,k_j-1\}$独立;且不等式$\mathbb{E}[k_{j+1}-k_j] < \infty$,$\mathbb{E}[S_{k_1}] < \infty$和$\mathbb{E}[S_{k_{j+1}} - S_{k_j}] < \infty$,$j=1,2,\cdots$成立。假设采样时间$S_i$与信号过程$\{X_t, t \geqslant 0\}$独立,则队列服务时间不随采样策略变化。进一步假设对于所有$x \geqslant 0$满足$\mathbb{E}[p(x+Y_i)] < \infty$。

针对存在平均采样率约束的情况,研究最小化(最大化)平均年龄惩罚(效用)的最优采样策略设计问题。在连续时间情况下,优化问题描述如下:

$$\bar{p}_{\mathrm{opt},1} = \inf_{\pi \in \Pi} \limsup_{T \to \infty} \frac{1}{T} \mathbb{E}\left[\int_0^T p(\Delta(t))\,\mathrm{d}t\right] \tag{5.12}$$

$$\text{s.t.} \quad \liminf_{n \to \infty} \frac{1}{n} \mathbb{E}[S_n] \geqslant \frac{1}{f_{\max}} \tag{5.13}$$

式中:$\bar{p}_{\mathrm{opt},1}$为式(5.12)的最优值;$f_{\max}$为允许最大采样率。

在离散时间,优化问题描述如下:

$$\bar{p}_{\mathrm{opt},2} = \inf_{\pi \in \Pi} \limsup_{n \to \infty} \frac{1}{n} \mathbb{E}\left[\sum_{t=1}^{n} p(\Delta(t))\right] \tag{5.14}$$

$$\text{s.t.} \quad \liminf_{n \to \infty} \frac{1}{n} \mathbb{E}[S_n] \geqslant \frac{1}{f_{\max}} \tag{5.15}$$

式中:$\bar{p}_{\mathrm{opt},2}$为式(5.14)的最优值。假设$\bar{p}_{\mathrm{opt},1}$和$\bar{p}_{\mathrm{opt},2}$均为有限值。通过将$p(\Delta) = -u(\Delta)$代入式(5.12)和式(5.14),可直接得到平均年龄效用的最大化问题。实际上,由于数据更新的成本随平均采样率增加而增加。因此,式(5.12)和式(5.14)代表了数据陈旧度(新鲜度)和更新成本之间的折中。

式(5.12)和式(5.14)是分别具有连续(不可数)和可数状态空间的约束马尔可夫决策过程。由于维度灾难[176],求解该问题,并得出任意精确的解析或封闭形式的解十分困难。

5.3.2 无采样率约束的连续时间采样

考虑式(5.12)中的连续时间采样问题。当不考虑采样率约束($f_{\max} = \infty$)时,下面定理给出了式(5.12)的解。

---

① 假设T_i服从再生分布,因为希望对问题$\limsup_{T \to \infty} \mathbb{E}\left[\int_0^T p(\Delta(t))\,\mathrm{d}t\right]/T$进行优化,但是问题$\limsup_{i \to \infty} \mathbb{E}\left[\int_0^{D_i} p(\Delta(t))\,\mathrm{d}t\right]/\mathbb{E}[D_i]$更便于操作。上述两个问题在$\{T_1, T_2, \cdots\}$为再生过程时等价,更一般地看,上面两个问题在$\{T_1, T_2, \cdots\}$只有一个遍历类时等价。如果不作任何假设,那么上面两个问题并不等价。

算法 5.1 二分法求解式(5.12)

1:给定 l,u,允许误差 $\epsilon>0$
2:当 $u-l>\epsilon$ 循环执行
3:$\beta:=(l+u)/2$
4:$o:=\beta-\dfrac{\mathbb{E}[v(D_{i+1}(\beta)-S_i(\beta))-v(Y_i)]}{\mathbb{E}[D_{i+1}(\beta)-D_i(\beta)]}$
5:如果 $o\geqslant 0$,$u:=\beta$
6:否则 $l:=\beta$
7:输出 β

定理 5.2 无采样率约束的连续时间采样。如果$f_{\max}=\infty$,$p(\cdot)$是非递增函数,服务时间Y_i独立同分布,且满足 $0<\mathbb{E}[Y_i]<\infty$,则参数为 β 的 $(S_1(\beta),S_2(\beta),\cdots)$为式(5.12)的最优解,其中,

$$S_{i+1}(\beta)=\inf\{t\geqslant D_i(\beta):\mathbb{E}[p(\Delta(t+Y_{i+1}))]\geqslant\beta\} \tag{5.16}$$

$D_i(\beta)=S_i(\beta)+Y_i$,$\Delta(t)=t-S_i(\beta)$,$\beta$ 为

$$\beta=\frac{\mathbb{E}\left[\int_{D_i(\beta)}^{D_{i+1}(\beta)}p(\Delta(t))\,\mathrm{d}t\right]}{\mathbb{E}[D_{i+1}(\beta)-D_i(\beta)]} \tag{5.17}$$

此外,β 也为式(5.12)的最优值,即 $\beta=\bar{p}_{\mathrm{opt},1}$。

5.4.6 节中给出了定理 5.2 的证明。式(5.16)和式(5.17)对应的最优采样策略具有良好结构。特别地,在时间 t 生成第 $i+1$ 个样本需要满足以下两个条件:①第 i 个样本已经在时间 t 时送达,即 $t\geqslant D_i(\beta)$;②年龄惩罚函数期望 $\mathbb{E}[p(\Delta(t+Y_{i+1}))]$已经增长至不小于阈值 β。需要注意的是,如果 $t=S_{i+1}(\beta)$,则 $t+Y_{i+1}=S_{i+1}(\beta)+Y_{i+1}=D_{i+1}(\beta)$为第 $i+1$ 个样本的送达时间。此外,β 等于式(5.12)目标函数的最优值。因此,策略式(5.16)和式(5.17)要求第 $i+1$ 个采样信息送达时的年龄惩罚函数期望不小于$\bar{p}_{\mathrm{opt},1}$,即最小时间平均年龄惩罚期望。下面给出求解式(5.17)的有效算法。因为Y_i独立同分布,所以式(5.17)右侧期望是 β 的函数,且与 i 不相关。给定 β,方程中期望可以通过蒙特卡罗仿真或重要性采样获得。定义

$$v(s)=\int_0^s p(t)\,\mathrm{d}t \tag{5.18}$$

有

$$\int_{D_i(\beta)}^{D_{i+1}(\beta)}p(\Delta(t))\,\mathrm{d}t=v(D_{i+1}(\beta)-S_i(\beta))-v(Y_i) \tag{5.19}$$

式(5.19)可以用来简化式(5.17)中期望积分的数值计算。如同 5.4.6 节中证明的,式(5.17)存在唯一解。使用简单的二分法可以求解式(5.17),如算法 5.1

所示。可以证明式(5.17)的右侧是β的连续函数。利用式(5.17)存在唯一解和式(5.17)等式两边在β上的连续性,可以证明算法5.1中的二分法可以收敛到式(5.17)的解。

零等待采样的最优条件

当$f_{\max}=\infty$时,零等待采样策略是合理的采样策略[1,73,111],该策略定义为

$$S_{i+1}=S_i+Y_i \tag{5.20}$$

这种零等待采样策略实现了最大吞吐量和最小排队时延。在$p(t)=t$的特殊情况下,文献[73]中定理5为表征零等待采样策略的最优性提供了充分必要条件。现在将该结果推广到以下推论中的非线性年龄函数中。

推论5.3 如果$f_{\max}=\infty$,$p(\cdot)$为非递减函数,因为时间Y_i独立同分布,且满足$0<\mathbb{E}[Y_i]<\infty$,则当且仅当下面条件成立时,式(5.20)中的零等待采样策略是式(5.12)的最优解:

$$\mathbb{E}[p(\text{ess inf } Y_i+Y_{i+1})]\geqslant\frac{\mathbb{E}\left[\int_{Y_i}^{Y_i+Y_{i+1}}p(t)\,\mathrm{d}t\right]}{\mathbb{E}[Y_{i+1}]} \tag{5.21}$$

其中,$\text{ess inf } Y_i=\inf\{y\in[0,\infty):\mathbb{P}[Y_i\leqslant y]>0\}$。

证明:见5.7.4节。

可以认为ess inf Y_i为Y_i的最小可能值。根据推论5.3可以直接得到推论5.4。

推论5.4 如果$f_{\max}=\infty$,$p(\cdot)$为非递减函数,服务时间Y_i独立同分布,且满足$0<\mathbb{E}[Y_i]<\infty$,则下面断言为真。

(1) 如果Y_i为固定值,策略式(5.20)是式(5.12)的最优解。

(2) 如果ess inf $Y_i=0$,且$p(\cdot)$为严格递增函数,那么策略(5.20)不是问题(5.12)的最优解。

证明:见5.7.5节。

很多常用随机分布,比如指数随机分布、几何随机分布、爱尔朗随机分布和超指数随机分布,都满足条件ess inf $Y_i=0$。根据推论5.4(1),如果$p(\cdot)$为严格递增函数,那么式(5.20)中零等待策略对于这些常用分布为非最优。

5.3.3 采样率约束下连续时间采样

当考虑采样率约束式(5.13)时,以下定理给出了式(5.12)的解。

定理5.5 采样率约束下的连续时间采样。如果$p(\cdot)$是非递增

函数，对于所有有限 t，不等式 $\mathbb{E}[p(t+Y_i)]<\infty$ 成立。服务时间 Y_i 独立同分布，且满足 $0<\mathbb{E}[Y_i]<\infty$，如果下面不等式成立，策略式(5.16)~式(5.17)为式(5.12)的最优解，满足：

$$\mathbb{E}[S_{i+1}(\beta)-S_i(\beta)]>\frac{1}{f_{\max}} \tag{5.22}$$

此外，参数 β 对应 $(S_1(\beta),S_2(\beta),\cdots)$ 为优化问题式(5.12)的最优解，其中，

$$S_{i+1}(\beta)=\begin{cases}T_{i,\min}(\beta)，概率为\ \lambda \\ T_{i,\max}(\beta)，概率为\ 1-\lambda\end{cases} \tag{5.23}$$

$T_{i,\min}(\beta)$ 和 $T_{i,\max}(\beta)$ 分别为

$$T_{i,\min}(\beta)=\inf\{t\geqslant D_i(\beta):\mathbb{E}[p(\Delta(t+Y_{i+1}))]\geqslant\beta\} \tag{5.24}$$

$$T_{i,\max}(\beta)=\inf\{t\geqslant D_i(\beta):\mathbb{E}[p(\Delta(t+Y_{i+1}))]>\beta\} \tag{5.25}$$

其中，$D_i(\beta)=S_i(\beta)+Y_i$，$\Delta(t)=t-S_i(\beta)$，$\beta$ 通过求解式(5.26)确定：

$$\mathbb{E}[T_{i,\min}(\beta)-S_i(\beta)]\leqslant\frac{1}{f_{\max}}\leqslant\mathbb{E}[T_{i,\max}(\beta)-S_i(\beta)] \tag{5.26}$$

λ 由式(5.27)给出①：

$$\lambda=\frac{\mathbb{E}[T_{i,\max}(\beta)-S_i(\beta)]-\dfrac{1}{f_{\max}}}{\mathbb{E}[T_{i,\max}(\beta)-T_{i,\min}(\beta)]} \tag{5.27}$$

算法 5.2 二分法求解式(5.26)

1：给定 l,u，允许误差 $\epsilon>0$
2：当 $u-l>\epsilon$ 循环执行
3：　$\beta:=(l+u)/2$
4：　$o_1:=\mathbb{E}[T_{i,\min}(\beta)-S_i(\beta)]$
5：　$o_2:=\mathbb{E}[T_{i,\max}(\beta)-S_i(\beta)]$
6：　如果 $o_1>\frac{1}{f_{\max}}$，$u:=\beta$
7：　否则，如果 $o_2<\frac{1}{f_{\max}}$，$l:=\beta$
8：　否则输出 β
9：输出 β

定理5.5的证明在5.4节中给出。根据定理5.5，式(5.12)的解包含两种情况。情况1，定理5.2中满足式(5.22)的固定阈值策略是式(5.12)的最优解。

① 如果 $T_{i,\min}(\beta)=T_{i,\max}(\beta)$ (a.s.)则策略式(5.23)为确定阈值策略，λ 取值为[0,1]内任意数。

情况2,式(5.23)~式(5.27)的随机阈值策略是式(5.12)的最优解,随机阈值策略需要满足:

$$\mathbb{E}[S_{i+1}(\beta)-S_i(\beta)]=\frac{1}{f_{\max}} \tag{5.28}$$

式(5.24)和式(5.25)的区别仅在于式(5.24)中使用的是≥,而(5.25)中使用的是>。如果存在时间区间$[a,b]$满足:

$$\mathbb{E}[p(t+Y_{i+1})]=\beta \quad 对于所有\ t\in[a,b] \tag{5.29}$$

如图5.5所示,则$T_{i,\min}(\beta)<T_{i,\max}(\beta)$。在这种情况下,单独选择$S_{i+1}(\beta)=T_{i,\min}(\beta)$和$S_{i+1}(\beta)=T_{i,\max}(\beta)$不一定会满足式(5.28),但是,式(5.23)中上述值的随机混合可以满足式(5.28)。特别地,如果选择式(5.26)和式(5.27)中给出的β和λ,则式(5.28)成立。

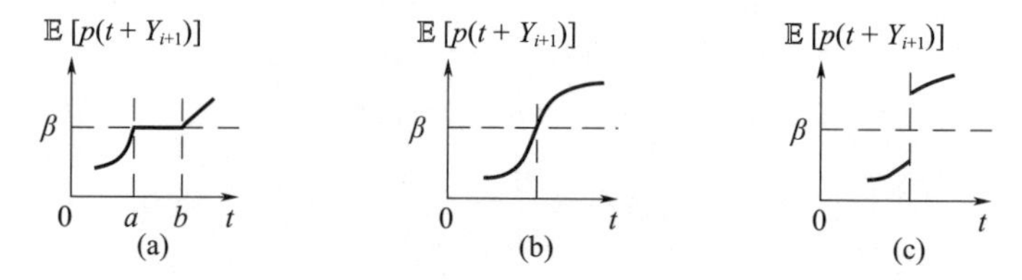

图5.5　函数$f(t)=\mathbb{E}[p(t+Y_{i+1})]$的三种情况

下面给出计算式(5.23)~式(5.27)中随机阈值策略的低复杂度算法。如5.7.3节所示,式(5.26)存在唯一解β。使用算法5.2中的二分法可以得到唯一解β。因为o_1和o_2是β的非递减函数,因此算法5.2可以收敛至式(5.26)的唯一解。然后$S_{i+1}(\beta)$和λ可以分别通过将β代入式(5.23)~式(5.25)和式(5.27)获得。由于式(5.24)和式(5.25)的相似性,$S_{i+1}(\beta)$和λ对β的数值差错十分敏感。该问题可以使用$T'_{i,\min}(\beta)$代替式(5.23)和式(5.27)中$T_{i,\min}(\beta)$,用$T'_{i,\max}(\beta)$代替式(5.23)和式(5.27)中的$T_{i,\max}(\beta)$解决。其中$T'_{i,\min}(\beta)$和$T'_{i,\max}(\beta)$分别为

$$T'_{i,\min}(\beta)=\inf\{t\geqslant D_i(\beta):\mathbb{E}[p(\Delta(t+Y_{i+1}))]\geqslant\beta-\epsilon/2\} \tag{5.30}$$

$$T'_{i,\max}(\beta)=\inf\{t\geqslant D_i(\beta):\mathbb{E}[p(\Delta(t+Y_{i+1}))]>\beta+\epsilon/2\} \tag{5.31}$$

其中,$\epsilon>0$为算法5.2的允许误差。可以从两个方面提高解精度:①减小允许误差ϵ;②通过增加蒙特卡罗时延次数或使用更先进技术,如重要性采样。

如图5.5(b)~(c)所示,如果$\mathbb{E}[p(t+Y_{i+1})]$在$t\in[0,\infty)$上严格增加,则$T_{i,\min}(\beta)=T_{i,\max}(\beta)$成立,式(5.23)退化为确定阈值策略。这种情况下,定理5.5可以大幅简化,并满足推论5.6。

推论5.6　在定理5.5中,如果$\mathbb{E}[p(t+Y_{i+1})]$在时间t上严格增加,则式(5.16)是式(5.12)的最优解,其中$D_i(\beta)=S_i(\beta)+Y_i$,$\Delta(t)=t-S_i(\beta)$,如果不等式(5.32)成立,则$\beta$由式(5.17)确定:

$$\mathbb{E}[S_{i+1}(\beta)-S_i(\beta)]>\frac{1}{f_{\max}} \tag{5.32}$$

否则，β 通过求解式(5.33)确定：

$$\mathbb{E}[S_{i+1}(\beta)-S_i(\beta)]=\frac{1}{f_{\max}} \tag{5.33}$$

在此省略对于推论5.6的证明，因为该推论可以直接通过定理5.5得到。如果 $p(\cdot)$ 是严格递增的，或 Y_i 的分布充分光滑，则 $\mathbb{E}[p(t+Y_{i+1})]$ 在 t 上严格增加。因此，推论5.6中的额外条件对于大多数年龄惩罚函数和服务时间分布成立。

5.3.4　离散时间采样

下面讨论式(5.14)中离散时间采样问题。当不考虑采样时间约束($f_{\max}=\infty$)时，式(5.14)的解由定理5.7给出。

定理5.7　无采样率约束下离散时间采样。如果 $f_{\max}=\infty$，$p(\cdot)$ 为非递减函数，服务时间 Y_i 独立同分布，且满足 $0<\mathbb{E}[Y_i]<\infty$，参数 β 对应 $(S_1(\beta),S_2(\beta),\cdots)$ 为式(5.14)的最优解，其中

$$S_{i+1}(\beta)=\min\{t\in\mathbb{N}:t\geqslant D_i(\beta),\mathbb{E}[p(\Delta(t+Y_{i+1}))]\geqslant\beta\} \tag{5.34}$$

$D_i(\beta)=S_i(\beta)+Y_i$，$\Delta(t)=t-S_i(\beta)$，$\beta$ 为下面方程的根

$$\beta=\frac{\mathbb{E}\left[\sum_{t=D_i(\beta)}^{D_{i+1}(\beta)-1}p(\Delta(t))\right]}{\mathbb{E}[D_{i+1}(\beta)-D_i(\beta)]} \tag{5.35}$$

此外，β 为式(5.14)的最优值，$\beta=\bar{p}_{\mathrm{opt},2}$。

本节中离散时间采样结果的证明将在5.4.7节中给出。定理5.7和定理5.2十分相似，其主要区别为：①式(5.16)中的采样时间 S_{i+1} 为实数，而式(5.34)中的 S_{i+1} 为整数；②式(5.17)中的积分变为式(5.35)中的求和。

在离散时间情况下，零等待策略的最优性描述如下。

推论5.8　如果 $f_{\max}=\infty$，$p(\cdot)$ 为非递减函数，服务时间 Y_i 独立同分布，且满足 $0<\mathbb{E}[Y_i]<\infty$，当且仅当存在 $e<1$，使不等式(5.36)成立时：

$$\mathbb{E}[p(\operatorname{ess\,inf}Y_i+Y_{i+1}+e)]\geqslant\frac{\mathbb{E}\left[\sum_{t=Y_i}^{Y_i+Y_{i+1}-1}p(t)\right]}{\mathbb{E}[Y_{i+1}]} \tag{5.36}$$

其中，$\operatorname{ess\,inf}Y_i=\min\{y\in\mathbb{N}:\mathbb{P}[Y_i\leqslant y]>0\}$，式(5.20)中描述的零等待采样策略是式(5.14)的最优解。

考虑式(5.15)中采样率限制时,定理5.9给出了式(5.14)的解。

定理5.9 采样率约束下离散时间采样。如果$p(\cdot)$为非递减函数,对于所有有限时间t,满足$\mathbb{E}[p(t+Y_i)]<\infty$,服务时间$Y_i$独立同分布,且满足$0<\mathbb{E}[Y_i]<\infty$;则如果下式成立,式(5.34)和式(5.35)为优化式(5.14)的最优解:

$$\mathbb{E}[S_{i+1}(\beta)-S_i(\beta)]>\frac{1}{f_{\max}} \tag{5.37}$$

否则,参数β对应$(S_1(\beta),S_2(\beta),\cdots)$为优化问题式(5.14)的最优解,其中:

$$S_{i+1}(\beta)=\begin{cases}T_{i,\min}(\beta),概率为\ \lambda\\ T_{i,\max}(\beta),概率为\ 1-\lambda\end{cases} \tag{5.38}$$

$T_{i,\min}(\beta)$和$T_{i,\max}(\beta)$分别定义为

$$T_{i,\min}(\beta)=\min\{t\in\mathbb{N}:t\geqslant D_i(\beta),\mathbb{E}[p(\Delta(t+Y_{i+1}))]\geqslant\beta\} \tag{5.39}$$

$$T_{i,\max}(\beta)=\min\{t\in\mathbb{N}:t\geqslant D_i(\beta),\mathbb{E}[p(\Delta(t+Y_{i+1}))]>\beta\} \tag{5.40}$$

其中,$D_i(\beta)=S_i(\beta)+Y_i$,$\Delta(t)=t-S_i(\beta)$,$\beta$通过求解式(5.41)确定:

$$\mathbb{E}[T_{i,\min}(\beta)-S_i(\beta)]\leqslant\frac{1}{f_{\max}}\leqslant\mathbb{E}[T_{i,\max}(\beta)-S_i(\beta)] \tag{5.41}$$

λ由式(5.42)给出:

$$\lambda=\frac{\mathbb{E}[T_{i,\max}(\beta)-S_i(\beta)]-\dfrac{1}{f_{\max}}}{\mathbb{E}[T_{i,\max}(\beta)-T_{i,\min}(\beta)]} \tag{5.42}$$

定理5.9和定理5.5相似,主要区别在于以下两点:①在式(5.24)和式(5.25)中,$T_{i,\min}(\beta)$和$T_{i,\max}(\beta)$为实数,在式(5.39)和式(5.40)中为整数。②如果$\mathbb{E}[p(t+Y_i)]$对于时间t严格递增,则式(5.24)和式(5.25)中$T_{i,\min}(\beta)=T_{i,\max}(\beta)$几乎必然成立,定理5.5可以大幅简化。但是,在离散情况下,如果$\mathbb{E}[p(t+Y_i)]$对于时间t严格递增,则式(5.39)和式(5.40)中$T_{i,\min}(\beta)<T_{i,\max}(\beta)$的情况仍可能发生。实际上,基于下面原因,$T_{i,\min}(\beta)<T_{i,\max}(\beta)$的情况在最优$\beta$下普遍存在。

如果$T_{i,\min}(\beta)=T_{i,\max}(\beta)$几乎必然成立,则式(5.38)变成了一个需要满足式(5.28)的确定阈值策略。但是,由于$S_{i+1}(\beta)$和$S_i(\beta)$为整数,对某些采样率$f_{\max}$,确定阈值策略难以满足式(5.28)。另外,如果$T_{i,\min}(\beta)<T_{i,\max}(\beta)$,式(5.38)和式(5.42)的随机阈值策略可以满足式(5.28)。因此,尽管$\mathbb{E}[p(t+Y_i)]$对于时间t严格递增,定理5.9不能进一步简化,这是连续时间和

离散时间采样的关键差异。

最优离散时间采样策略的计算方法类似连续时间情况下的对应算法，在此不再赘述。

5.3.5　相互信息最大化示例

本节通过具体示例说明上述最优采样结果。假设X_t是一个平稳马尔可夫链，并且采样时间S_i与$\{X_t, t \geqslant 0\}$独立，最大化X_t和$\boldsymbol{W}_t$之间的时间平均期望互信息的最优采样问题表示为

$$\bar{I}_{\text{opt}} = \sup_{\pi \in \Pi} \liminf_{n \to \infty} \frac{1}{n} \mathbb{E}\left[\sum_{t=1}^{n} I(X_t; \boldsymbol{W}_t)\right] \tag{5.43}$$

式中：$\bar{I}_{\text{opt}}$为式(5.43)的最优值。假设$\bar{I}_{\text{opt}}$有限，式(5.43)是式(5.14)满足$p(\Delta(t)) = -u(\Delta(t)) = -I(X_t; \boldsymbol{W}_t)$和$f_{\max} = \infty$的特殊情形。推论5.10可根据定理5.7直接得出。

推论5.10　如果服务时间Y_i独立同分布，且满足$0 < \mathbb{E}[Y_i] < \infty$，则参数$\beta$对应的$(S_1(\beta), S_2(\beta), \cdots)$是优化式(5.14)的最优解，其中，

$$S_{i+1}(\beta) = \min\{t \in \mathbb{N}: t \geqslant D_i(\beta), I(X_{t+Y_{i+1}}; X_{S_i(\beta)} \mid Y_{i+1}) \leqslant \beta\} \tag{5.44}$$

$D_i(\beta) = S_i(\beta) + Y_i$，$\beta \geqslant 0$为方程(5.45)的根

$$\beta = \frac{\mathbb{E}\left[\displaystyle\sum_{t=D_i(\beta)}^{D_{i+1}(\beta)-1} I(X_t; X_{S_i(\beta)})\right]}{\mathbb{E}[D_{i+1}(\beta) - D_i(\beta)]} \tag{5.45}$$

此外，β为式(5.43)的最优值，即$\beta = \bar{I}_{\text{opt}}$。

在推论5.10中，下一个采样时间$S_{i+1}(\beta)$由最新接收的样本值$X_{S_i(\beta)}$和信号值$X_{D_{i+1}(\beta)}$的互信息确定，其中$D_{i+1}(\beta) = S_{i+1}(\beta) + Y_{i+1}$为第$i+1$个样本的到达时间。因为在时间$D_{i+1}(\beta) = S_{i+1}(\beta) + Y_{i+1}$，$Y_{i+1}$对于发送方和接收方均为已知，$Y_{i+1}$为条件互信息$I[X_{t+Y_{i+1}}; X_{S_i(\beta)} \mid Y_{i+1}]$中的边信息。条件互信息$I[X_{t+Y_{i+1}}; X_{S_i(\beta)} \mid Y_{i+1}]$随时间$t$增加递减。根据策略(5.44)，在最小整数$t$时产生的第$(i+1)$个样本满足下面两个条件：①时间$t$时第$i$个样本已经送达；②条件互信息$I[X_{t+Y_{i+1}}; X_{S_i(\beta)} \mid Y_{i+1}]$的值已经减少到不大于$\bar{I}_{\text{opt}}$，其中$\bar{I}_{\text{opt}}$为最大化时间平均期望互信息$\liminf_{n \to \infty} \frac{1}{n} \mathbb{E}\left[\sum_{t=1}^{n} I(X_t; \boldsymbol{W}_t)\right]$。

图5.6给出了最优采样策略的样本路径，$\beta = 0.1$，Y_i以相同概率等于1或5，采样时间$S_i(\beta)$，送达时间$D_i(\beta)$和条件互信息$I[X_{t+Y_{i+1}}; X_{S_i(\beta)} \mid Y_{i+1}]$的值。可以

观察到如果前一个样本的服务时间为$Y_i = 1$,采样器会等待,直到互信息降低到小于阈值β后进行下次采样;如果前一个样本的服务时间$Y_i = 5$,一旦前一个样本送达,采样器就会立刻进行采样,因为此时条件互信息已经小于阈值β。

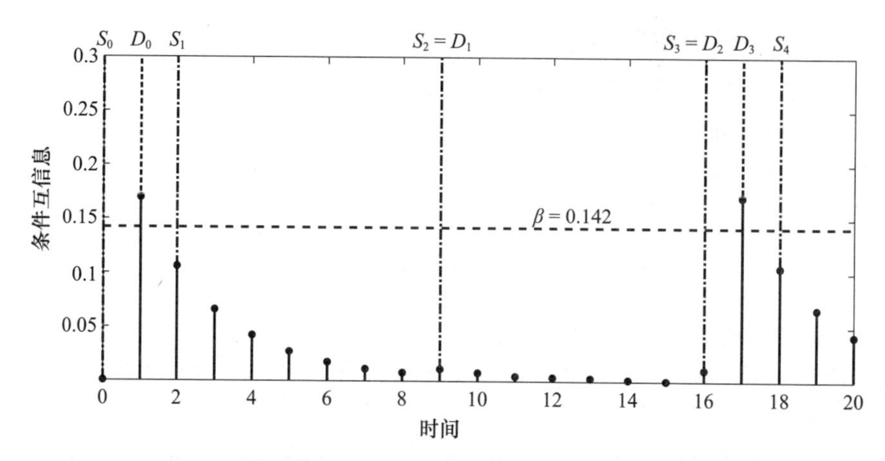

图 5.6 最优采样策略式（5.44）和式（5.45）的样本路径图

其中$\beta = 0.142$,Y_i以相同概率等于 1 或 7 ,S_i和 D_i分别是第 i 个样本的采样时间和发送时间。在此样本路径上,服务时间分别为 $Y_0 = 1, Y_1 = 1, Y_2 = 7, Y_3 = 7, Y_4 = 1, Y_5 = 1$ 和$Y_6 = 7$。

5.3.6 阈值采样策略等效表达式

下面给出采样策略式(5.16)的两个可选表达式。定义

$$\omega(\beta) = \inf\{\Delta \geqslant 0; \mathbb{E}[p(\Delta + Y_{i+1})] \geqslant \beta\} \tag{5.46}$$

式(5.16)可以重写为关于年龄 $\Delta(t)$的阈值策略:

$$S_{i+1}(\beta) = \inf\{t \geqslant D_i(\beta) : \Delta(t) \geqslant w(\beta)\} \tag{5.47}$$

文献[110,114 - 116,177]在存在能量收集的状态更新系统年龄最小化问题中,对与式(5.47)相似的阈值策略进行了讨论。

此外,根据式(5.2)和式(5.47)可得

$$\begin{aligned} S_{i+1}(\beta) &= \inf\{t \geqslant D_i(\beta) : \Delta(t) \geqslant w(\beta)\} \\ &= \inf\{t \geqslant D_i(\beta) : t \geqslant w(\beta) + D_i(\beta) - Y_i\} \\ &= D_i(\beta) + \max\{w(\beta) - Y_i, 0\} \end{aligned} \tag{5.48}$$

定义$Z_i(\beta) = S_{i+1}(\beta) - D_i(\beta) \geqslant 0$ 表示从第 i 个样本被送达至第 $i+1$ 个样本被采样生成的间隔时间。根据式(5.48),$Z_i(\beta)$可以表示为一个简单的注水解

$$Z_i(\beta) = \max\{\omega(\beta) - Y_i, 0\} \tag{5.49}$$

其中 $\omega(\beta)$为水位。可以看出,等待时间$Z_i(\beta)$随服务时间Y_i线性下降,直至$Z_i(\beta)$减小到零。注水解对于$p(\Delta(t)) = \Delta(t)$的特殊情况是年龄最优的[73,111]。

文献[178]中表明,通过仿真可以观察到,注水解方案非常接近对称多源网络中最优年龄性能。

5.3.7 仿真结果

本节中比较了下面三种采样策略。

(1) 均匀采样。对于连续时间采样,周期性采样策略的采样周期为$S_{i+1}-S_i=1/f_{\max}$,对于离散时间采样,采样周期为$S_{i+1}-S_i=\lceil 1/f_{\max}\rceil$。其中,$\lceil x\rceil$表示大于或等于$x$的最小整数。

(2) 零等待采样。式(5.20)中描述的零等待采样策略,当$f_{\max}<1/\mathbb{E}[Y_i]$时不可行。

(3) 最优策略。连续时间下,最优采样策略由定理5.5给出;离散时间下,最优采样策略由定理5.9给出。

图5.7给出了高斯-马尔可夫信号的平均互信息与式(5.8)中系数a之间的关系,其中$f_{\max}=0.095$,Y_i以相同概率等于1或21。因此,$\mathbb{E}[Y_i]=11$,零等待采样策略在$f_{\max}<1/11$时不可行。图5.8描述了式(5.8)中高斯-马尔可夫信号X_t的平均互信息与$f_{\max}$之间的关系,其中互信息系数为$a=0.9$,互信息的表达式由(5.9)给出。当系数a从0增长至1时,X_t的时间相关性不断增强。因此,互信息随a不断增加。此外,最优采样策略下的互信息大于零等待采样策略和均匀采样策略下的互信息。当$f_{\max}$较大时,队列长度较长,样本在队列中等待后变得陈旧。因此,均匀采样策略在$f_{\max}$较大时与最优值相差很大。

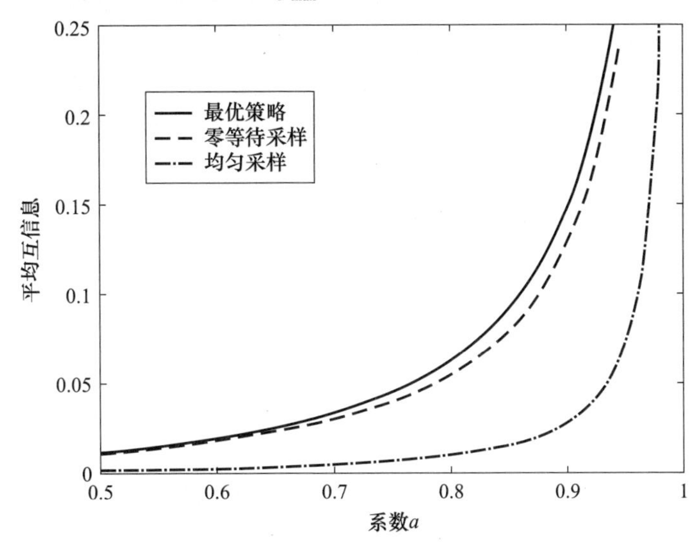

图5.7 高斯-马尔可夫信号的平均互信息与式(5.8)中系数a之间的关系(其中服务时间Y_i以相同概率等于1或21)

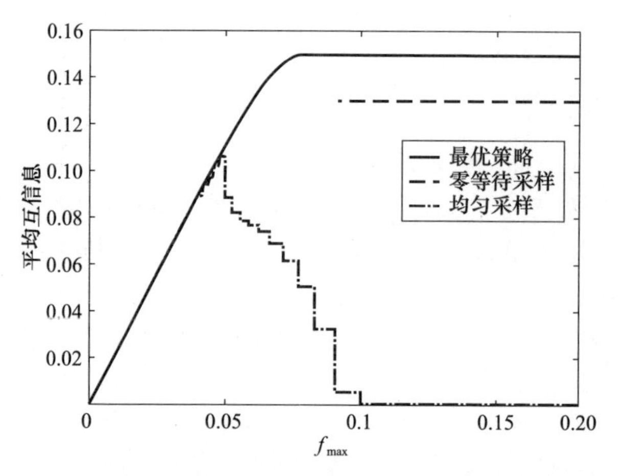

图 5.8　高斯 - 马尔可夫信号的平均互信息与f_{max}之间的关系

（其中服务时间Y_i以相同概率等于 1 或 21）

图 5.9 给出了指数惩罚函数$p_{exp}(\Delta(t)) = e^{\alpha\Delta(t)} - 1$ 的平均年龄惩罚函数与系数 α 之间的关系，其中Y_i服从离散对数正态随机分布。Y_i可以表示为$Y_i = [e^{\sigma X_i}/\mathbb{E}[e^{\sigma X_i}]]$，序列$X_i$为独立同分布的服从零均值单位方差高斯随机分布的随机变量，参数 $\sigma = 1.5$。图 5.10 给出了$p_{exp}(\Delta(t))$的平均年龄惩罚函数与服从离散对数正态随机分布的服务时间中参数 σ 之间的关系。如果 $\alpha = 0$，则$p_{exp}(\Delta(t))$为常数函数。如果 $\sigma = 0$，则服务时间Y_i为常数。推论 5.8 表明对于上述两种情况，零等待采样策略为最优，与图 5.9 和图 5.10 中结果一致。另外，当 α 和 σ 取值较大时，从图 5.9 和图 5.10 可知，零等待采样策略与最优值之间差距很大。可以看出，如果年龄惩罚函数随年龄快速增长（α 相对较大）或者服务时间Y_i随机性很强时，零等待采样策略与最优策略相差很大。

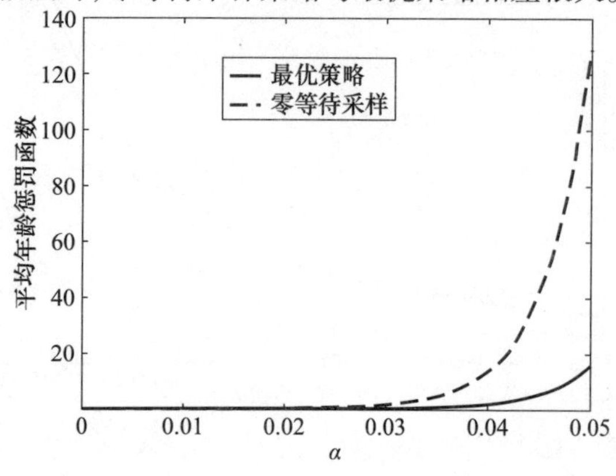

图 5.9　指数惩罚函数$p_{exp}(\Delta(t)) = e^{\alpha\Delta(t)} - 1$ 的平均年龄惩罚函数与系数 α 之间的关系

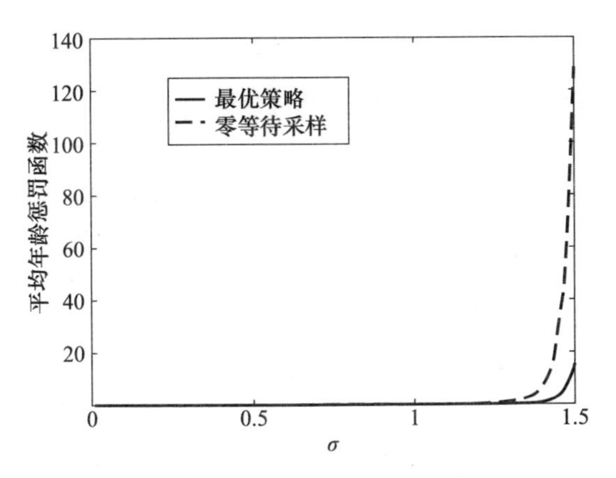

图5.10 指数惩罚函数$p_{\exp}(\Delta(t))=e^{\alpha\Delta(t)}-1$的平均年龄惩罚函数与服从离散对数正态随机分布的服务时间中参数σ之间的系数

5.4 年龄最优采样结果的证明

本节对5.3节中所得结果进行了证明。首先给出了定理5.5的证明,证明过程有助于提出和理解其他证明。

5.4.1 服务台繁忙时暂停采样

首先注意到,当服务台繁忙时,不应该再采集新样本。原因如下:如果在服务台繁忙时获取样本,它必须在队列中等待传输机会,这期间样本会变得陈旧。更好策略是仅在服务台空闲时采样生成新样本,这在样本路径上会使老化过程较小,进而得到引理5.11。

引理5.11 最优采样问题式(5.12)中,在前一个样本送达之前采样获得新样本的采样策略是次优的。

根据引理5.11,图5.1中的队列应该保持为空。此外,仅需考虑在前一个样本送达后才会采样生成新样本,这一部分采样策略$\Pi_1\subset\Pi$。

$$\Pi_1=\{\pi\in\Pi:S_{i+1}\geqslant D_i=S_i+Y_i\text{对于所有 }i\} \tag{5.50}$$

$Z_i=S_{i+1}-D_i\geqslant 0$表示从第$i$个样本被送达至第$i+1$个样本被采样生成的间隔时间。因为$S_0=0$,$S_i=S_0+\sum_{j=0}^{i}(Y_j+Z_j)=\sum_{j=0}^{i}(Y_j+Z_j)$且$D_i=S_i+Y_i$。给定$(Y_1,Y_2,\cdots)$情况下,$(S_1,S_2,\cdots)$由$(Z_1,Z_2,\cdots)$唯一确定。因此,也可以通过$\pi=(Z_1,Z_2,\cdots)$表示采样策略$\Pi_1$。

因为T_i为再生过程，通过文献[179]和文献[175]定理6.1中的更新生成定理可以得到式(5.12)中$\frac{1}{i}\mathbb{E}[S_i]$和$\frac{1}{i}\mathbb{D}[S_i]$是收敛序列，且

$$\begin{aligned}&\limsup_{T\to\infty}\frac{1}{T}\mathbb{E}\left[\int_0^T p(\Delta(t))\mathrm{d}t\right]\\&=\lim_{i\to\infty}\frac{\mathbb{E}\left[\int_0^{D_i} p(\Delta(t))\mathrm{d}t\right]}{\mathbb{E}[D_i]}\\&=\lim_{i\to\infty}\frac{\sum_{j=1}^{i}\mathbb{E}\left[\int_{D_j}^{D_{j+1}-1} p(\Delta(t))\mathrm{d}t\right]}{\sum_{j=1}^{i}\mathbb{E}[Y_j+Z_j]}\end{aligned}\tag{5.51}$$

另外，根据式(5.2)可得

$$\int_{D_j}^{D_{j+1}} p(\Delta(t))\mathrm{d}t=\int_{D_j}^{D_{j+1}} p(t-S_i)\mathrm{d}t=\int_{Y_i}^{Y_i+Z_i+Y_{i+1}} p(t)\mathrm{d}t\tag{5.52}$$

为(Y_i,Z_i,Y_{i+1})的函数。定义

$$q(y_i,z,y')=\int_y^{y+z+y'} p(t)\mathrm{d}t\tag{5.53}$$

式(5.12)可以重新表示为

$$\bar{p}_{\mathrm{opt}_1}=\inf_{\pi\in\Pi_1}\lim_{i\to\infty}\frac{\sum_{j=1}^{i}\mathbb{E}[q(Y_j,Z_j,Y_{j+1})]}{\sum_{j=1}^{i}\mathbb{E}[Y_j+Z_j]}\tag{5.54}$$

$$\text{s. t.}\quad\lim_{i\to\infty}\frac{1}{i}\sum_{j=1}^{l}\mathbb{E}[Y_j+Z_j]\geqslant\frac{1}{f_{\max}}\tag{5.55}$$

5.4.2 问题重构

为求解优化问题式(5.54)，考虑下面参数为c的马尔可夫决策过程：

$$h(c)\triangleq\inf_{\pi\in\Pi_1}\lim_{i\to\infty}\frac{1}{i}\sum_{j=1}^{i}\mathbb{E}[q(Y_j,Z_j,Y_{j+1})-c(Y_j+Z_j)]\tag{5.56}$$

$$\text{s. t.}\quad\lim_{i\to\infty}\frac{1}{i}\sum_{j=1}^{i}\mathbb{E}[Y_j+Z_j]\geqslant\frac{1}{f_{\max}}\tag{5.57}$$

其中，$h(c)$为式(5.56)最优值。与非线性分数式规划中丁克尔巴赫方法[180]相似，引理5.12对于式(5.54)中马尔可夫决策过程成立。

引理 5.12　根据文献[180]引理 2，下列断言为真：

(1) 当且仅当 $h(c) \gtreqless 0$ 时，$\bar{p}_{\mathrm{opt}_1} \gtreqless c$；

(2) 若 $h(c)=0$，式(5.54)和式(5.56)的解相同。

因此，式(5.54)的解可以通过解式(5.56)，寻找满足等式(5.58)的$\bar{p}_{\mathrm{opt}_1} \in \mathbb{R}$确定：

$$h(\bar{p}_{\mathrm{opt}_1})=0 \tag{5.58}$$

5.4.3　拉格朗日对偶问题

尽管式(5.56)为一个状态可数的马尔可夫决策过程，而不是一个凸问题，但是依然可以使用拉格朗日对偶法求解该问题，且对偶问题与原问题之间不存在对偶间隙。

当 $c=\bar{p}_{\mathrm{opt}_1}$时，定义拉格朗日函数为

$$L(\pi;\alpha)=\lim_{n\to\infty}\frac{1}{n}\sum_{j=1}^{n}\mathbb{E}\left[q(Y_j,Z_j,Y_{j+1})-(\bar{p}_{\mathrm{opt}_1}+\alpha)(Y_j+Z_j)\right]+\frac{\alpha}{f_{\max}} \tag{5.59}$$

其中，$\alpha\geqslant 0$ 为对偶变量。令

$$g(\alpha)\triangleq\inf_{\pi\in\Pi_1}L(\pi;\alpha) \tag{5.60}$$

式(5.56)对应的拉格朗日对偶问题定义为

$$d\triangleq\operatorname*{Max}_{\alpha\geqslant 0}g(\alpha) \tag{5.61}$$

其中，d 为式(5.61)的最优值。弱对偶性表明[160,181]，$d\leqslant h(\bar{p}_{\mathrm{opt}_1})$成立。下面对式(5.60)进行求解，证明其满足强对偶性，即 $d=h(\bar{p}_{\mathrm{opt}_1})$。

5.4.4　对偶问题最优解

分两步求解式(5.60)。首先，使用充分统计量来证明式(5.60)可以分解为一系列单样本优化问题。其次，单样本优化问题重新表述为存在解析解的凸优化问题。具体描述如下。

引理 5.13　如果服务时间Y_i独立同分布，则Y_i是决定式(5.60)中最优Z_i的充分统计量。

证明：式(5.60)中，有

$$\begin{aligned}&\mathbb{E}[q(Y_i,Z_i,Y_{i+1})-(\bar{p}_{\mathrm{opt}_1}+\alpha)(Y_i+Z_i)]\\ &\overset{(a)}{=}\mathbb{E}[q(Y_i,Z_i,Y_{i+1})-(\bar{p}_{\mathrm{opt}_1}+\alpha)(Z_i+Y_{i+1})]\end{aligned} \tag{5.62}$$

对应Z_i的最小化，Y_i取决于$(Y_1,Y_2,\cdots,Y_i,Z_1,Z_2,\cdots,Z_{i-1})$。其中，由于$\mathbb{E}[Y_i]=$

$\mathbb{E}[Y_{i+1}]$，等式(a)成立。因此Y_i是决定式(5.60)中Z_i的充分统计量。

根据引理5.13，式(5.60)可以分解为一系列单样本最优化问题。特别地，在观察到$Y_i=y_i$后，Z_i可通过求解下面问题确定：

$$\underset{\substack{\Pr[Z_i\in A\mid Y_i=y_i]\\ Z_i\geqslant 0}}{\mathrm{Min}}\ \mathbb{E}[q(y_i,Z_i,Y_{i+1})-(\bar{p}_{\mathrm{opt}_1}+\alpha)(Z_i+Y_{i+1})] \tag{5.63}$$

其中，确定Z_i的规则表示为条件$Y_i=y_i$下Z_i的条件分布$\Pr[Z_i\in A\mid Y_i=y_i]$。为得到式(5.63)的最优解，考虑下面问题：

$$\underset{z\geqslant 0}{\mathrm{Min}}\ \mathbb{E}[q(y_i,z_i,Y_{i+1})-(\bar{p}_{\mathrm{opt}_1}+\alpha)(z_i+Y_{i+1})] \tag{5.64}$$

因为$p(\cdot)$为非递减函数，函数$z\to q(y_i,z,y')$和函数$z\to\mathbb{E}[q(y_i,z,Y_{i+1})]$均为凸函数。因此，式(5.64)为凸问题。

引理5.14 如果$p(\cdot)$为非递减函数，式(5.64)的最优解为$[z_{\min}(y_i,\alpha),z_{\max}(y_i,\alpha)]$，其中，

$$z_{\min}(y,\alpha)=\inf\{t\geqslant 0:\mathbb{E}[p(y+t+Y_{i+1})]\geqslant\bar{p}_{\mathrm{opt}_1}+\alpha\} \tag{5.65}$$

$$z_{\max}(y,\alpha)=\inf\{t\geqslant 0:\mathbb{E}[p(y+t+Y_{i+1})]>\bar{p}_{\mathrm{opt}_1}+\alpha\} \tag{5.66}$$

证明：见5.7.2节。

根据引理5.14，当且仅当$z\in[z_{\min}(y_i,\alpha),z_{\max}(y_i,\alpha)]$时，$z$为式(5.64)的最优解。因此式(5.63)的最优解集合为

$$\{\Pr[Z_i\in A\mid Y_i=y_i]:Z_i\in[z_{\min}(y_i,\alpha),z_{\max}(y_i,\alpha)]\ \text{a. s.}\}$$

结合引理5.13，可以得到引理5.15。

引理5.15 如果$p(\cdot)$为非递减函数，服务时间Y_i独立同分布，且满足$0<\mathbb{E}[Y_i]<\infty$，式(5.60)的最优解集合为

$$\Gamma(\alpha)=\{\pi:Z_i\in[z_{\min}(Y_i,\alpha),z_{\max}(Y_i,\alpha)]，\text{对于几乎所有}\ i\ \text{成立}\} \tag{5.67}$$

其中，$z_{\min}(y,\alpha)$和$z_{\max}(y,\alpha)$由式(5.65)和式(5.66)给出。

5.4.5 零对偶间隙和原问题最优解

下面定理给出了式(5.56)的强对偶性和该问题的解。

定理5.16 如果$c=\bar{p}_{\mathrm{opt}_1}$，$p(\cdot)$为非递增函数，对于所有时间$t\geqslant 0$，$\mathbb{E}[p(t+Y_i)]<\infty$成立，服务时间$Y_i$独立同分布，且满足$0<\mathbb{E}[Y_i]<\infty$，式(5.56)和式(5.51)的对偶间隙为零。此外，如果下面不等式成立：

$$\mathbb{E}[Y_i+z_{\min}(Y_i,0)]>\frac{1}{f_{\max}} \tag{5.68}$$

则$(Z_i=z_{\min}(Y_i,0),i=1,2,\cdots)$为式(5.56)的最优解。否则，$(Z_1,Z_2,\cdots)$为式(5.56)的最优解，其中，

$$Z_i = \begin{cases} z_{\min}(Y_i,\alpha), \text{概率为 } \lambda \\ z_{\max}(Y_i,\alpha), \text{概率为 } 1-\lambda \end{cases} \tag{5.69}$$

其中 $\alpha \geqslant 0$ 通过求解式(5.70)确定：

$$\mathbb{E}[Y_i + z_{\min}(Y_i,\alpha)] \leqslant \frac{1}{f_{\max}} \leqslant \mathbb{E}[Y_i + z_{\max}(Y_i,\alpha)] \tag{5.70}$$

λ 由式(5.71)给出：

$$\lambda = \frac{\mathbb{E}[Y_i + z_{\max}(Y_i,\alpha)] - \frac{1}{f_{\max}}}{\mathbb{E}[z_{\max}(Y_i,\alpha) - z_{\min}(Y_i,\alpha)]} \tag{5.71}$$

证明：通过文献[181]命题6.2.5确定式(5.56)的几何乘子。该命题表明式(5.56)和式(5.61)之间的对偶间隙为零，否则根据文献[181]可知命题6.2.3(b)几何乘子不存在。详细证明见5.7.3节。

5.4.6　连续时间采样结果证明

定义

$$\beta = \bar{p}_{\text{opt}_1} + \alpha \tag{5.72}$$

下面通过式(5.72)代入定理5.16，证明定理5.5成立。

如果式(5.68)成立，根据引理5.11、引理5.12和定理5.16，$(Z_i = z_{\min}(Y_i, 0), i=1,2,\cdots)$ 为式(5.12)和式(5.54)在 $c = \bar{p}_{\text{opt}_1}$ 条件下的式(5.56)的最优解。此外，如果式(5.68)成立，几何乘子满足的条件[附录5.7.3节中式(5.104)~式(5.107)]意味着 $\alpha = 0$。结合服务时间序列 Y_i 独立同分布，可得

$$\begin{aligned} \beta = \bar{p}_{\text{opt}_1} &= \lim_{n\to\infty} \frac{\sum_{i=1}^{n} \mathbb{E}[q(Y_i, z_{\min}(Y_i,0), Y_{i+1})]}{\sum_{i=1}^{n} \mathbb{E}[Y_i + z_{\min}(Y_i,0)]} \\ &= \frac{\mathbb{E}[q(Y_i, z_{\min}(Y_i,0), Y_{i+1})]}{\mathbb{E}[Y_i + z_{\min}(Y_i,0)]} \\ &= \frac{\mathbb{E}\left[\int_{Y_i}^{Y_i + z_{\min}(Y_i,0) + Y_{i+1}} p(t)\,\mathrm{d}t\right]}{\mathbb{E}[Y_i + z_{\min}(Y_i,0)]} \end{aligned} \tag{5.73}$$

因此，如果式(5.68)成立，β 为式(5.17)的根。可以根据定理5.16得到定理5.5。

重要的是要注意式(5.17)的根必须是唯一的，否则式(5.73)中表示式(5.12)的目标函数最优值 $\bar{p}_{\text{opt}_1}$ 不唯一。此外，根据式(5.72)，最优阈值 β 等于马尔可夫决策过程的最优目标函数值 $\bar{p}_{\text{opt}_1}$ 与最优拉格朗日对偶变量 α 的和。如

果式(5.68)成立,若 $\alpha=0$,则 $\beta=\overline{p}_{\text{opt}_1}$;若 $\alpha\geqslant 0$,则 $\beta\geqslant\overline{p}_{\text{opt}_1}$。

定理5.2可以根据定理5.5获得,因为定理5.2是定理5.5的一种特殊情况。注意到“对于所有有限时间 t,$\mathbb{E}[p(t+Y_i)]<\infty$”是定理5.5成立的条件,但不是定理5.2成立的条件。这一点可以根据5.7.3节中对定理5.16的证明分析得到。

5.7.4节给出了推论5.3的详细证明。5.7.5节给出了推论5.4的详细证明。推论5.6可以直接通过定理5.5获得,在此不再对其进行证明。

5.4.7 离散时间采样结果证明

离散时间采样结果证明和连续时间采样结果证明相似。其不同点是式(5.64)中连续时间情况下的凸问题变成离散时间情况下整数优化问题:

$$\underset{z\in\mathbb{N}}{\text{Min}}\,\mathbb{E}[q(y_i,z,Y_{i+1})-(\overline{p}_{\text{opt}_1}+\alpha)(z+Y_{i+1})] \tag{5.74}$$

其中,

$$q(y_i,z,y')=\sum_{t=y}^{y+z+y'-1}p(t) \tag{5.75}$$

根据文献[182]问题5.5.3中的思路,可以得到引理5.17。

引理5.17 如果 $p(\cdot)$ 为非递减函数,问题(5.74)的最优解集合为 $\{z_{\min}(y_i,\alpha),z_{\min}(y_i,\alpha)+1,z_{\min}(y_i,\alpha)+2,\cdots,z_{\max}(y_i,\alpha)\}$,其中,

$$z_{\min}(y,\alpha)=\inf\{t\in\mathbb{N}:\mathbb{E}[p(y+t+Y_{i+1})]\geqslant\overline{p}_{\text{opt}_1}+\alpha\} \tag{5.76}$$

$$z_{\max}(y,\alpha)=\inf\{t\in\mathbb{N}:\mathbb{E}[p(y+t+Y_{i+1})]>\overline{p}_{\text{opt}_1}+\alpha\} \tag{5.77}$$

证明:见5.7.6节。

用引理5.17代替引理5.14,得到5.4.1节~5.4.6节中离散时间最优采样结论。

5.5 信号采样和估计问题扩展

在许多状态更新系统中,状态为连续时间信号 X_t 形式,比如车辆方位位置、无人机移动轨迹以及股票价格图表。这些信号可能在某些时间变化较为缓慢,而在之后的时间变化较快,如图5.11所示。因此,通过非线性年龄函数描述的年龄时间差 $\Delta(t)=t-U(t)$ 不能充分描述系统状态 $X_t-X_{U(t)}$ 的变化。本节说明最小化年龄或年龄单调函数采样策略不会使信号估计误差最小化。

5.5.1 信号采样问题构建

考虑图5.12中的信号采样估计系统,其中观测器从信号过程 X_t 中获取样本,并通过信道将样本转发给估计器。信道被建模为服务时间独立同分布的单

服务台先到达先服务队列。定义 $\pi=(S_1,S_2,\cdots)$ 表示采样策略，Π 表示在线采样策略集合。在线采样策略中，采样时间S_i根据采样器提供的最新信息进行选择。从数学角度看，每个采样时间S_i是关于过滤采样器可用信息的停止时间（详见文献[76,81,172]）。假设在接收端采用了最小均方误差估计器。则目标是确定在平均采样率约束下最小化均方估计误差的最优采样策略，问题描述如下：

$$\mathrm{mse}_{\mathrm{opt}} = \min_{\pi\in\Pi} \limsup_{T\to\infty} \frac{1}{T}\mathbb{E}\left[\int_0^T (X_t - \hat{X}_t)^2 \mathrm{d}t\right] \tag{5.78}$$

$$\text{s. t.}\quad \liminf_{n\to\infty} \frac{1}{n}\mathbb{E}\left[\sum_{i=1}^{n}(S_{i+1}-S_i)\right] \geqslant \frac{1}{f_{\max}} \tag{5.79}$$

式中：$\mathrm{mse}_{\mathrm{opt}}$为问题(5.78)的最优值；$f_{\max}$为最大允许采样率。式(5.78)是具有连续状态空间的约束连续时间马尔可夫决策过程，通常难以求解。下面给出了两个高斯－马尔可夫信号下式(5.78)的低复杂度最优解。

（1）维纳过程$X_t=W_t$，称为布朗运动。

（2）奥恩斯坦－乌伦贝克过程，著名的一阶自回归过程，随机游走过程的连续时间模拟。奥恩斯坦－乌伦贝克过程为随机微分方程的解[183-184]

$$\mathrm{d}X_t = \theta(\mu - X_t)\mathrm{d}t + \sigma \mathrm{d}W_t \tag{5.80}$$

式中：$\mu,\theta>0$ 和 $\sigma>0$ 为参数；W_t为维纳过程。可以描述为奥恩斯坦－乌伦贝克过程的一阶系统包括利率、货币汇率和商品价格（有修改）[185]，比如机器人集群和无人机系统等移动自组织网络中节点移动性控制系统[186-187]，以及液体或气体进出储罐的物理过程[188]。

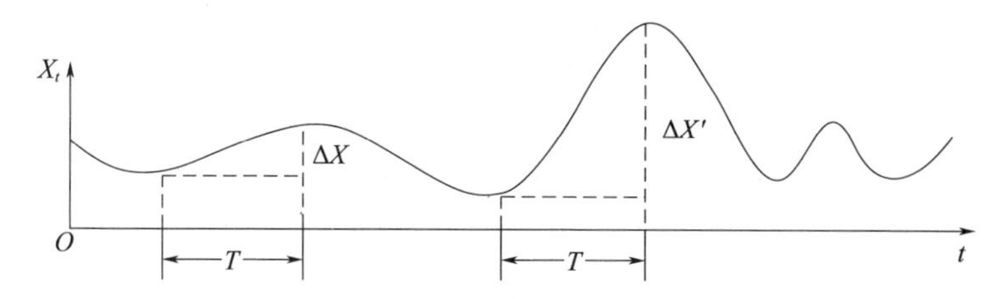

图 5.11　信号在长度为 T 的时间间隔内的变化情况

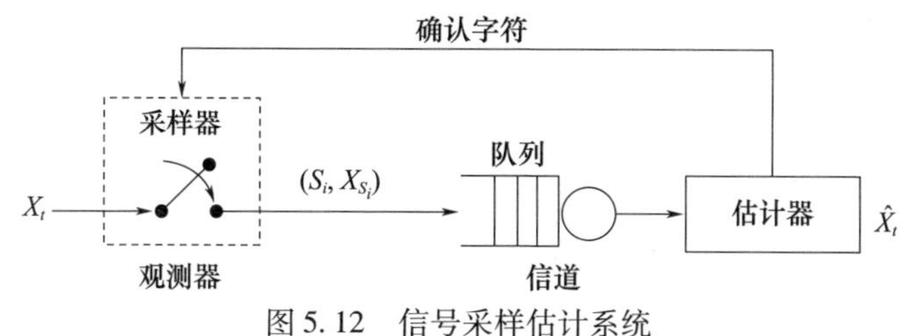

图 5.12　信号采样估计系统

5.5.2 最优信号采样策略

下面定理分别给出了维纳过程和奥恩斯坦－乌伦贝克过程下的最优采样策略。具体证明在文献[76,81,172]中给出。

定理5.18 根据文献[76,81,172]，如果X_t为维纳过程，Y_i独立同分布，且满足$0<\mathbb{E}[Y_i]<\infty$，参数β对应的$(S_1(\beta),S_2(\beta),\cdots)$为式(5.78)的最优解

$$S_{i+1}(\beta)=\inf\{t\geqslant D_i(\beta):|X_t-\hat{X}_t|\geqslant v(\beta)\} \tag{5.81}$$

其中$D_i(\beta)=S_i(\beta)+Y_i$。$\beta$值可根据下面两种情况确定：如果式(5.83)的根满足：

$$\mathbb{E}[D_{i+1}(\beta)-D_i(\beta)]>1/f_{\max} \tag{5.82}$$

则β为式(5.83)的根：

$$\beta=\frac{\mathbb{E}\left[\int_{D_i(\beta)}^{D_{i+1}(\beta)}(X_t-\hat{X}_t)^2\mathrm{d}t\right]}{\mathbb{E}[D_{i+1}(\beta)-D_i(\beta)]} \tag{5.83}$$

否则，β为式(5.84)的根：

$$\mathbb{E}[D_{i+1}(\beta)-D_i(\beta)]=1/f_{\max} \tag{5.84}$$

式(5.81)中最优阈值方程为

$$v(\beta)=\sqrt{3(\beta-\mathbb{E}[Y_i])} \tag{5.85}$$

式(5.78)的最优目标函数值为

$$\mathrm{mse}_{\mathrm{opt}}=\frac{\mathbb{E}\left[\int_{D_i(\beta)}^{D_{i+1}(\beta)}(X_t-\hat{X}_t)^2\mathrm{d}t\right]}{\mathbb{E}[D_{i+1}(\beta)-D_i(\beta)]} \tag{5.86}$$

定理5.18中的采样策略具有良好结构。特别地，在前t时间内采样的第$i+1$个样本满足下面两个条件：①在时间t，第i个样本已经送达，即$t\geqslant D_i(\beta)$；②瞬时估计误差不小于一个提前确定的阈值$v(\beta)$，其中$v(\cdot)$为参数β的非线性函数。参数β等于最优目标函数值$\mathrm{mse}_{\mathrm{opt}}$与采样率约束式(5.79)对应的最优拉格朗日对偶变量的和。如果不考虑采样率限制($f_{\max}=\infty$)，因为$\mathbb{E}[D_{i+1}(\beta)-D_i(\beta)]\geqslant\mathbb{E}[Y_i]>0$，因此式(5.83)一定成立。在此情况下，拉格朗日对偶变量为0，$\beta=\mathrm{mse}_{\mathrm{opt}}$。

为给出奥恩斯坦－乌伦贝克过程的最优采样器，定义初始状态为零，参数$\mu=0$的奥恩斯坦－乌伦贝克过程O_t。该过程O_t可以表示为

$$O_t=\frac{\sigma}{\sqrt{2\theta}}\mathrm{e}^{-\theta t}W_{\mathrm{e}^{2\theta t}-1} \tag{5.87}$$

定义

$$\text{mse}_{Y_i}=\mathbb{E}[O_{Y_i}^2]=\frac{\sigma^2}{2\theta}\mathbb{E}[1-e^{-2\theta Y_i}] \tag{5.88}$$

$$\text{mse}_{\infty}=\mathbb{E}[O_{\infty}^2]=\frac{\sigma^2}{2\theta} \tag{5.89}$$

结合式(5.90)①，上面两个等式分别为 mse_{opt}的下界和上界[76]：

$$G(x)=\frac{e^{x^2}}{x}\int_0^x e^{-t^2}\mathrm{d}t(x\in[0,\infty)) \tag{5.90}$$

定理 5.19　根据文献[76]，如果X_t是参数μ、$\theta>0$和$\sigma>0$的奥恩斯坦－乌伦贝克过程，随机序列Y_i独立同分布，且满足$0<\mathbb{E}[Y_i]<\infty$，则式(5.81)～式(5.84)给出了式(5.78)的最优解。式(5.81)中最优阈值函数$v(\beta)$为

$$v(\beta)=\frac{\sigma}{\sqrt{\theta}}G^{-1}\left(\frac{\text{mse}_{\infty}-\text{mse}_{Y_i}}{\text{mse}_{\infty}-\beta}\right) \tag{5.91}$$

其中$G^{-1}(\cdot)$为式(5.90)中函数$G(\cdot)$的反函数。式(5.78)的最优目标函数值由式(5.86)给出。

通过比较定理 5.18 和定理 5.19 可知，维纳过程和奥恩斯坦－乌伦贝克过程的最优采样策略具有相同结构，如式(5.81)～式(5.84)。上述两个过程采样策略唯一的不同在于根据信号模型变化的阈值函数$v(\beta)$。

5.5.3　信号感知采样与信号未知采样

若信号样本采样时间S_i与信号$\{X_t,t\geqslant 0\}$独立(不独立)，采样策略称为信号忽略(信号感知)策略。如果采样策略是信号忽略策略，则维纳过程和奥恩斯坦－乌伦贝克过程的均方估计误差为年龄$\Delta(t)$的严格增函数[76,81,172]。因此，最小化信号忽略策略的均方估计误差等价于问题(5.12)中最小化年龄函数$p(\Delta(t))$的时间平均期望马尔可夫决策过程。通过推论 5.6 求解式(5.12)，定理 5.20 给出了最优年龄忽略采样策略。

定理 5.20　根据文献[76]，如果X_t为维纳过程或奥恩斯坦－乌伦贝克过程，Y_i独立同分布，且满足$0<\mathbb{E}[Y_i]<\infty$，则式(5.92)中参数β对

---

① 如果$x=0$，则$G(x)$定义为其右侧极限值$G(0)=\lim\limits_{x\to 0}G(x)=1$。

应$(S_1(\beta),S_2(\beta),\cdots)$为最优信号忽略采样策略，其中，

$$S_{i+1}(\beta)=\inf\{t\geqslant D_i(\beta):\mathbb{E}[(X_{t+Y_{i+1}}-\hat{X}_{t+Y_{i+1}})^2]\geqslant\beta\} \tag{5.92}$$

其中，$D_i(\beta)=S_i(\beta)+Y_i$，$\beta$由下面两种情况决定，若方程(5.93)的根满足$\mathbb{E}[D_{i+1}(\beta)-D_i(\beta)]>1/f_{\max}$，则$\beta$为

$$\beta=\frac{\mathbb{E}\left[\int_{D_i(\beta)}^{D_{i+1}(\beta)}(X_t-\hat{X}_t)^2\mathrm{d}t\right]}{\mathbb{E}[D_{i+1}(\beta)-D_i(\beta)]} \tag{5.93}$$

否则，β是方程$\mathbb{E}[D_{i+1}(\beta)-D_i(\beta)]=1/f_{\max}$的根。

定理5.18～定理5.20的差别仅在式(5.81)和式(5.92)阈值策略表达式上。在信号感知采样策略式(5.81)中，采样时间由瞬时估计误差$|X_t-\hat{X}_t|$决定，阈值函数由具体信号模型决定。在信号忽略采样策略式(5.92)中，采样时间由$t+Y_{i+1}$时期望估计误差$\mathbb{E}[(X_{i+Y_{i+1}}-\hat{X}_{i+Y_{i+1}})^2]$决定。定义如果$t=S_{i+1}$，$t+Y_{i+1}=S_{i+1}(\beta)+Y_{i+1}=D_{i+1}(\beta)$为新样本送达时间，则式(5.92)要求送达的新样本期望估计误差不得小于β。在定理5.18～定理5.20中，参数β等于马尔可夫决策过程的最优目标函数值与采样率约束乘最优拉格朗日对偶变量的和。如果不考虑采样率限制($f_{\max}=\infty$)，则β等于马尔可夫决策过程的最优目标函数值。

5.6 小　结

本章讨论了提高接收数据新鲜度的最优采样策略。使用示例证明信息年龄的单调函数是各种应用中数据新鲜度的度量标准。讨论了优化单调年龄函数下采样器设计问题，其中采样器可能存在采样率限制。这个采样问题被公式化为具有可数或不可数状态空间的约束马尔可夫决策过程。证明了最优采样策略是一种确定或随机阈值策略，其中阈值和随机化概率由马尔可夫决策过程的最优目标函数值和采样率约束确定。

本章进一步设计了用于最小化两个高斯－马尔可夫信号过程估计误差的最优采样器。如果被采样信号信息对于采样器未知，则最优采样策略是优化年龄的单调函数，这种采样策略在本章前面的章节中已经讨论过，这种情况下，基于年龄的最优采样策略被表示为关于信号期望估计误差的阈值策略。另外，利用信号值的历史知识进行估计可实现较小估计误差，证明了利用因果信号知识的最优采样策略是关于瞬时估计误差的固定阈值策略。为避免维度灾难，最优采样策略可以通过二分法搜索确定。这些结果适用于队列中服务时间具有一般时间分布的队列，以及具有和不具有采样率限制的采样问题。

5.7 附　录

5.7.1　引理 5.1 证明

如果采样时间序列S_i独立于信号过程$\{X_t,t\geqslant 0\}$，采样时间$\{S_i:D_i\leqslant t\}$不包含X_t的任何信息。此外，由于X_t为马尔可夫链，$X_{\max\{S_i:D_i\leqslant t\}}=X_{t-\Delta(t)}$包含$\boldsymbol{W}_t=\{(X_{S_i},S_i):D_i\leqslant t\}$关于$X_t$的所有信息。换句话说，$X_{t-\Delta(t)}$是$\boldsymbol{W}_t$的充分统计量，式(5.7)可通过文献[173]中方程(2.124)获得。

此外，由于X_t为平稳且具有时间齐次性，对于所有时间 t，$I(X_t;X_{t-\Delta})=I(X_\Delta;X_0)$成立，其中$I(X_\Delta;X_0)$为年龄 Δ 的函数。此外，由于X_t为马尔可夫链，根据文献[173]定理 2.8.1 中的数据处理不等式，$I(X_\Delta;X_0)$对于 Δ 是非递增的。因此互信息量非负。证毕。

5.7.2　引理 5.14 证明

函数 h 在 z 处 w 方向上的单侧导数表示为

$$\delta h(z;w)\triangleq\lim_{\epsilon\to 0^+}\frac{h(z+\epsilon w)-h(z)}{\epsilon}\tag{5.94}$$

因为函数 $h(z)=\mathbb{E}[q(y_i,z,Y_{i+1})]$为凸函数，根据文献[182]第 79 页，函数 $h(z)$的单侧导数 $\delta h(z;w)$存在。因为 $z\to q(y_i,z,y')$为凸，函数 $\epsilon\to[q(y_i,z+\epsilon w,y')-q(y_i,z,y')]/\epsilon$ 为非递减函数，且对于一些 $a>0$，函数以$(0,a]$为界[189]。根据单调收敛定理[166]，交换 $\delta h(z;w)$中的极限和积分算子，使得

$$\begin{aligned}\delta h(z;w)&=\lim_{\epsilon\to 0^+}\frac{1}{\epsilon}\mathbb{E}[q(y_i,z+\epsilon w,Y_{i+1})-q(y_i,z,Y_{i+1})]\\&=\mathbb{E}[\lim_{\epsilon\to 0^+}\frac{1}{\epsilon}\{q(y_i,z+\epsilon w,Y_{i+1})-q(y_i,z,Y_{i+1})\}]\\&=\mathbb{E}[\lim_{t\to z^+}p(y_i+t+Y_{i+1})w1_{\{w>0\}}+\lim_{t\to z^-}p(y_i+t+Y_{i+1})w1_{\{w<0\}}]\\&=\lim_{t\to z^+}\mathbb{E}[p(y_i+t+Y_{i+1})w1_{\{w>0\}}]+\lim_{t\to z^-}\mathbb{E}[p(y_i+t+Y_{i+1})w1_{\{w<0\}}]\end{aligned}\tag{5.95}$$

其中，1_A表示事件 A 的指示函数。根据文献[182]第 710 页和函数 $h(z)$的单调性，当且仅当下面命题为真时，z 是式(5.64)的最优解：如果 $z>0$，则不等式(5.96)成立

$$\delta h(z;w)-(\bar{p}_{\text{opt}_1}+\alpha)w\geqslant 0(\forall w\in\mathbb{R})\tag{5.96}$$

如果 $z=0$,不等式(5.97)成立

$$\delta h(z;w)-(\bar{p}_{\text{opt}_1}+\alpha)w\geqslant 0(\forall w\geqslant 0) \tag{5.97}$$

令 $w=1$,不等式(5.96)和式(5.97)变为

$$\lim_{t\to z^+}\mathbb{E}[p(y_i+t+Y_{i+1})]-(\bar{p}_{\text{opt}_1}+\alpha)\geqslant 0 \tag{5.98}$$

相似地,如果令 $w=-1$,不等式(5.96)意味着

$$\lim_{t\to z^-}\mathbb{E}[p(y_i+t+Y_{i+1})]-(\bar{p}_{\text{opt}_1}+\alpha)\leqslant 0 \tag{5.99}$$

因为 $p(\cdot)$ 为非递减函数,从不等式(5.96)~式(5.99)中可以看到,如果 $z>0$,z 满足不等式(5.100)和式(5.101):

$$\mathbb{E}[p(y_i+t+Y_{i+1})]-(\bar{p}_{\text{opt}_1}+\alpha)\geqslant 0(t>z) \tag{5.100}$$

$$\mathbb{E}[p(y_i+t+Y_{i+1})]+(\bar{p}_{\text{opt}_1}+\alpha)\leqslant 0(0\leqslant t<z) \tag{5.101}$$

如果 $z=0$,z 满足不等式(5.100)。

情况 1:$z>0$,满足式(5.100)和式(5.101)最小的 z 为

$$z_{\min}(y_i,\alpha)=\inf\{t\geqslant 0:\mathbb{E}[p(y_i+t+Y_{i+1})]\geqslant\bar{p}_{\text{opt}_1}+\alpha\} \tag{5.102}$$

满足式(5.100)和式(5.101)的最大的 z 为

$$\begin{aligned}z_{\max}(y,\alpha)&=\sup\{t\geqslant 0:\mathbb{E}[p(y_i+t+Y_{i+1})]\leqslant\bar{p}_{\text{opt}_1}+\alpha\}\\&=\inf\{t\geqslant 0:\mathbb{E}[p(y_i+t+Y_{i+1})]>\bar{p}_{\text{opt}_1}+\alpha\}\end{aligned} \tag{5.103}$$

任意 $z\in[z_{\min}(y_i,\alpha),z_{\max}(y,\alpha)]$ 均满足不等式(5.100)和式(5.101)。因此,如果 $z>0$,且 $z\in[z_{\min}(y_i,\alpha),z_{\max}(y,\alpha)]$,$z$ 为式(5.64)的最优解。

情况 2:$z=0$。此时满足不等式(5.100)最小 z 值为 $z_{\min}(y_i,\alpha)$。实际上,任意 $z\in[z_{\min}(y_i,\alpha),\infty)$ 均满足不等式(5.100)。根据定义,$z_{\min}(y_i,\alpha)\geqslant 0$。因此,如果 $z=0$,且 $z_{\min}(y_i,\alpha)=0$,z 为式(5.64)的最优解。

换句话说,如果 $z=0$ 或 $z\in[z_{\min}(y_i,\alpha),z_{\max}(y,\alpha)]$,$z$ 为式 5.64 的最优解。

综合上述两种情况,$z\in[z_{\min}(y_i,\alpha),z_{\max}(y,\alpha)]$ 为式(5.64)的最优解集合。

5.7.3 定理 5.16 证明

根据文献[181]命题 6.2.5,如果可以找到 $\pi^*=(Z_1^*,Z_2^*,\cdots)$ 和 α^* 满足下面条件:

$$\pi^*\in\Pi_1,\lim_{n\to\infty}\frac{1}{n}\sum_{i=1}^{n}\mathbb{E}[Y_i+Z_i^*]-\frac{1}{f_{\max}}\geqslant 0 \tag{5.104}$$

$$\alpha^*\geqslant 0 \tag{5.105}$$

$$L(\pi^*;\alpha^*)=\inf_{\pi\in\Pi_1}L(\pi;\alpha^*) \tag{5.106}$$

$$\alpha^*\left\{\lim_{n\to\infty}\frac{1}{n}\sum_{i=1}^{n}\mathbb{E}[Y_i+Z_i^*]-\frac{1}{f_{\max}}\right\}=0 \tag{5.107}$$

则π^*为式(5.56)的最优解,α^*为式(5.56)的几何乘子[181]。此外,如果可以找到π^*和α^*,式(5.56)和式(5.61)之间的对偶间隙为零,否则根据文献[180]命题6.2.3(b),几何乘子不存在。下面给出满足条件式(5.104)~式(5.107)的π^*和α^*。

根据引理5.15,条件式(5.106)的最优解集合由$\Gamma(\alpha^*)$给出。因此,仅需寻找满足条件式(5.104)、式(5.105)和式(5.107)的α^*和$\pi^*\in\Gamma(\alpha^*)$。确定π^*和α^*的过程分为下面两种情况。

情况1:如果不等式(5.68)成立。在此情况下,$\alpha_1^*=0$和$\pi_1^*=(z_{\min}(Y_1,0),z_{\min}(Y_2,0),\cdots)$满足条件式(5.104)~式(5.107)。

情况2:如果不等式(5.68)不成立。需要确定满足下面不等式的$\alpha_2^*\geqslant 0$和$\pi_2^*=(Z_1^*,Z_2^*,\cdots)\in\Gamma(\alpha_2^*)$

$$\lim_{n\to\infty}\frac{1}{n}\sum_{i=1}^{n}\mathbb{E}[Y_i+Z_i^*]=\frac{1}{f_{\max}} \tag{5.108}$$

根据引理5.15,通过式(5.108)可得

$$\lim_{n\to\infty}\frac{1}{n}\sum_{i=1}^{n}\mathbb{E}[Y_i+z_{\min}(Y_i,\alpha_2^*)]\leqslant\frac{1}{f_{\max}}\leqslant\lim_{n\to\infty}\frac{1}{n}\sum_{i=1}^{n}\mathbb{E}[Y_i+z_{\max}(Y_i,\alpha_2^*)] \tag{5.109}$$

因为服务时间序列Y_i独立同分布,不等式(5.109)等价于

$$\mathbb{E}[Y_i+z_{\min}(Y_i,\alpha_2^*)]\leqslant\frac{1}{f_{\max}}\leqslant\mathbb{E}[Y_i+z_{\max}(Y_i,\alpha_2^*)] \tag{5.110}$$

下面,确定满足不等式(5.110)的$\alpha_2^*\geqslant 0$。根据等式(5.65)和式(5.66),$z_{\min}(y_i,\alpha)$和$z_{\max}(y_i,\alpha)$为α的非递减函数。因此,$\mathbb{E}[z_{\min}(Y_i,\alpha)]$和$\mathbb{E}[z_{\max}(Y_i,\alpha)]$同样为$\alpha$的非递减函数。此外,对$\alpha_0>0$,不等式(5.111)成立:

$$\lim_{\alpha\to\alpha_0^-}z_{\max}(y,\alpha)=z_{\min}(y,\alpha_0)\leqslant z_{\max}(y,\alpha_0)=\lim_{\alpha\to\alpha_0^+}z_{\min}(y,\alpha) \tag{5.111}$$

通过文献[166]定理1.5.6的单调收敛定理,可以得到,当$\alpha_0>0$时,有

$$\lim_{\alpha\to\alpha_0^-}\mathbb{E}[z_{\max}(Y_i,\alpha)]=\mathbb{E}[z_{\min}(Y_i,\alpha_0)]\leqslant\mathbb{E}[z_{\max}(Y_i,\alpha_0)]=\lim_{\alpha\to\alpha_0^+}\mathbb{E}[z_{\min}(Y_i,\alpha)] \tag{5.112}$$

因为对于所有有限的t,存在$\mathbb{E}[p(t+Y_i)]<\infty$,对于所有$y\geqslant 0$,$z_{\max}(y,\alpha)$随$\alpha$从0增加至$\infty$。根据单调收敛定理,$\mathbb{E}[z_{\max}(Y_i,\alpha)]$会随$\alpha$从0增加至$\infty$。因此式(5.113)成立:

$$[\mathbb{E}[z_{\min}(Y_i,0)],\infty)=\bigcup_{\alpha\geqslant 0}[\mathbb{E}[z_{\min}(Y_i,\alpha)],\mathbb{E}[z_{\max}(Y_i,\alpha)]] \tag{5.113}$$

情况2中,不等式(5.68)不成立,说明等式(5.114)成立:

$$\frac{1}{f_{\max}} \in [\mathbb{E}[z_{\min}(Y_i,0)],\infty) \tag{5.114}$$

因此式(5.112)~式(5.114)说明存在唯一$\alpha_2^* \geqslant 0$满足不等式(5.110)。此外，策略$\pi_2^* \in \Gamma(\alpha_2^*)$根据式(5.115)确定：

$$Z_i^* = \begin{cases} z_{\min}(Y_i,\alpha_2^*),\text{概率为 }\lambda \\ z_{\max}(Y_i,\alpha_2^*),\text{概率为 }1-\lambda \end{cases} \tag{5.115}$$

其中λ由式(5.116)给出：

$$\lambda = \frac{\mathbb{E}[Y_i + z_{\max}(Y_i,\alpha_2^*)] - \frac{1}{f_{\max}}}{\mathbb{E}[z_{\max}(Y_i,\alpha_2^*) - z_{\min}(Y_i,\alpha_2^*)]} \tag{5.116}$$

根据式(5.110)、式(5.114)、式(5.115)和式(5.108)确定的α_2^*和π_2^*满足条件式(5.104)~式(5.107)。

条件式(5.104)~式(5.107)在上述两种情况下均成立。根据文献[181]命题6.2.3(b)，式(5.56)和式(5.61)之间的对偶间隙为零。上面证明给出了式(5.56)和式(5.61)的求解方法。证毕。

5.7.4 推论5.3证明

零等待采样策略可以表示为策略式(5.16)在条件$\mathbb{E}[p(\text{ess inf } Y_i + Y_{i+1})] \geqslant \beta$下的特殊情形。

一方面，如果零等待采样策略为最优，式(5.17)的根满足$\mathbb{E}[p(\text{ess inf } Y_i + Y_{i+1})] \geqslant \beta$。代入策略式(5.16)可以得到$D_{i+1}(\beta) = D_i(\beta) + Y_{i+1} = S_i(\beta) + Y_i + Y_{i+1}$成立。结合式(5.17)，可得

$$\mathbb{E}[p(\text{ess inf } Y_i + Y_{i+1})] \geqslant \beta = \frac{\mathbb{E}\left[\int_{Y_i}^{Y_i+Y_{i+1}} p(t)\,\mathrm{d}t\right]}{\mathbb{E}[Y_{i+1}]} \tag{5.117}$$

说明不等式(5.21)成立。

另一方面，如果不等式(5.21)成立，令

$$\beta = \frac{\mathbb{E}\left[\int_{Y_i}^{Y_i+Y_{i+1}} p(t)\,\mathrm{d}t\right]}{\mathbb{E}[Y_{i+1}]} \tag{5.118}$$

可以得到$\mathbb{E}[p(\text{ess inf } Y_i + Y_{i+1})] \geqslant \beta$。不等式(5.118)中$\beta$也是式(5.17)的根。因此，零等待策略为最优。证毕。

5.7.5　推论5.4证明

首先证明①部分。如果$Y_i = y$几乎肯定成立,则

$$\mathbb{E}[p(\text{ess inf } Y_i + Y_{i+1})] = p(2y) \geqslant \frac{\int_y^{2y} p(t)\,\mathrm{d}t}{y} \tag{5.119}$$

对于所有非递减函数$p(\cdot)$成立。因此不等式(5.21)成立,零等待策略是最优的。

下面考虑②部分,如果ess inf $Y_i = 0$,则等式(5.120)成立:

$$\mathbb{E}[p(\text{ess inf } Y_i + Y_{i+1})] = \mathbb{E}[p(Y_{i+1})] = \mathbb{E}[p(Y_i)] \tag{5.120}$$

因为$\mathbb{E}[Y_{i+1}] = \mathbb{E}[Y_i] > 0$,所以事件$Y_{i+1} > 0$发生的概率不为零。此外,因为$p(\cdot)$为严格递增函数,对于$t \in (Y_i, Y_i + Y_{i+1})$,事件$p(t) > p(Y_i)$发生的概率不为零。因此

$$\mathbb{E}\left[\int_{Y_i}^{Y_i+Y_{i+1}} p(t)\,\mathrm{d}t\right] > \mathbb{E}\left[\int_{Y_i}^{Y_i+Y_{i+1}} p(Y_i)\,\mathrm{d}t\right] = \mathbb{E}[Y_{i+1}]\,\mathbb{E}[p(Y_i)] \tag{5.121}$$

结合式(5.120)和式(5.121),不等式(5.21)不成立,零等待策略不是最优的。证毕。

5.7.6　引理5.17证明

根据式(5.75),优化问题式(5.74)可表示为

$$\operatorname*{Min}_{z \in \mathcal{N}} \mathbb{E}\left[\sum_{t=0}^{z+Y_{i+1}-1} [p(t + y_i) - (\bar{p}_{\text{opt}_1} + \alpha)]\right] \tag{5.122}$$

对$m = 1,2,3,\cdots$等式(5.123)成立:

$$\mathbb{E}\left[\sum_{t=0}^{m+Y_{i+1}} [p(t + y_i) - (\bar{p}_{\text{opt}_1} + \alpha)] - \sum_{t=0}^{m+Y_{i+1}-1} [p(t + y_i) - (\bar{p}_{\text{opt}_1} + \alpha)]\right]$$
$$= \mathbb{E}[p(y_i + m + Y_{i+1}) - (\bar{p}_{\text{opt}_1} + \alpha)] \tag{5.123}$$

因为$p(\cdot)$为非增函数,如果z的值是根据引理5.17确定的,可得

$$\mathbb{E}[p(y_i + t + Y_{i+1}) - (\bar{p}_{\text{opt}_1} + \alpha)] \leqslant 0, t = 0, 1, \cdots, z-1 \tag{5.124}$$

$$\mathbb{E}[p(y_i + t + Y_{i+1}) - (\bar{p}_{\text{opt}_1} + \alpha)] \geqslant 0, t = z, z+1, \cdots \tag{5.125}$$

根据式(5.123)~式(5.125),可以看出$\{z_{\min}(y_i,\alpha), z_{\min}(y_i,\alpha)+1, z_{\min}(y_i,\alpha)+2, \cdots, z_{\max}(y_i,\alpha)\}$是式(5.74)的最优解集合。证毕。

参考文献

[1] S. KAUL, R. YATES, AND M. GRUTESER, "Real – time status: How often should one update?"2012 *Proceedings IEEE INFOCOM*, March 2012, pp. 2731 – 2735. DOI:10. 1109/infcom. 2012. 61956892,3,7,10,111,113,159.

[2] X. SOND AND J. LIU, "Performance of multiversion concurrency control algorithms in maintaining temporal consistency," *Proceedings, Fourteenth Annual International Computer Software and Applications Conference*, October 1990, pp. 132 – 139. DOI:10. 1109/cmpsac. 1990. 1393412.

[3] A. SEGEV AND W. FANG, "Optimal update policies for distributed materialized views," *Management Science*, vol. 37, no. 7, pp. 851 – 870, 1991. DOI:10. 1287/mnsc. 37. 7. 851.

[4] B. ADELBERG, H. GARCIA – MOLINA, AND B. KAO, "Applying update streams in a soft real – time database system," *ACM SIGMOD Record*, vol. 24, no. 2, pp. 245 – 256, 1995. DOI:10. 1145/568271. 223842.

[5] J. CHO AND H. GARCIA – MOLINA, "Synchronizing a database to improve freshness," *ACM SIGMOD record*, vol. 29, no. 2, pp. 117 – 128, 2000. DOI:10. 1145/335191. 3353912.

[6] S. LOANNIDIS, A. CHAINTREAU, AND L. MASSOULIE, "Optimal and scalable distribution of content updates over a mo bile social network," *IEEE INFOCOM* 2009, pp. 1422 – 1430. DOI:10. 1109/infcom. 2009. 50620582,4,151,155.

[7] S. KAUL, M. GRUTESER, V. RAI, AND J. KENNEY, "Minimizing age of information in vehicular networks," 2011 *8th Annual IEEE Communications Society Conference on Sensor, Mesh and Ad Hoc Communications and Networks*, June 2011, pp. 350 – 358. DOI:10. 1109/sahcn. 2011. 59849173,95.

[8] S. KAUL, R. YATES, AND M. GRUTESER, "On piggybacking vehicular networks," 2011 *IEEE Global Telecommunications Conference – GLOBECOM* 2011, December 2011, pp. 1 – 5. DOI:10. 1109/glocom. 2011. 61341813.

[9] S. K. KAUL, R. D. YATES, AND M. GRUTESER, "Status updates through queues," 2012 *46th Annual Conference on Information Sciences and Systems (CISS)*, March 2012, pp. 1 – 6. DOI:10. 1109/ciss. 2012. 63109313.

[10] C. KAM, S. KOMPELLA, AND A. EPHREMIDES, "Age of information under random updates,"2013 *IEEE International Symposium on Information Theory*, July 2013, pp. 66 – 70. DOI:10. 1109/isit. 2013. 66201893.

[11] C. KAM, S. KOMPELLA, AND A. EPHREMIDES, "Effect of message transmission diversity on status age," 2014 *IEEE International Symposium on Information Theory*, June 2014,

pp. 2411 – 2415. DOI:10. 1109/isit. 2014. 68752663.

[12] M. COSTA, M. CODREANU, AND A. EPHREMIDES, "Age of information with packet management," 2014 *IEEE International Symposium on Information Theory*, June 2014, pp. 1583 – 1587. DOI:10. 1109/isit. 2014. 68751003,7,10,11.

[13] L. HUANG AND E. MODIANO, "Optimizing age – of – information in a multi – class queueing system," 2015 *IEEE International Symposium on Information Theory* (*ISIT*), June 2015, pp. 1681 – 1685. DOI:10. 1109/isit. 2015. 72827423,11.

[14] E. NAJM AND R. NASSER, "Age of information: The gamma awakening,"2016 *IEEE International Symposium on Information Theory* (*ISIT*), April 2016, pp. 2574 – 2578. DOI: 10. 1109/isit. 2016. 75417643,10,11.

[15] A. M. BEDEWY, Y. SUN, AND N. B. SHROFF, "Optimizing data freshness, throughput, and delay in multi – server information – update systems,"2016 *IEEE International Symposium on Information Theory* (*ISIT*), 2016, pp. 2569 – 2573. DOI: 10. 1109/isit. 2016. 75417633,4,155.

[16] C. KAM, S. KOMPELLA, G. D. NGUYEN, J. E. WIESELTHIER, AND A. EPHREMIDES, "Controlling the age of information: Buffer size, deadline, and packet replacement," *MILCOM* 2016 – 2016 *IEEE Military Communications Conference*, November 2016, pp. 301 – 306. DOI:10. 1109/milcom. 2016. 77953433.

[17] C. KAM, S. KOMPELLA, G. D. NGUYEN, J. E. WIESELTHIER, AND A. EPHREMIDES, "Age of information with a packet deadline,"2016 *IEEE International Symposium on Information Theory* (*ISIT*), July 2016, pp. 2564 – 2568. DOI: 10. 1109/isit. 2016. 75417623.

[18] Y. INOUE, H. MASUYAMA, T. TAKINE, AND T. TANAKA, "A general formula for the stationary distribution of the age of information and its application to single – server queues," *IEEE Transactions on Information Theory*, vol. 65, no. 12, pp. 8305 – 8324, 2019. DOI: 10. 1109/tit. 2019. 29381713.

[19] Y. INOUE, "Analysis of the age of information with packet deadline and infinite buffer capacity,"2018 *IEEE International Symposium on Information Theory* (*ISIT*), June 2018, pp. 2639 – 2643. DOI:10. 1109/isit. 2018. 84378533.

[20] R. D. YATES AND S. K. KAUL, "The age of information: Real – time status updating by multiple sources,"*IEEE Transactions on Information Theory*, vol. 65, no. 3, pp. 1807 – 1827, March 2019. DOI:10. 1109/tit. 2018. 28710793,10,152.

[21] R. D. YATES, "The age of information in networks: Moments, distributions, and sampling,"*IEEE Transactions on Information Theory*, vol. 66, no. 9, pp. 5712 – 5728, 2020. https://arxiv. org/abs/1806. 034873.

[22] N. PAPPAS, J. GUNNARSSON, L. KRATZ, M. KOUNTOURIS, AND V. ANGELAKIS, "Age of information of multiple sources with queue management,"2015 *IEEE International Conference on Communications* (*ICC*), June 2015, pp. 5935 – 5940. DOI: 10. 1109/

icc. 2015. 72492683,7,10.

[23] A. M. BEDEWY, Y. SUN, AND N. B. SHROFF, "Age – optimal information updates in multihop networks,"2017 *IEEE International Symposium on Information Theory* (*ISIT*), June 2017, pp. 576 – 580. DOI:10. 1109/isit. June 2017. 80065933,4,155.

[24] A. M. BEDEWY, Y. SUN, AND N. B. SHROFF, "Minimizing the age of information through queues," *IEEE Transactions on Information Theory*, vol. 65, no. 8, pp. 5215 – 5232, 2019. DOI:10. 1109/tit. 2019. 291215912,15.

[25] A. M. BEDEWY, Y. SUN, AND N. B. SHROFF, "The age of information in multihop networks,"*IEEE/ACM Transactions on Networking*, vol. 27, no. 3, pp. 1248 – 1257, 2019. DOI: 10. 1109/tnet. 2019. 291552116, 18,20.

[26] Y. SUN, E. UYSAL – BIYIKOGLU, AND S. KOMPELLA, "Ageoptimal updates of multiple information flows," *IEEE INFOCOM* 2018 *IEEE Conference on Computer Communications Workshops* (*INFOCOM WKSHPS*), April 2018, pp. 136 – 141. DOI: 10. 1109/infcomw. 2018. 84069453,4,23,24,25,31,155.

[27] R. D. YATES, "Status updates through networks of parallel servers,"2018 *IEEE International Symposium on Information Theory* (*ISIT*), June 2018, pp. 2281 – 2285. DOI:10. 1109/isit. 2018. 84379073.

[28] K. CHEN AND L. HUANG, "Age – of – information in the presence of error,"2016 *IEEE International Symposium on Information Theory* (*ISIT*), July 2016, pp. 2579 – 2583. DOI: 10. 1109/isit. 2016. 75417653,11.

[29] E. NAJM AND E. TELATAR, "Status updates in a multi – stream M/G/1/1 preemptive queue," *IEEE INFOCOM* 2018 – *IEEE Conference on Computer Communications Workshops* (*INFOCOM WKSHPS*), April 2018, pp. 124 – 129. DOI:10. 1109/infcomw. 2018. 84069283.

[30] A. SOYSAL AND S. ULUKUS, "Age of information in G/G/1/1 systems: Age expressions, bounds, special cases, and optimization," *IEEE Transactions on Information Theory*, vol. 67, no. 11, pp. 7477 – 7489, 2021. https://arxiv. org/abs/1905. 13743.

[31] J. P. CHAMPATI, H. AL – ZUBAIDY, AND J. GROSS, "On the distribution of aoi for the GI/GI/1/1 and GI/GI/1/2* systems: Exact expressions and bounds,"*IEEE INFOCOM* 2019 – *IEEE Conference on Computer Communications*. IEEE, April 2019, pp. 37 – 45. DOI: 10. 1109/infocom. 2019. 87374743.

[32] S. K. KAUL AND R. D. YATES, "Age of information: Updates with priority,"2018 *IEEE International Symposium on Information Theory* (*ISIT*), June 2018, pp. 2644 – 2648. DOI: 10. 1109/isit. 2018. 84375913.

[33] E. NAJM, R. NASSER, AND E. TELATAR, "Content based status updates,"2018 *IEEE International Symposium on Information Theory* (*ISIT*), June 2018, pp. 2266 – 2270. DOI: 10. 1109/isit. 2018. 8437577.

[34] J. ZHONG, R. D. YATES, AND E. SOLJANIN, "Multicast with prioritized delivery: How fresh is your data?"2018 *IEEE* 19*th International Workshop on Signal Processing Advances in*

Wireless Communications (*SPAWC*), June 2018, pp. 1 – 5. DOI: 10. 1109/spawc. 2018. 8446018.

[35] A. MAATOUK, M. ASSAAD, AND A. EPHREMIDES, "Age of information with prioritized streams: When to buffer preempted packets?" 2019 *IEEE International Symposium on Information Theory* (*ISIT*), July 2019, pp. 325 – 329. DOI:10. 1109/isit. 2019. 88496953.

[36] R. TALAK, S. KARAMAN, AND E. MODIANO, "Speed limits in autonomous vehicular networks due to communication constraints," 2016 *IEEE 55th Conference on Decision and Control* (*CDC*), December 2016, pp. 4998 – 5003. DOI:10. 1109/cdc. 2016. 77990333.

[37] R. TALAK, S. KARAMAN, AND E. MODIANO, "Improving age of information in wireless networks with perfect channel state information," *IEEE/ACM Transactions on Networking*, vol. 28, no. 4, pp. 1765 – 1778, 2020.

[38] Q. HE, D. YUAN, AND A. EPHREMIDES, "Optimizing freshness of information: On minimum age link scheduling in wireless systems," 2016 *14th International Symposium on Modeling and Optimization in Mobile, Ad Hoc, and Wireless Networks* (*WiOpt*), May 2016, pp. 1 – 8. DOI:10. 1109/wiopt. 2016. 74929123.

[39] Q. HE, D. YUAN, AND A. EPHREMIDES, "Optimal link scheduling for age minimization in wireless systems," *IEEE Transactions on Information Theory*, vol. 64, no. 7, pp. 5381 – 5394, 2018. DOI:10. 1109/tit. 2017. 27467513.

[40] I. KADOTA, E. UYSAL – BIYIKOGLU, R. SINGH, AND E. MODIANO, "Minimizing the age of information in broadcast wireless networks," 2016 *54th Annual Allerton Conference on Communication, Control, and Computing* (*Allerton*), September 2016, pp. 844 – 851. DOI: 10. 1109/allerton. 2016. 78523213,44.

[41] Y. – P. HSU, E. MODIANO, AND L. DUAN, "Age of information: Design and analysis of optimal scheduling algorithms," 2017 *IEEE International Symposium on Information Theory* (*ISIT*), June 2017, pp. 561 – 565. DOI:10. 1109/isit. 2017. 8006590.

[42] Y. – P. HSU, "Age of information: Whittle index for scheduling stochastic arrivals," 2018 *IEEE International Symposium on Information Theory* (*ISIT*), 2018, pp. 2634 – 2638. DOI: 10. 1109/isit. 2018. 84377123,92.

[43] E. T. CERAN, D. GÜNDÜZ, AND A. GYORGY, "Average age of information with hybrid arq under a resource constraint," *IEEE Transactions on Wireless Communications*, vol. 18, no. 3, pp. 1900 – 1913, 2019. DOI:10. 1109/wcnc. 2018. 83773683,4.

[44] B. ZHOU AND W. SAAD, "Optimal sampling and updating for minimizing age of information in the internet of things," 2018 *IEEE Global Communications Conference* (*GLOBECOM*), December 2018, pp. 1 – 6. DOI:10. 1109/glocom. 2018. 86472813.

[45] R. D. YATES AND S. K. KAUL, "Status updates over unreliable multiaccess channels," 2017 *IEEE International Symposium on Information Theory* (*ISIT*), 2017, pp. 331 – 335. DOI:10. 1109/isit. 2017. 80065443,101,102.

[46] A. MAATOUK, M. ASSAAD, AND A. EPHREMIDES, "Minimizing the age of information in a

csma environment,"2019 *International Symposium on Modeling and Optimization in Mobile, Ad Hoc, and Wireless Networks* (*WiOPT*), 2019, pp. 1 – 8. https://arxiv. org/abs/1901. 004813.

[47] I. KADOTA, A. SINHA, E. UYSAL – BIYIKOGLU, R. SINGH, AND E. MODIANO, "Scheduling policies for minimizing age of information in broadcast wireless networks," *IEEE/ACM Transactions on Networking*, vol. 26, no. 6, pp. 2637 – 2650, 2018. DOI: 10. 1109/tnet. 2018. 28736063, 42, 46, 57, 58, 60.

[48] N. LU, B. JI, AND B. LI, "Age – based scheduling: Improving data freshness for wireless real – time traffic," *Proceedings of the eighteenth ACM international symposium on mobile ad hoc networking and computing*, 2018, pp. 191 – 200. DOI: 10. 1145/3209582. 32096023.

[49] I. KADOTA, A. SINHA, AND E. MODIANO, "Optimizing age of information in wireless networks with throughput constraints," *IEEE INFOCOM* 2018 – *IEEE Conference on Computer Communications*, 2018, pp. 1844 – 1852. DOI: 10. 1109/infocom2018. 84863073.

[50] I. KADOTA AND E. MODIANO, "Minimizing the age of information in wireless networks with stochastic arrivals," *IEEE Transactions on Mobile Computing*, vol. 20, no. 3, pp. 1173 – 1185, 2021. DOI: 10. 1145/3323679. 33265203, 81, 82, 92.

[51] C. JOO AND A. ERYILMAZ, "Wireless scheduling for information freshness and synchrony: Drift – based design and heavy – traffic analysis," *IEEE/ACM Transactions on Networking*, vol. 26, no. 6, pp. 2556 – 2568, 2018. DOI: 10. 23919/wiopt. 2017. 79598823.

[52] R. TALAK, S. KARAMAN, AND E. MODIANO, "Optimizing information freshness in wireless networks under general interference constraints," *IEEE/ACM Transactions on Networking*, vol. 28, no. 1, pp. 15 – 28, 2020. DOI: 10. 1145/3209582. 32095893, 87, 111, 115, 125, 130.

[53] R. TALAK, S. KARAMAN, AND E. MODIANO, "Minimizing age – of – information in multi – hop wireless networks," 2017 55*th Annual Allerton Conference on Communication, Control, and Computing* (*Allerton*), October 2017, pp. 486 – 493. DOI: 10. 1109/allerton. 2017. 82627773.

[54] R. TALAK, S. KARAMAN, AND E. MODIANO, "Distributed scheduling algorithms for optimizing information freshness in wireless networks," 2018 *IEEE* 19*th International Workshop on Signal Processing Advances in Wireless Communications* (*SPAWC*), June 2018, pp. 1 – 5. DOI: 10. 1109/spawc. 2018. 84459793.

[55] R. TALAK, I. KADOTA, S. KARAMAN, AND E. MODIANO, "Scheduling policies for age minimization in wireless networks with unknown channel state," 2018 *IEEE International Symposium on Information Theory* (*ISIT*), June 2018, pp. 2564 – 2568. DOI: 10. 1109/isit. 2018. 84376884.

[56] R. TALAK, S. KARAMAN, AND E. MODIANO, "Optimizing age of information in wireless networks with perfect channel state information," 2018 16*th International Symposium on Modeling and Optimization in Mobile, Ad Hoc, and WirelessNetworks* (*WiOpt*), May 2018, pp. 1 – 8. DOI: 10. 23919/wiopt. 2018. 83628184.

[57] R. TALAK, S. KARAMAN, AND E. MODIANO, "Can determinacy minimize age of information?" *arXiv preprint arXiv*:1810. 04371, October 2018.

[58] R. TALAK, S. KARAMAN, AND E. MODIANO, "When a heavy tailed service minimizes age of information,"2019 *IEEE International Symposium on Information Theory* (*ISIT*), July 2019, pp. 345 - 349.

[59] R. TALAK AND E. MODIANO, "Age - delay tradeoffs in single server systems,"2019 *IEEE International Symposium on Information Theory* (*ISIT*), July 2019, pp. 340 - 344.

[60] R. TALAK AND E. H. MODIANO, "Age - delay tradeoffs in queueing systems," *IEEE Transactions on Information Theory*, vol. 67, no. 3, pp. 1743 - 1758, 2021. https://arxiv. org/abs/1911. 056013.

[61] A. M. BEDEWY, Y. SUN, R. SINGH, AND N. B. SHROFF, "Low - power status updates via sleep - wake scheduling," *IEEE/ACM Transactions on Networking*, vol. 29, no. 5, pp. 2129 - 2141, 2021. https://arxiv. org/abs/1910. 002053.

[62] V. TRIPATHI AND S. MOHARIR, "Age of information in multi - source systems," *GLOBECOM* 2017 - 2017 *IEEE Global Communications Conference*, December 2017, pp. 1 - 6. DOI:10. 1109/glocom. 2017. 82545783,155.

[63] S. FARAZI, A. G. KLEIN, J. A. MCNEILL, AND D. RICHARD BROWN, "On the age of information in multi - source multihop wireless status update networks,"2018 *IEEE* 19*th International Workshop on Signal Processing Advances in Wireless Communications* (*SPAWC*), June 2018, pp. 1 - 5. DOI:10. 1109/spawc. 2018. 84459813.

[64] J. CHO AND H. GARCIA - MOLINA, "Effective page refresh policies for web crawlers," *ACM Transactions on Database Systems* (*TODS*), vol. 28, no. 4, pp. 390 - 426, 2003. DOI: 10. 1145/958942. 9589454, 151,155.

[65] A. EVEN AND G. SHANKARANARAYANAN, "Utility - driven assessment of data quality,"*ACM SIGMIS Database*: *the Database for Advances in Information Systems*, vol. 38, no. 2, pp. 75 - 93, 2007. DOI:10. 1145/1240616. 1240623151.

[66] B. HEINRICH, M. KLIER, AND M. KAISER, "A procedure to develop metrics for currency and its application in crm," *Journal of Data and Information Quality* (*JDIQ*), vol. 1, no. 1, pp. 1 - 28, 2009. DOI:10. 1145/1515693. 1515697.

[67] E. ALTMAN, R. EL - AZOUZI, D. S. MENASCHE, AND Y. XU, "Forever young: Aging control for hybrid networks," *Proceedings of the Twentieth ACM International Symposium on Mobile Ad Hoc Networking and Computing*, July 2019, pp. 91 - 100. https://arxiv. org/abs/1009. 4733.

[68] S. RAZNIEWSKI, "Optimizing update frequencies for decaying information," *Proceedings of the* 25*th ACM International on Conference on Information and Knowledge Management*, October 2016, pp. 1191 - 1200. DOI:10. 1145/2983323. 2983719151,155.

[69] T. SOLEYMANI, S. HIRCHE, AND J. S. BARAS, "Optimal self - driven sampling for estimation based on value of information,"2016 13*th International Workshop on Discrete Event*

Systems (*WODES*), May 2016, pp. 183 - 188. DOI:10. 1109/wodes. 2016. 7497846154.

[70] T. SOLEYMANI, S. HIRCHE, AND J. S. BARAS, "Maximization of information in energy - limited directed communication," 2016 *European Control Conference* (*ECC*). IEEE, June 2016, pp. 1001 - 1006. DOI:10. 1109/ecc. 2016. 7810420.

[71] T. SOLEYMANI, S. HIRCHE, AND J. S. BARAS, "Optimal stationary self - triggered sampling for estimation,"2016 *IEEE 55th Conference on Decision and Control* (*CDC*), December 2016, pp. 3084 - 3089. DOI:10. 1109/cdc. 2016. 7798731154.

[72] Y. SUN, E. UYSAL - BIYIKOGLU, R. YATES, C. E. KOKSAL, AND N. B. SHROFF, "Update or wait: How to keep your data fresh," *IEEE INFOCOM* 2016 - *The 35th Annual IEEE International Conference on Computer Communications*, 2016, pp. 1 - 9. DOI: 10. 1109/infocom. 2016. 7524524.

[73] Y. SUN, E. UYSAL - BIYIKOGLU, R. D. YATES, C. E. Koksal, and N. B. Shroff, "Update or wait: How to keep your data fresh,"*IEEE Transactions on Information Theory*, vol. 63, no. 11, pp. 7492 - 7508, 2017. DOI:10. 1109/infocom. 2016. 752452410,159,167.

[74] A. KOSTA, N. PAPPAS, A. EPHREMIDES, AND V. ANGELAKIS, "Age and value of information: Non - linear age case,"2017 *IEEE International Symposium on Information Theory* (*ISIT*), June 2017, pp. 326 - 330. DOI:10. 1109/isit. 2017. 80065434,151.

[75] Y. SUN AND B. CYR, "Information aging through queues: A mutual information perspective,"2018 *IEEE 19th International Workshop on Signal Processing Advances in Wireless Communications* (*SPAWC*), 2018, pp. 1 - 5. DOI:10. 1109/spawc. 2018. 8445873.

[76] T. Z. ORNEE AND Y. SUN, "Sampling for remote estimation through queues: Age of information and beyond,"2019 *International Symposium on Modeling and Optimization in Mobile, Ad Hoc, and Wireless Networks* (*WiOPT*), 2019, pp. 1 - 8. 4,152,177,178,179,180.

[77] J. P. CHAMPATI, M. H. MAMDUHI, K. H. JOHANSSON, AND J. GROSS, "Performance characterization using aoi in a single - loop networked control system,"*IEEE INFOCOM* 2019 - *IEEE Conference on Computer Communications Workshops* (*INFOCOM WKSHPS*), 2019, pp. 197 - 203. DOI:10. 1109/infcomw. 2019. 88451144,152.

[78] M. KLÜGEL, M. H. MAMDUHI, S. HIRCHE, AND W. KELLERER, "Aoi - penalty minimization for networked control systems with packet loss,"*IEEE INFOCOM* 2019 - *IEEE Conference on Computer Communications Workshops* (*INFOCOM WKSHPS*),2019, pp. 189 - 196. DOI:10. 1109/infcomw. 2019. 88451064,152.

[79] X. ZHENG, S. ZHOU, Z. JIANG, AND Z. NIU, "Closed - form analysis of non - linear age of information in status updates with an energy harvesting transmitter,"*IEEE Transactions on Wireless Communications*, vol. 18, no. 8, pp. 4129 - 4142, 2019. DOI: 10. 1109/twc. 2019. 29213724,155.

[80] Y. SUN AND B. CYR, "Sampling for data freshness optimization: Non - linear age functions,"*Journal of Communications and Networks*, vol, 21, no. 3, pp. 204 - 219, 2019. DOI:10. 1109/jcn. 2019. 0000354.

[81] Y. SUN, Y. POLYANSKIY, AND E. UYSAL, "Sampling of the wiener process for remote estimation over a channel with random delay," *IEEE Transactions on Information Theory*, vol. 66, no. 2, pp. 1118 – 1135, 2020. DOI:10. 1109/tit. 2019. 29373364,152,172,177,178,180.

[82] C. KAM, S. KOMPELLA, G. D. NGUYEN, J. E. WIESELTHIER, AND A. EPHREMIDES, "Towards an "effective age" concept,"2018 *IEEE 19th International Workshop on Signal Processing Advances in Wireless Communications* (*SPAWC*) ,June 2018,pp,1 – 5,DOI: 10. 1109/spawc. 2018. 84458514.

[83] C. KAM, S. KOMPELLA, G. D. NGUYEN, J. E. WIESELTHIER, AND A. EPHREMIDES, "Towards an effective age of information: Remote estimation of a markov source,"*IEEE INFOCOM* 2018 – *IEEE Conference on Computer Communications Workshops* (*INFOCOM WKSHPS*), April 2018, pp. 367 – 372. DOI:10. 1109/infcomw2018. 8406891.

[84] J. YUN, C. JOO, AND A. ERYILMAZ, "Optimal real – time monitoring of an information source under communication costs,"2018*IEEE Conference on Decision and Control* (*CDC*), December 2018, pp. 4767 – 4772. DOI:10. 1109/cdc. 2018. 8619768.

[85] A. MAATOUK, S. KRIOUILE, M. ASSAAD, AND A. EPHREMIDES, "The age of incorrect information: A new performance metric for status updates, *IEEE/ACM Transactions on Networking*, vol, 28, no, 5, pp. 2215 – 2228,2020. https://arxiv. org/abs1907. 06604. 4.

[86] J. ZHANG AND C. – C. WANG, "On the rate – cost of gaussian linear control systems with random communication delays," 2018 *IEEE International Symposium on Information Theory* (*ISIT*), June 2018, pp. 2441 – 2445. DOI:10. 1109/isit. 2018. 84379164.

[87] T. SOLEYMANI, J. S, BARAS, AND K. H. JOHANSSON, "Stochastic control with stale information – part i: Fully observable systems," 2019 *IEEE 58th Conference on Decision and Control* (*CDC*), 2019, pp. 4178 – 4182. https://arxiv. org/abs/1810. 109834,152.

[88] J. ZHONG AND R. D. YATES, "Timeliness in lossless block coding,"2016 *Data Compression Conference* (*DCC*), March 2016, pp. 339 – 348. DOI:10. 1109/dcc. 2016. 1134.

[89] R. D. YATES, E. NAJM, E. SOLJANIN, AND J. ZHONG, "Timely updates over an erasure channel," 2017 *IEEE International Symposium on Information Theory* (*ISIT*), June 2017, pp. 316 – 320. DOI:10. 1109/isit. 2017. 8006541.

[90] P. MAYEKAR, P. PARAG, AND H. TYAGI, "Optimal lossless source codes for timely updates,"2018 *IEEE International Symposium on Information Theory* (*ISIT*), June 2018, pp. 1246 – 1250. DOI:10. 1109/isit. 2018. 8437500.

[91] S. FENG AND J. YANG, "Age – optimal transmission of rateless codes in an erasure channel,"*ICC* 2019 – 2019 *IEEE International Conference on Communications* (*ICC*), May 2019, pp. 1 – 6. DOI:10. 1109/icc. 2019. 8761668.

[92] E. NAJM, E. TELATAR, AND R. NASSER, "Optimal age over erasure channels,"2019 *IEEE International Symposium on Information Theory* (*ISIT*), July 2019, pp. 335 – 339. DOI:10. 1109/isit. 2019. 8849713.

[93] R. DEVASSY, G. DURISI, G. C. FERRANTE, O. SIMEONE, AND E. UYSAL, "Relia-

ble transmission of short packets through queues and noisy channels under latency and peak - age violation guarantees," *IEEE Journal on Selected Areas in Communications*, vol. 37, no. 4, pp. 721 -734, 2019. DOI:10. 1109/jsac. 2019. 28987604.

[94] G. D. NGUYEN, S. KOMPELLA, C. KAM, J. E. WIESELTHIER, AND A. EPHREMIDES, "Impact of hostile interference on information freshness: A game approach,"2017 15*th International Symposium on Modeling and Optimization in Mobile, Ad Hoc, and Wireless Networks* (*WiOpt*), May 2017, pp. 1 -7. DOI:10. 23919/wiopt. 2017. 79599094.

[95] G. D. NGUYEN, S. KOMPELLA, C. KAM, J. E. WIESELTHIER, AND A. EPHREMIDES, "Information freshness over an interference channel: A game theoretic view,"*IEEE INFOCOM* 2018 - *IEEE Conference on Computer Communications*, April 2018, pp. 908 - 916. DOI:10. 1109/infocom. 2018. 8486409.

[96] Y. XIAO AND Y. SUN, "A dynamic jamming game for real - time status updates," *IEEE INFOCOM* 2018 - *IEEE Conference on Computer Communications Workshops* (*INFOCOM WKSHPS*), April 2018, pp. 354 -360. DOI:10. 1109/infcomw. 2018. 8407017.

[97] S. GOPAL AND S. K. KAUL, "A game theoretic approach to dsrc and wifi coexistence," *IEEE INFOCOM* 2018 - *IEEE Conference on Computer Communications Workshops* (*INFOCOM WKSHPS*), April 2018, pp. 565 - 570. DOI:10. 1109/infcomw. 2018. 8406967.

[98] B. LI AND J. LIU, "Can we achieve fresh information with selfish users in mobile crowd - learning?"2019 *International Symposium on Modeling and Optimization in Mobile, Ad Hoc, and Wireless Networks* (*WiOPT*), 2019, pp. 1 -8.

[99] S. HAO AND L. DUAN, "Economics of age of information management under network externalities,"*Proceedings ofthe Twentieth ACM International Symposium on Mobile Ad Hoc Networking and Computing*, 2019, pp. 131 - 140. DOI:10. 1145/3323679. 33265114.

[100] K. T. TRUONG AND R. W. HEATH, "Effects of channel aging in massive mimo systems," *Journal of Communications and Networks*, vol. 15, no. 4, pp. 338 - 351, 2013. DOI:10. 1109/jcn. 2013. 0000654,151.

[101] M. COSTA, S. VALENTIN, AND A. EPHREMIDES, "On the age of channel state information for non - reciprocal wireless links,"2015 *IEEE International Symposium on Information Theory* (*ISIT*), June 2015, pp. 2356 -2360. DOI:10. 1109/isit. 2015. 7282877.

[102] M. COSTA, S. VALENTIN, AND A. EPHREMIDES, "On the age of channel information for a finite - state markov model," 2015 *IEEE International Conference on Communications* (*ICC*), June 2015, pp. 4101 -4106. DOI:10. 1109/icc. 2015. 7248966.

[103] S. FARAZI, A. G. KLEIN, AND D. R. BROWN, "On the average staleness of global channel state information in wireless networks with random transmit node selection,"2016 *IEEE International Conference on Acoustics, Speech and Signal Processing* (*ICASSP*), March 2016, pp. 3621 -3625. DOI:10. 1109/icassp. 2016. 7472352.

[104] S. FARAZI, A. G. KLEIN, AND D. R. BROWN, "Bounds on the age of information for global channel state dissemination in fully - connected networks,"2017 26*th International*

Conference on Computer Communication and Networks (*ICCCN*), July 2017, pp. 1 - 7. DOI:10. 1109/icccn. 2017. 8038426.

[105] A. G. KLEIN, S. FARAZI, W. HE, AND D. R. BROWN, "Staleness bounds and efficient protocols for dissemination of global channel state information," *IEEE Transactions on Wireless Communications*, vol. 16, no. 9, pp. 57325746, 2017. DOI:10. 1109/twc. 2017. 27150204.

[106] R. D. YATES, P. CIBLAT, A. YENER, AND M. WIGGER, "Age - optimal constrained cache updating," 2017 *IEEE International Symposium on Information Theory* (*ISIT*), June 2017, pp. 141 - 145. DOI:10. 1109/isit. 2017. 80065064.

[107] C. KAM, S. KOMPELLA, G. D. NGUYEN, J. E. WIESELTHIER, AND A. EPHREMIDES, "Information freshness and popularity in mobile caching," 2017 *IEEE International Symposium on Information Theory* (*ISIT*), June 2017, pp. 136 - 140. DOI: 10. 1109/isit. 2017. 8006505.

[108] J. ZHONG, R. D. YATES, AND E. SOLJANIN, "Two freshness metrics for local cache refresh," 2018 *IEEE International Symposium on Information Theory* (*ISIT*), June 2018, pp. 1924 - 1928. DOI:10. 1109/isit. 2018. 8437927.

[109] S. ZHANG, J. LI, H. LUO, J. GAO, L. ZHAO, AND X. S. SHEN, "Towards fresh and low - latency content delivery in vehicular networks: An edge caching aspect," 2018 10*th International Conference on Wireless Communications and Signal Processing* (*WCSP*), October 2018, pp. 1 - 6. DOI:10. 1109/wcsp. 2018. 85556434.

[110] B. T. BACINOGLU, E. T. CERAN, AND E. UYSAL - BIYIKOGLU, "Age of information under energy replenishment constraints," 2015 *Information Theory and Applications Workshop* (*ITA*), 2015, pp. 25 - 31. DOI:10. 1109/ita. 2015. 73089624,10,11,167.

[111] R. D. YATES, "Lazy is timely: Status updates by an energy harvesting source," 2015 *IEEE International Symposium on Information Theory* (*ISIT*), 2015, pp. 3008 - 3012. DOI: 10. 1109/isit. 2015. 728300910,155,159,167.

[112] B. T. BACINOGLU AND E. UYSAL - BIYIKOGLU, "Scheduling status updates to minimize age of information with an energy harvesting sensor," 2017 *IEEE International Symposium on Information Theory* (*ISIT*), June 2017, pp. 1122 - 1126. DOI: 10. 1109/isit. 2015. 728300910,155,159,167.

[113] A. ARAFA AND S. ULUKUS, "Age - minimal transmission in energy harvesting two - hop networks," *GLOBECOM* 2017 - 2017*IEEE Global Communications Conference*, December 2017, pp. 1 - 6. DOI:10. 1109/glocom. 2017. 8254156.

[114] X. WU, J. YANG, AND J. WU, "Optimal status update for age of information minimization with an energy harvesting source," *IEEE Transactions on Green Communications and Networking*, vol. 2, no. 1, pp. 193 - 204, 2018. DOI:10. 1109/tgcn. 2017. 2778501167.

[115] A. ARAFA, J. YANG, S. ULUKUS, AND H. V. POOR, "Age - minimal transmission for energy harvesting sensors with finite batteries: Online policies," *IEEE Transactions on Information Theory*, vol . 66, no. 1, pp. 534 - 556, 2020. https://arxiv. org/abs/1806. 07271DOI:

10. 1109/tit. 2019. 2938969.

[116] B. T. BACINOGLU, Y. SUN, E. UYSA - BIVIKOGLU, AND V MUTLU, "Achieving the age - energy tradeoff with a finite - battery energy harvesting source," 2018 *IEEE International Symposium on Information Theory* (*ISIT*), June 2018, pp. 876 - 880. DOI:10. 1109/isit. 2018. 8437573167.

[117] A. BAKNINA, O. OZEL, J. YANG, S. ULUKUS, AND A. YENER, "Sending information through status updates," 2018 *IEEE International Symposium on Information Theory* (*ISIT*), June 2018, pp. 2271 - 2275. DOI:10. 1109/isit. 2018. 8437496.

[118] B. T. BACINOGLU, Y. SUN, E. UYSAL, AND V. MUTLU, "Optimal status updating with a finite - battery energy harvesting source," *Journal of Communications and Networks*, vol. 21, no. 3, pp. 280 - 294, 2019. DOI:10. 1109/jcn. 2019. 000033155.

[119] S. FENG AND J. YANG, "Age of information minimization for an energy harvesting source with updating erasures: Without and with feedback," *IEEE Transactions on Communications*, vol. 69, no. 8, pp. 5091 - 5105, 2021. https://arxiv. org/abs/1808. 05141.

[120] S. LENG AND A. YENER, "Age of information minimization for an energy harvesting cognitive radio," *IEEE Transactions on Cognitive Communications and Networking*, vol. 5, no. 2, pp. 427 - 439, 2019. DOI:10. 1109/tccn. 2019. 29160974.

[121] Z. JIANG, S. ZHOU, AND Z. NIU, "Improved scaling law for status update timeliness in massive iot by elastic spatial multiplexing," 2018 *IEEE Global Communications Conference* (*GLOBECOM*), December 2018, pp. 1 - 7. DOI:10. 1109/glocom. 2018. 86471324.

[122] B. BUYUKATES, A. SOYSAL, AND S. ULUKUS, "Age of information scaling in large networks," *ICC* 2019 - 2019 *IEEE International Conference on Communications* (*ICC*), May 2019, pp. 1 - 6. DOI:10. 1109/icc. 2019. 8761386.

[123] B. BUYUKATES, A. SOYSAL, AND S. ULUKUS, "Age of information scaling in large networks with hierarchical cooperation," 2019 *IEEE Global Communications Conference* (*GLOBECOM*), 2019, pp. 1 - 6.

[124] E. T. CERAN, D. GÜNDÜZ, AND A. GYÖRGY, "A reinforcement learning approach to age of information in multiuser networks," 2018 *IEEE 29th Annual International Symposium on Personal, Indoor and Mobile Radio Communications* (*PIMRC*), September 2018, pp. 1967 - 1971. DOI:10. 1109/pimrc. 2018. 85807014.

[125] E. SERT, C. SÖNMEZ, S. BAGHAEE, AND E. UYSAL - BIYIKOGLU, "Optimizing age of information on real - life tcp/ip connections through reinforcement learning," 2018 *26th Signal Processing and Communications Applications Conference* (*SIU*), May 2018, pp. 1 - 4. DOI:10. 1109/siu. 2018. 8404794.

[126] H. B. BEYTUR AND E. UYSAL, "Age minimization of multiple flows using reinforcement learning," 2019 *International Conference on Computing, Networking and Communications* (*ICNC*), February 2019, pp. 339 - 343. DOI:10. 1109/iccnc. 2019. 8685524.

[127] C. KAM, S. KOMPELLA, AND A. EPHREMIDES, "Learning to sample a signal through

an unknown system for minimum aoi," *IEEE INFOCOM* 2019 – *IEEE Conference on Computer Communications Workshops* (*INFOCOM WKSHPS*), April 2019, pp. 177 – 182. DOI: 10. 1109/infcomw. 2019. 88453114.

[128] C. KAM, S. KOMPELLA, AND A. EPHREMIDES, "Experimental evaluation of the age of information via emulation," *MILCOM* 2015 – 2015 *IEEE Military Communications Conference*, October 2015, pp. 1070 – 1075. DOI:10. 1109/infcomw. 2019. 88453114.

[129] C. KAM, S. KOMPELLA, G. D. NGUYEN, J. E. WIESELTHIER, AND A. EPHREMIDES, "Modeling the age of information in emulated ad hoc networks," *MILCOM* 2017 – 2017 *IEEE Military Communications Conference* (*MILCOM*), October 2017, pp. 436 – 441. DOI:10. 1109/milcom. 2017. 8170800.

[130] C. SÖNMEZ, S. BAGHAEE, A. ERGIŞI, AND E. UYSAL – BIYIKOGLU, "Age – of – information in practice: Status age measured over tcp/ip connections through wifi, ethernet and lte," 2018 *IEEE International Black Sea Conference on Communications and Networking* (*BlackSeaCom*), June 2018, pp. 1 – 5. DOI:10. 1109/milcom. 2017. 8170800.

[131] H. B. BEYTUR, S. BAGHAEE, AND E. UYSAL, "Towards aoi – aware smart iot systems," 2020 *International Conference on Computing, Networking and Communications* (*ICNC*), 2020, pp. 353 – 357. https://arxiv. org/abs/1908. 107394.

[132] T. SHREEDHAR, S. K. KAUL, AND R. D. YATES, "Acp: Age control protocol for minimizing age of information over the internet," *Proceedings ofthe 24th Annual International Conference on Mobile Computing and Networking*, 2018, pp. 699 – 701. DOI:10. 1145/3241539. 32677404.

[133] A. KOSTA, N. PAPPAS, AND V. ANGELAKIS, "Age of information: A new concept, metric, and tool," *Foundations and Trends in Networking*, vol, 12, no, 3, pp. 162 – 259, 2017. DOI:10. 1561/13000000604.

[134] Y. SUN, "A repository of papers on the age of information," http://auburn. edu/ ~ yzs0078/AoI. html.

[135] R. D. YATES AND S. KAUL, "Real – time status updating: Multiple sources," 2012 *IEEE International Symposium on Information Theory Proceedings*, July 2012, pp. 2666 – 2670. DOI:10. 1109/isit. 2012. 62840037,10.

[136] L. HUANG AND E. MODIANO, "Optimizing age – of – information in a multi – class queueing system," 2015 *IEEE International Symposium on Information Theory* (*ISIT*), 2015, pp. 1681 – 1685. DOI:10. 1109/isit. 2015. 728274211.

[137] M. COSTA, M. CODREANU, AND A. EPHREMIDES, "On the age of information in status update systems with packet management," *IEEE Transactions on Information Theory*, vol. 62, no. 4, pp. 1897 – 1910, 2016. DOI:10. 1109/tit. 2016. 25333957,10,11,155.

[138] M. SHAKED AND J. G. SHANTHIKUMAR, *Stochastic orders. Springer*, 2007. DOI: 10. 1007/978 – 0 – 387 – 34675 – 58,27,30,34.

[139] C. KAM, S. KOMPELLA, G. D. NGUYEN, AND A. EPHREMIDES, "Effect of message transmission path diversity on status age," *IEEE Transactions on Information Theory*, vol.

62, no. 3, pp. 1360 – 1374, 2016. DOI:10. 1109/tit. 2015. 251179110.

[140] Y. SANG, B. LI, AND B. JI, "The power of waiting for more than one response in minimizing the age – of – information," *GLOBECOM* 2017 – 2017 *IEEE Global Communications Conference*, 2017, pp. 1 – 6. https://arxiv. org/abs/1704. 04848DOI: 10. 1109/glocom. 2017. 825404010.

[141] C. JOO, X. LIN, AND N. B. SHROFF, "Understanding the capacity region of the greedy maximal scheduling algorithm in multihop wireless networks," *IEEE/ACM Transactions on Networking*, vol. 17, no. 4, pp. 1132 – 1145, 2009. DOI:10. 1109/tnet. 2009. 202627626.

[142] B. JI, G. R. GUPTA, X. LIN, AND N. B. SHROFF, "Low – complexity scheduling policies for achieving throughput and asymptotic delay optimality in multichannel wireless networks," *IEEE/ACM Transactions on Networking*, vol. 22, no. 6, pp. 1911 – 1924, 2014. DOI:10. 1109/tnet. 2013. 229179326.

[143] Y. SUN, C. E. KOKSAL, AND N. B. SHROFF, "On delay – optimal scheduling in queueing systems with replications," *arXiv preprint arXiv*: 1603. 07322, 2016. https://arxiv. org/abs/1603. 0732231.

[144] Y. SUN, C. E. KOKSAL, AND N. B. SHROFF, "Near delay – optimal scheduling of batch jobs in multi – server systems," *Ohio State Univ.*, *Tech. Rep*, 2017. http://www. auburn. edu/ ~ yzs0078/parallel – servers. pdf,2017. 31,32.

[145] D. P. BERSTEKAS, "Dynamic programming and optimal control," *athena scientific*, 1995.

[146] D. STOYAN, "Comparison methods for queues and other stochastic models," *Wiley*, 1983. DOI:10. 2307/228802546,47.

[147] P. BHATTACHARYA AND A. EPHREMIDES, "Optimal scheduling with strict deadlines," *IEEE Transactions on Automatic Control*, vol. 34, no. 7,pp. 721 – 728,1989. DOI: 10. 1109/9. 2939847.

[148] A. GANTI, E. MODIANO, AND J. N. TSITSIKLIS, "Optimal transmission scheduling in symmetric communication models with intermittent connectivity," *IEEE Transactions on Information Theory*, vol. 53, no. 3, pp. 998 – 1008, 2007. DOI:10. 1109/tit. 2006. 890695.

[149] V. RAGHUNATHAN, V. BORKAR, M. CAO, AND P. R. KUMAR, "Index policies for real – time multicast scheduling for wireless broadcast systems," *IEEE INFOCOM* 2008 – *The 27th Conference on Computer Communications*, April 2008, pp. 1570 – 1578. DOI: 10. 1109/infocom. 2007. 21747,57.

[150] R. G. Gallager, *Stochastic Processes: Theory for Applications.* Stochastic Processes: Theory for Applica tions,2013. DOI:10. 1017/cbo978113962651450,53,83.

[151] M. J. NEELY, "Stochastic network optimization with application to communication and queueing systems," *Synthesis Lectures on Communication Networks*, vol. 3, no. 1, pp. 1 – 211, 2010. DOI:10. 2200/s00271ed1v01y201006cnt00754,57,71,90,125,126,143.

[152] P. WHITTLE, "Restless bandits: Activity allocation in a changing world," *Journal of applied probability*, vol. 25, no. A, pp. 287 – 298, 1988. DOI:10. 1017/s0021900200004042057.

[153] R. SINGH, X. GUO, AND P. KUMAR, "Index policies for optimal mean – variance trade – off of inter – delivery times in real – time sensor networks,"2015 *IEEE Conference on Computer Communications* (*INFOCOM*), January 2015, pp. 505 – 512. DOI: 10. 1109/infocom. 2015. 721841757.

[154] P. MANSOURIFARD, T. JAVIDI, AND B. KRISHNAMACHARI, "Optimality of myopic policy for a class of monotone affine restless multi – armed bandits,"2012 *IEEE 51st IEEE Conference on Decision and Control* (*CDC*), December 2012, pp. 877 – 882. DOI: 10. 1109/cdc. 2012. 642585857.

[155] K. LIU AND Q. ZHAO, "Indexability of restless bandit problems and optimality of whittle index for dynamic multichannel access,"*IEEE Transactions on Information Theory*, vol. 56, no. 11, pp. 5547 –5567, 2010. DOI:10. 1109/tit. 2010. 206895057.

[156] R. R. WEBER AND G. WEISS, "On an index policy for restless bandits,"*Journal of applied probability*, vol. 27, no. 3, pp. 637 –648, 1990. DOI:10. 2307/321454757.

[157] J. GITTINS, K. GLAZEBROOK, AND R. WEBER, *Multi – armed bandit allocation indices.* John Wiley &Sons, March 2011. DOI:10. 1002/978047098003357.

[158] I. KADOTA, A. SINHA, AND E. MODIANO, "Scheduling algorithms for optimizing age of information in wireless networks with throughput constraints," *IEEE/ACM Transactions on Networking*, vol. 27, no. 4, pp. 1359 – 1372, 2019. DOI: 10. 1109/tnet. 2019. 291873666,73.

[159] M. HARCHOL – BALTER, *Performance modeling and design of computer systems: queueing theory in action.* Cambridge University Press, 2013. DOI:10. 1017/cbo978113922642487.

[160] S. BOYD, S. P. BOYD, AND L. VANDENBERGHE, Convex optimization. Cambridge university press, 2004. DOI:10. 1017/cbo9780511804441103,109,110,111,135,136,144, 172.

[161] K. BERNHARD AND J. VYGEN, "Combinatorial optimization: Theory and algorithms," *Springer*, *Third Edition*, 2005. ,2008. DOI:10. 1007/978 –3 –662 –56039 –6110,111.

[162] D. GARBER AND E. HAZAN, "A linearly convergent variant of the conditional gradient algorithm under strong convexity, with applications to online and stochastic optimization," *SIAM Journal on Optimization*, vol. 26, no. 3, pp. 1493 – 1528, 2016. DOI: 10. 1137/ 140985366110.

[163] B. HAJEK AND G. SASAKI, "Link scheduling in polynomial time,"*IEEE Transactions on Information Theory*, vol. 34, no. 5, pp. 910 –917, 1988. DOI:10. 1137/140985366110.

[164] S. SESIA, I. TOUFIK, AND M. BAKER,*LTE – the UMTS long term evolution: from theory to practice.* John Wiley & Sons, 2011. DOI:10. 1002/9780470742891110.

[165] R. W. WOLFF, *Stochastic modeling and the theory of queues.* Pearson College Division, 1989.

[166] R. DURRETT, *Probability: theory and examples.* Cambridge university press, 2019, vol. 49. DOI:10. 1017/cbo9780511779398137,146,182,184.

[167] R. TALAK, S. KARAMAN, AND E. MODIANO, "Optimizing information freshness in

wireless networks under general interference constraints," *IEEE/ACM Transactions on Networking*, *vol.* 28, no. 1, pp. 15 – 28, 2020. DOI:10. 1145/3209582. 3209589141.

[168] B. HAJEK, "Notes for ece 534 an exploration of random processes for engineers," *Univ. of Illinois at Urbana – Champaign*, 2009.

[169] H. NYQUIST, "Certain topics in telegraph transmission theory," *Transactions of the American Institute of Electrical Engineers*, vol. 47, no. 2, pp. 617 – 644, 1928. DOI:10. 1109/taiee. 1928. 5055024149.

[170] C. SHANNON, "Communication in the presence of noise," *Proceedings of the IRE*, vol. 37, no. 1, pp. 10 – 21, 1949. DOI:10. 1109/jrproc. 1949. 232969149.

[171] C. SHAPIRO, H. R. VARIAN, S. CARL, et al, *Information rules: A strategic guide to the network economy.* Harvard Business Press, 1998. DOI:10. 1086/603169151.

[172] Y. SUN, Y. POLYANSKIY, AND E. UYSAL – BIYIKOGLU, "Remote estimation of the wiener process over a channel with random delay," 2017 *IEEE International Symposium on Information Theory* (*ISIT*), 2017, pp. 321 – 325. DOI:10. 1109/isit. 2017. 8006542152, 177, 178, 180.

[173] T. M. COVER, *Elements of information theory.* John Wiley & Sons, 1991. DOI:10. 1002/047174882x153, 154, 181.

[174] I. M. GELFAND AND A. YAGLOM, *Calculation ofthe amount of information about a random function contained in another such function.* American Mathematical Society Providence, 1959. DOI:10. 1090/trans2/012/09154.

[175] P. HAAS, "Stochastic petri nets for modelling and simulation," *Proceedings of the 2004 Winter Simulation Conference*, 2004, vol. 1, pp. 112 , 2004. DOI:10. 1007/b97265156, 171.

[176] R. BELLMAN, *Dynamic Programming.* Princeton University Press, 1957. DOI:10. 2307/2550876157.

[177] R. BELLMAN, *Dynamic Programming.* Princeton University Press, 1957. DOI:10. 1109/isit. 2017. 8006703167.

[178] A. M. BEDEWY, Y. SUN, S. KOMPELLA, AND N. B. SHROFF, "Age – optimal sampling and transmission scheduling in multi – source systems," *Proceedings of the Twentieth ACM International Symposium on Mobile Ad Hoc Networking and Computing*, 2019, pp. 121 – 130. DOI:10. 1145/3323679. 3326510167.

[179] A. M. BEDEWY, Y. SUN, S. KOMPELLA, AND N. B. SHROFF, "Age – optimal sampling and transmission scheduling in multi – source systems," *Proceedings of the Twentieth ACM International Symposium on Mobile Ad Hoc Networking and Computing*, 2019, pp. 121 – 130. DOI:10. 2307/1270917171.

[180] W. DINKELBACH, "On nonlinear fractional programming," *Management science*, vol. 13, no. 7, pp. 492 – 498, 1967. DOI:10. 1287/mnsc. 13. 7. 492172.

[181] D. BERTSEKAS, A. NEDIC, AND A. OZDAGLAR, *Convex analysis and optimization.* Athena Scientific, 2003, vol. 1.

[182] D. P. BERTSEKAS, W. HAGER, AND O. MANGASARIAN, "Nonlinear programming. athena scientific belmont," *Mas sachusets*, *USA*, 1999. DOI: 10.1038/sj.jors.2600425176, 181,182.

[183] G. E. UHLENBECK AND L. S. ORNSTEIN, "On the theory of the brownian motion," *Physical review*, vol. 36, no. 5, p. 823, 1930. DOI:10.1103/physrev.36.823177.

[184] G. E. UHLENBECK AND L. S. ORNSTEIN, "On the theory of the brownian motion," *Physical review*, vol. 36, no. 5, p. 823, 1930. DOI:10.2307/1968873177.

[185] L. T. EVANS, S. P. KEEF, AND J. OKUNEV, "Modelling real interest rates," *Journal of banking & finance*, vol. 18, no. 1, pp. 153 – 165, 1994. DOI:10.1016/0378 – 4266 (94)00083 – 2178.

[186] A. CIKA, M. – A. BADIU, AND J. P. COON, "Quantifying link stability in ad hoc wireless networks subject to ornstein – uhlenbeck mobility," *ICC* 2019 – 2019 *IEEE International Conference on Communications* (*ICC*), 2019, pp. 1 – 6. DOI:10.1109/icc.2019.8761523178.

[187] H. KIM, J. PARK, M. BENNIS, AND S. – L. KIM, "Massive uav – to – ground communication and its stable movement control: A mean – field approach,"2018 *IEEE* 19*th International Workshop on Signal Processing Advances in Wireless Communications* (*SPAWC*), June 2018, pp. 1 – 5. DOI:10.1109/spawc.2018.8445906178.

[188] G. M. LIPSA AND N. C. MARTINS, "Remote state estimation with communication costs for first – order lti sys tems," *IEEE Transactions onAutomatic Control*, vol, 56, no, 9, pp. 2013 – 2025, 2011. DOI:10.1109/tac.2011.2139370178.

[189] D. BUTNARIU AND A. N. IUSEM, *Totally convex functions for fixed points computation and infinite dimensional optimization.* Springer Science & Business Media, 2000, vol. 40. DOI:10.1007/978 – 94 – 011 – 4066 – 9182.